普通高等教育食品科学与工程类专业教材

天然产物化学与功能

梅晓宏　主编

中国林业出版社

内容简介

《天然产物化学与功能》首先介绍天然产物有效成分提取、分离及结构鉴定的基本理论，在此基础上主要介绍与食品相关的天然产物活性成分（黄酮类、多酚类、糖苷类及萜类）的结构、分类、理化性质、提取分离及结构鉴定方法及其在食品中的应用情况。同时对与食品相关有效成分的功能评价方法进行了全面阐述。与其他相关天然产物化学及天然药物化学教材相比，本教材主要侧重介绍与食品相关天然产物功能成分的提取分离及结构鉴定，因此可用于食品学科相关专业高年级本科生及研究生的教材，也可供从事医药、化工等领域的科学研究、技术开发及生产的人员参考。

图书在版编目（CIP）数据

天然产物化学与功能 / 梅晓宏主编. —北京：中国林业出版社，2020. 11

普通高等教育食品科学与工程类专业教材

ISBN 978-7-5219-0867-1

Ⅰ. ①天… Ⅱ. ①梅… Ⅲ. ①天然有机化合物-高等学校-教材 Ⅳ. ①O629

中国版本图书馆 CIP 数据核字(2020)第 202146 号

中国林业出版社 · 教育分社

策划、责任编辑：高红岩　　**责任校对：**苏　梅

电　　话：(010)83143554　　**传　　真：**(010)83143516

出版发行 中国林业出版社(100009 北京市西城区德内大街刘海胡同 7 号)
E-mail：jiaocaipublic@ 163. com 电话：(010)83143500
http：//www. forestry. gov. cn/lycb. html

经　　销 新华书店
印　　刷 北京中科印刷有限公司
版　　次 2020 年 11 月第 1 版
印　　次 2020 年 11 月第 1 次印刷
开　　本 787mm×1092mm 1/16
印　　张 12. 25
字　　数 280 千字
定　　价 38. 00 元

《天然产物化学与功能》编写人员

主　编　梅晓宏

副主编　尹淑涛、刘夫国

编写人员(以姓氏笔画为序)

王　军(中国农业大学)

尹淑涛(中国农业大学)

仝　涛(中国农业大学)

刘夫国(西北农林科技大学)

张　芳(北京工业大学)

姚志轶(中国农业大学)

袁长梅(中国农业大学)

梅晓宏(中国农业大学)

主　审　陈　敏(中国农业大学)

前　言

天然产物化学以各类生物（如动物、植物、微生物等）为研究对象，以有机化学、分析化学和生物合成为基础，以化学和物理方法为手段，研究生物体二次代谢产物及内源生理活性物质的提取、分离、结构、功能、生物合成、化学合成与修饰及其用途的一门学科。天然产物化学已成为化学、化工、生物技术、食品工程和药学专业高年级本科生和研究生的一门重要专业课程，但是目前已出版的天然产物化学教材授课对象主要是高等学校及科研院所药学专业相关的本科生或研究生，所设立的章节大多涉及天然药物的相关内容，对于与食品相关的天然产物内容介绍得较少。此外，上述教材只涉及天然产物的提取分离及结构鉴定相关内容，很少涉及典型天然产物的功能性评价方法，而筛选和评价天然活性成分对于天然产物的开发具有重要意义。

基于上述实际情况，我们参考了国内外有关文献资料，编写了本书。在全面介绍天然产物提取、分离及结构鉴定的经典方法和现代方法的基础上，具体阐述与食品密切相关天然产物——黄酮类、多酚类、糖苷类、萜类化合物的结构、分类、物理化学性质以及提取、分离及结构鉴定的方法，同时结合具体实例介绍上述天然产物的提取、分离及结构鉴定流程。此外，对其他具有典型药用价值的天然产物——生物碱、苯丙素类、醌类、甾体等的结构、物理化学性质、生理活性及应用进行简要介绍。在此基础上，对一些典型天然产物的功效活性，如降血糖、降血压、降血脂、提高免疫力、抗肥胖、抗癌、抗氧化、抗疲劳、抗衰老，以及保护化学性肝损伤等的评价方法进行全面阐述。

本书由梅晓宏任主编，尹淑涛、刘夫国任副主编。全书共分 8 章，第 1 章由梅晓宏编写；第 2 章由梅晓宏、王军编写；第 3 章由张芳编写；第 4 章由袁长梅编写；第 5 章和第 6 章由刘夫国编写；第 7 章由仝涛编写；第 8 章由尹淑涛编写。全书的插图和化合物的结构式由姚志轶负责绘制。全书由梅晓宏统稿、定稿。

中国农业大学食品科学与营养工程学院陈敏教授审定了书稿，对本书部分章节内容提出了很多宝贵的建议。在此，对陈教授表示深深的谢意。

由于时间仓促，且限于编者水平，可能存在诸多欠缺和不妥之处，恳请读者批评指正。

编　者

2020 年 9 月

目 录

第1章　绪　论

1.1　天然产物的定义及分类

天然产物源于自然界，其化学结构和功能是在自然界长期的进化过程中得到选择和优化的结果，它们所具有的独特结构特征赋予了天然产物与特定靶点专一性结合的能力，并表现出良好的生物活性，是生物活性前体化合物和药物发现的重要源泉。从广义上可以定义其为生命体产生的任何化学物质，主要包括一次代谢产物和二次代谢产物。一次代谢产物是指植物、昆虫或微生物体内的生物细胞通过光合作用、碳水化合物代谢和柠檬酸代谢，生成生物体生产和繁殖所必需的化合物，如糖类、氨基酸、脂肪酸及其结合衍生物(包括多糖类、蛋白质、脂类、RNA、DNA)等的过程。对于各种生物体来说，一次代谢产物基本相同，并且在生物体内广泛存在。二次代谢产物是以一次代谢产物为前体，通过一系列生物化学反应产生的对生物体生长发育非必需的各种小分子有机化合物，包括生物碱、萜类、多酚类、甾体等。二次代谢产物一般在生物体内的分布具有局限性，不像一次代谢产物那样分布广泛。

从化学学科的角度来讲，天然产物专指由动物、植物、海洋生物及微生物体内分离出来的二次代谢产物和生物体内源性生理活性化合物。从1806年Friedrich Sertürner从罂粟中分离出第一个天然产物——吗啡(morphine)开始，到目前为止，超过30万个天然产物被分离与鉴定出来。天然产物结构类型多样，具有多种生理活性，有些天然产物已经在医药领域中得到了广泛应用，如青蒿素、紫杉醇等。

1.2　天然产物化学的研究内容

天然产物化学以各类生物为研究对象，以有机化学、分析化学和生物合成为基础，以化学和物理方法为手段，研究生物体二次代谢产物及内源生理活性物质的提取、分离、结构、功能、生物合成、化学合成与修饰及其用途的一门科学。天然产物化学萌发于民族医药学，随着有机化学及其现代方法学的建立与发展而逐渐形成一门系统的学科。

我国地域辽阔，动物、植物、微生物资源丰富，天然产物的结构多样性更是超乎想象。有机化学是从研究天然产物开始的，天然产物化学更是其重要的分支，不仅对建立有机化学有着奠基石的作用，而且对该学科的发展也做出了巨大贡献。天然产物化学的研究推动着有机化学、合成化学、分析化学、结构化学、植物化学等基础学科的进步。通过对活性天然产物的合成研究，人们创造了许多新的有机合成方法和路线。而天然产物生物合成机制的研究，揭示了自然界如何高效率、高选择性地产生这些独特的化学结构，从而激发化学合成学习和思考如何基于遗传原理和细胞工厂高度合理的有序性，设计更加精巧高效的天然产物的化学合成，从而极大地推动了现代医药等产业的发展，对国民经济的健康持续发展具有重要的意义。

1.3 天然产物化学与药物开发

长期以来，人类与疾病不断斗争的过程中，通过以身试药，对天然药物的应用积累了丰富的经验。而不论是来自陆地还是海洋的天然产物，在长期而漫长的进化过程中，均产生了一些不同的生物活性，因此这些天然产物具有很高的药用开发价值。我国的医药学历史悠久，我们的祖先积累下来许多宝贵的医药资源和著作，其中伟大的医药学家李时珍编著的《本草纲目》是最经典著作的代表。书中记载了 1 898 种药用植物、动物和矿物以及 8 160 个处方。

天然产物曾是药物的唯一来源，目前仍然是新药开发的主要资源库。经研究统计，1981—2019 年，全球获批新药共计 1 881 个，其中约 23. 5%来源于天然产物及其衍生物。此外，该时间段内获批的小分子药物共计 1 394 个，天然产物及其衍生物占比为 33. 6%。从具体年份来看，2017 年获批的新分子实体(NCEs)共计 39 个，天然产物及其衍生物占比 36%；2018 年共获批 NCEs 46 个，其中有 10 个药物为天然药物及其衍生物，占比为 22%；2019 年 1~9 月，共获批 32 个 NCEs，天然药物及其衍生物占比 28%。从以上数据可以看出天然产物是新药开发的重要来源。

目前，天然药物约占全部药物的 30%，而占现代医药主导地位的半合成和合成药物也基本是已有天然药物的结构类似物或衍生物。在天然产物中筛选出有典型结构并且生理活性强的化合物，以此为模型，通过结构改造合成出具有更好生理活性及较低毒性的药物，这是目前医药研究领域的通常做法。许多典型的药物，如麻醉药普鲁卡因、解热镇痛药阿司匹林、抗疟药蒿甲醚等都是通过对各自先导化合物的结构改造而制得。先导化合物是指具有典型特征结构和生理活性并可通过结构改造优化其生理活性的化合物。因先导化合物存在着某些缺陷，如活性不够高、化学结构不稳定、毒性较大、选择性不好、药代动力学性质不合理等，需要对先导化合物进行化学修饰，进一步优化使之发展为理想的药物，这一过程称为先导化合物的优化。

在现代药物研究中许多重要的天然药物，许多有效药剂或其母体的发现基本上都来源于天然产物，若没有天然产物化学的介入很难想象人们能够发现这些药物，所以天然产物化学对药物发现的先导作用无法估量。紫杉醇、博来霉素和长春碱等天然药物化学的研究，促进了一系列抗癌药物的出现。肿瘤是世界范围内死亡率极高的疾病，天然产物是抗肿瘤药物来源的重要途径之一。萜类化合物的抗肿瘤种类比较广泛，如灵芝三萜可抑制多种肿瘤细胞生长，人参皂苷通过调控细胞周期影响肿瘤信号传递及主要基因表达、诱导细胞凋亡等方面发挥抗肿瘤作用。生物碱抗肿瘤作用机制主要包括对肿瘤细胞的直接杀伤作用、诱导细胞凋亡、抑制肿瘤血管生成、抑制肿瘤细胞浸润和转移、逆转肿瘤细胞耐药性等。

随着科学技术的进步，越来越多的方法可以合成从天然产物中提取出来的活性成分，由于其在天然产物中含量低，所以运用科学技术进行人工合成或者半合成，以及利用基因工程技术进行修饰改性，使其变成对人类有用的活性物质，从而应用到医药临床治疗中。自然界的动物、植物、微生物资源非常丰富，我们目前只对其中一小部分进行了开发和研究，而大量的未知的天然产物需要去发掘，这也为天然产物化学的未来发展指明了方向。

1.4 天然产物化学的发展现状

1.4.1 分离、分析技术和结构研究

随着科学研究日新月异的发展，新的提取、分离技术不断涌现，并应用于天然产物的提取分离研究。例如，超声波辅助提取、微波辅助提取、超临界流体萃取、仿生和半仿生提取、膜分离技术、分子蒸馏技术、高速逆流色谱(high-speed counter current chromatography，HSCCC)、制备薄层色谱(preparative thin-layer chromatography，PTLC)、高效薄层色谱(high performance thin-layer chromatography，HPTLC)、闪柱色谱(flash chromatography)、毛细管电泳(capillary electrophoresis，CE)、真空液相色谱(vacuum liquid chromatography，VLC)等。

在天然产物研究中，结构解析无疑是最重要的环节之一，它是后续研究(如活性评价、药理作用机制、有机合成和生物合成研究等)的重要基础。早期对天然产物的结构研究，通常是利用化学降解方法把该化合物切成各种片段，再按照化学原理推断其结构，最后经合成方法证明，这往往是漫长的历程。例如，小分子天然药物吗啡从1806年发现、1925年提出正确结构到1952年完成全化学合成，历经150年的时间。从20世纪60年代开始，随着质谱与核磁共振技术的推广使用，特别是近年来发展起来的核磁共振二维技术，同时结合紫外和红外光谱，能够很快确定化合物的结构，如果再结合一些必要的化学转化和降解反应，则准确度更高。其中最典型的一个例子就是岩沙海葵毒素的结构鉴定和全合成。岩沙海葵毒素(palytoxin，PTX，$C_{130}H_{229}N_3O_{53}$，相对分子质量2 679)亦称沙海葵毒素或群体海葵毒素，含有64个手性碳，化学结构非常复杂(图1-1)，是从腔肠动物皮沙海葵科沙群海葵属毒沙群海葵 *Palythoa toxica* 中分离得出的一种非蛋白毒素，是已知非蛋白毒素中毒性最强烈的毒素之一。通过运用上述光谱和波谱技术手段，其化学结构在较短的时间内就已被确定，同时其全合成也被完成。同时各种联用质谱(如ESI-MS-MS、APCE-MS-MS等)也得到广泛的应用。特别开发出针对不稳定极性化合物、混合物和生物大分子多肽、蛋白质等的质谱技术，如ESI-LC/CE和MALDI-MS等。

21世纪初，Bifulco等开创性地将量子化学计算NMR参数(quantum chemical calculation of nuclear magnetic resonance parameters，qcc-NMR)引入天然产物的结构解析中。在过去的十多年中，随着量子化学理论与计算机硬件、软件的不断发展，qcc-NMR方法也日趋成熟，以较小的计算成本就可以获得较高的计算精度。同时，对于NMR参数计算结果的分析也从简单的统计学方法逐渐发展为基于更为复杂的统计学原理或人工神经网络的方法。这些进展都促使qcc-NMR在天然产物研究中得到了越来越广泛的应用，并成为传统核磁共振技术、质谱和各种光谱技术的重要补充。

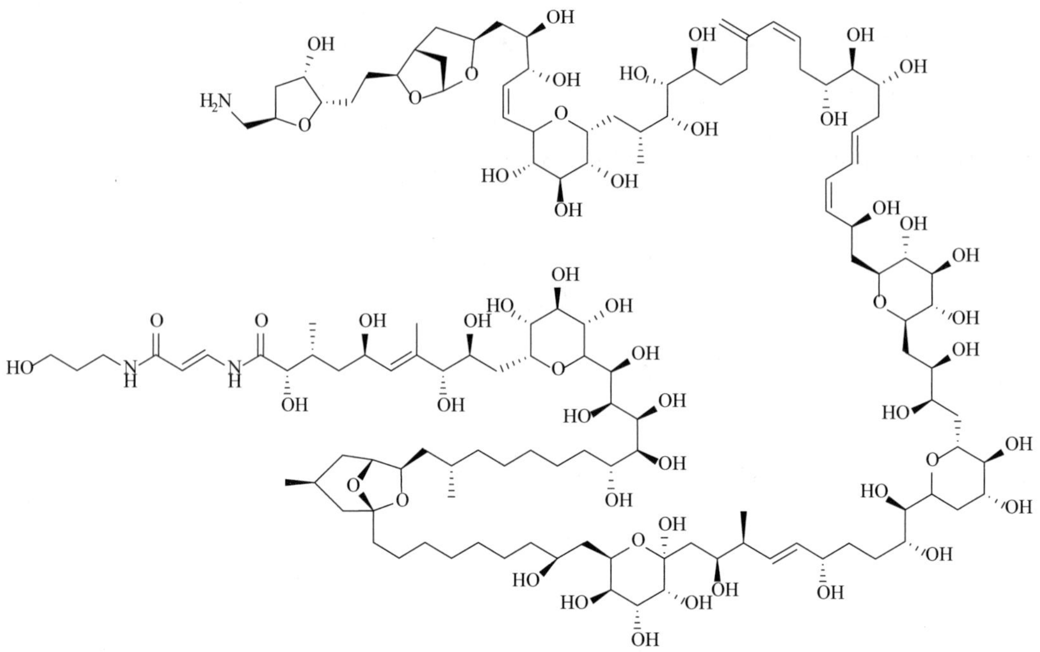

图 1-1　岩沙海葵毒素结构式

1.4.2　天然产物的生物合成研究

天然产物在自然界中含量很低，很难通过分离大量获取。尽管目前可以利用现代高效分离和分析手段来分离和确定一个天然化合物的结构，并且可以进行化学全合成，但是并不能以一种非常有效且低成本的方式大量制备人们所需要的有效成分。同时在化学合成方面，由于大部分天然产物结构复杂，具有较多的手性中心，合成过程中容易形成无活性甚至有毒的、难以分离的旋光异构体。而且合成过程步骤烦琐，转化率低，能耗高，所用有机溶剂易造成污染，难以满足工业化需求。

而基于生物技术的天然产物合成研究，却能提供产生天然有效成分更加成熟的方法和策略。因为这些结构复杂的天然产物，在生物体内往往遵循简单的合成逻辑并依靠高效且有序的系列酶催化反应实现。例如，新上市的软组织肉瘤治疗药物 ET-743，最早从加勒比海海鞘(*Ecteinascidia turbinata*)中提取，其天然来源非常有限而无法满足科研和市场需求，短的化学全合成路线也需 31 步且总收率只有 1.7%，即使当前作为生产方法的半合成路线也需 21 步而收率仅为 1%，这直接导致该药物价格居高不下(1 mg 约 30 000 元人民币)。但从生物合成角度看，该化合物在生物体内是由模块化的非核糖体肽合成(non-ribosomal peptide synthetase, NRPS)途径所合成，其主要原料就是各种氨基酸，若能通过合成生物学使其能在“细胞工厂”中生产，就能大大提高其产量并降低价格。合成生物学通过理性设计和严密的工程学手段改造生物体使其产生特定的化合物，一方面可以通过不同的设计得到不同的合成途径终得到不同的化合物，解决天然产物数量的问题；另一方面可以按产生某种待定化合物为目标优化生命物种，进而提高化合物产量和纯度。天然产物在生物体内合成过程同化学全合成类似，均是以包括小分子羧酸、氨基酸、异戊二烯或单糖在内的简单前体为底物，在温和的生理条件下通过顺序协作的酶催化反应构建复杂化学结构的目标分子。天然产物生物合成研究的一个典型例子是青蒿素的商业化半合成。

青蒿素是从黄花蒿（*Artemisia annua* Linn）中提取得到的一种有过氧基团的倍半萜内酯药物，由于其良好的抗疟活性，早在 2002 年以青蒿素类药物为基础的联合用药（artemisinin-based combination therapy，ACT）就被世界卫生组织认定为抗疟一线治疗方法。但是当时青蒿素主要来源还是从植物中提取，这直接导致其产量和价格受天气、栽种面积、生产地等因素影响而波动较大，限制了 ACT 在疟疾高发的经济欠发达地区使用。青蒿素的前体青蒿酸（artemisinic acid）或二氢青蒿酸（dihydroartemisinic acid）在植物中的合成途径已研究清楚：首先由甲羟戊酸途径合成焦磷酸法呢酯（farnesylpyrophosphate，FPP），再由紫穗槐二烯合酶（amorpha diene synthase，ADS）作用将 FPP 转化为紫穗槐二烯（amorphadiene）（图 1-2）。紫穗槐二烯在酶顺序氧化下得到青蒿酸或二氢青蒿酸，二氢青蒿酸则由一种光催化反应得到终产物青蒿素。Keasling 课题组多年来一直致力于青蒿素的合成生物学研究，目的是将这一植物体内的合成过程由代谢旺盛容易培养的微生物完成，以解决青蒿素稳定来源的问题。他们选择酿酒酵母（*Saccharomyces cerevisiae*）作

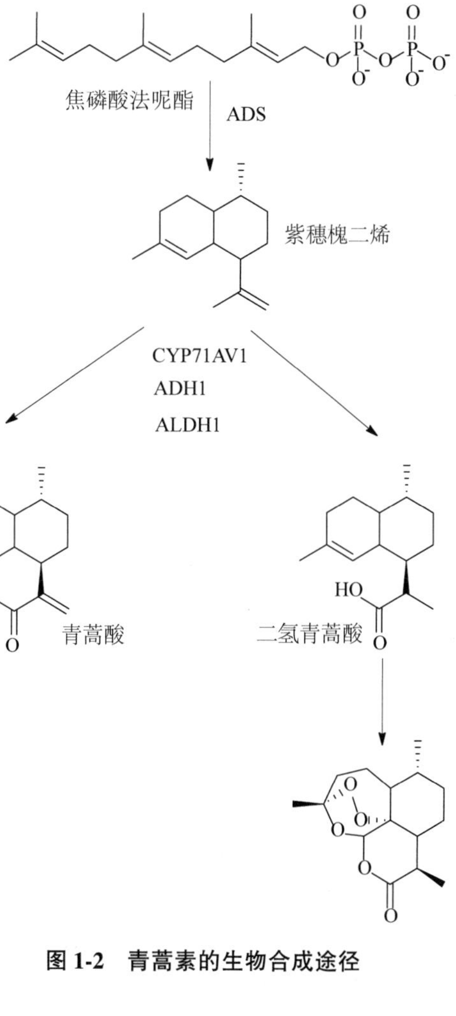

图 1-2 青蒿素的生物合成途径

为宿主，由于其自身具有甲羟戊酸途径，因此导入 *ads* 基因及负责氧化紫穗槐二烯的细胞色素 P450 氧化酶基因 *cyp71av1*(cytochrome P450 monooxygenase) 及其还原酶基因 *cpr*(cytochrome P450 reductase)，通过代谢工程方法优化后使得重组的酵母以 100 mg/L 的产量产生青蒿酸。经宿主优化，调节了甲羟戊酸途径各基因表达加强了 FPP 前体的供应并改进发酵条件，使紫穗槐二烯产量达到 40 g/L，但青蒿酸产量并未成比例增长，紫穗槐二烯的氧化成为限速步骤。研究发现 *cyp71av1* 与 *cpr* 表达的不平衡导致活性氧物种的释放干扰了宿主的生长，通过对两个基因表达的调节，同时导入可提高细胞色素 P450 氧化酶活性的细胞色素 b_5 基因，青蒿酸产量虽有增长但也累积大量有毒副产物青蒿醛(artemisinic aldehyde)。稍后的研究发现，植物体内从紫穗槐二烯氧化为青蒿酸除需要 CYP71AV1 催化外，还需青蒿醇脱氢酶(alcohol dehydrogenase，ADH1)和青蒿醛脱氢酶(aldehyde dehydrogenase，ALDH1)，将编码这两个酶的基因导入，经启动子调整及发酵条件优化后，青蒿酸产量达到可商业化的标准(25 g/L)。建立了成本较低的发酵液处理条件后分离的青蒿酸经 4 步高效的化学半合成可以 40%~45%的总收率制备青蒿素。合成生物学与合成化学相结合的制备新路线稳定了青蒿素的产量并降低其成本，目前该路线已由赛诺菲公司应用于 ACT 生产中。

1.4.3 天然产物的仿生合成研究

生物在自然界中进化，发展成为一个能十分有效地进行化学反应、能量转化和物质输送的完整体系，生物体内的这些过程都是在温和的条件下，高效、专一地进行，这就吸引了人们从分子水平上模拟生物的这些功能。仿生有机合成就是模拟生物体内的反应来进行有机合成，以制取人们需要的物质。1917 年 Robert Robinson 利用曼尼希反应进行的第一次仿生合成颠茄碱(又称阿托品)标志着仿生合成的开始。20 世纪 50~70 年代是甾体化合物研究的辉煌时代。20 世纪 50 年代，哥伦比亚大学 Gilbert Stork、苏黎世联邦理工学院 Albert Eschenmoser 和斯坦福大学 William Summer Johnson 等人在胆固醇合成的基础上，提出了一个多烯环合的假说。而 William Summer Johnson 博士将甾体化合物的全合成推向了一个极致，采用巧妙的仿生合成方法完成了孕甾酮的全合成，这是天然产物全合成历史上的一个里程碑。1992 年加利福利亚大学 Clayton H. Heathcock 等人依据仿生合成原理合成了虎皮楠生物碱，在烯醇化合物合成中的立体选择性做了大量研究，他们采用甲酰化的角鲨烯经曼尼希反应，环合、水解合成得到虎皮楠生物碱。

苍耳烷倍半萜是从药用植物苍耳中发现的一类活性天然产物，其家族成员通常具有顺式或反式 5~7 双环骨架。另外，自然界中还存在少数苍耳烷倍半萜二聚体，均由顺式单体 8-epi-xanthatin 经过“头-尾”(head-to-tail)聚合方式形成。然而，自然界中尚未发现由反式单体 xanthatin 衍生而来的二聚体。2014 年清华大学药学系唐叶峰课题组以 xanthatin 为前体，通过一系列有趣的仿生转化，实现了“头-尾”和“头-头”两种不同形式的二聚化反应，从而得到多个结构新颖的苍耳烷倍半萜二聚体。值得一提的是，尽管这些二聚体最初是作为人造化合物被发现的，但随后通过与中国科学院上海药物研究所胡立宏课题组合作，证明其中两个二聚体 mogolides A 和 B 是存在于中国东北苍耳中的天然产物。

1.5 天然产物化学未来发展趋势

1.5.1 海洋天然产物的研究与开发

海洋约占地球表面积的71.2%，达3.6×10^8 km^2，是迄今所知最大的生命栖息地。海洋生物占自然界36个动物门类中的35个，其中13个门类是海洋生物所特有的，海洋生物总量占地球总生物量的87%。与对陆生植物的研究相比，人们对海洋生物的认识还相当有限。而海洋生物的生存环境与陆生生物迥然不同，如高压、高盐度、有限的光照和有限的含氧量等，导致海洋生物次级代谢的途径和酶反应机制与陆地生物几乎完全不同，使得海洋生物成为资源最丰富、保存最完整、最具有新药开发潜力的新领域。20世纪二三十年代，开启了从海洋生物中分离活性成分并进行结构修饰的研究，一些天然活性成分被成功地分离及合成，如沙蚕毒素、河豚毒素、海鞘素等。但是人类对海洋天然产物的研究还只是刚刚起步，浩瀚的海洋资源宝库需要人类去探索、去开发。近20年以来药物开发已经举步维艰，微生物的耐药性致使每年新药上市的速度几乎等于老药被淘汰的速度，人类迫切需要结构新颖、生物活性和作用机制独特的新天然产物作为新药特别是开发抗癌药物的先导化合物。未来海洋生物特别是海洋微生物将成为新颖海洋天然产物的宝库。

1.5.2 天然产物的化学合成、生物合成和组合生物合成

化学合成复杂的天然产物将不再是研究的终结。这些分子本身将成为组合技术或简化分子来源的底物，以寻找、制备简单而具有生物活性的分子。生物催化也越来越多地应用于化学合成。同时，可开发出新的生物清洁剂、半合成酶、仿生过渡态抗体等。

在重要的天然产物次生代谢产物生物合成方面，将会开展更多的基础研究。进一步阐明生物合成的途径及其关键中间体以及调节和限速步骤，酶的鉴别、克隆及表达等。遗传基因技术的研究与应用将成为天然产物研究的前沿领域。

同时，随着重组基因技术的发展和生物合成基因的鉴定及再组合、配对技术的应用，组合生物合成将成为新的或新类型化合物的重要来源之一。

1.5.3 多学科的融合交叉发展

天然产物化学的迅猛发展，还将极大地促进相关学科相互融汇，多学科之间的交叉关联将越来越密切，如生物学、生药学、药用植物学、生态学、中医中药学、生物合成和生源学、植物化学分类学、生态生物化学、药剂学、食品化学、农药化学及科技文献信息学等。这些学科的融合交叉将促进天然产物化学向深度及广度方面进一步发展。

参考文献

杜灿屏，陈拥军，梁文平，等，2002. 天然产物化学研究的挑战和机遇[J]. 化学进展(05)：405-407.
高磊，于欣水，雷晓光，2019. 天然产物生物合成：探索大自然合成次生代谢产物的奥秘[J]. 大学化学，34(12)：45-53.

郭瑞霞，李力更，王于方，等，2015. 天然药物化学史话：天然药物化学研究的魅力[J]. 中草药，46(14)：2019-2033.
胡坤，孙汉董，普诺·白玛丹增，2019. 量子化学计算核磁共振参数在天然产物结构鉴定中的应用[J]. 波谱学杂志，36(03)：359-376.
李鹭，刘诣，李力更，等，2013. 天然药物化学史话：岩沙海葵毒素的全合成[J]. 中草药，44(18)：2630-2633.
刘湘，汪秋安，2010. 天然产物化学[M]. 北京：化学工业出版社.
庞博，郑庆飞，刘文，2015. 天然药物研究中的合成生物学[J]. 中国科学：生命科学，45(10)：1015-1026.
史清文，李力更，霍长虹，等，2010. 天然药物化学研究与新药开发[J]. 中草药，41(10)：1583-1589.
宋如峰，宗兰兰，袁琦，等，2019. 高速逆流色谱技术的应用研究进展[J]. 河南大学学报(医学版)，38(02)：143-147.
孙艳宾，张慧婧，景大为，等，2019. 超临界 CO_2 萃取技术在海洋生物活性物质的应用研究进展[J]. 食品工业，40(01)：286-290.
王锋鹏，2009. 现代天然产物化学[M]. 北京：科学出版社.
王思明，王于方，李勇，等，2016. 天然药物化学史话：来自海洋的药物[J]. 中草药，47(10)：1629-1642.
王伟，李韶静，朱天慧，等，2018. 天然药物化学史话：天然产物的生物合成[J]. 中草药，49(14)：3193-3207.
徐晓俞，李程勋，李爱萍，2018. 农产品天然产物研究与应用概况[J]. 福建农业科技(10)：18-23.
杨世林，2010. 天然药物化学[M]. 北京：科学出版社.
易人行，戚进，2019. 天然产物中活性成分遴选方法研究进展[J]. 广州化工，47(17)：24-26，29-37.
张晓平，邵骏菁，马大龙，等，2019. 天然药物抗肿瘤活性成分及其作用机制研究进展[J]. 药学学报，54(11)：1949-1957.
赵雪，2019. 黄花蒿中青蒿素多孔淀粉微球的制备、表征及功能评价[D]. 哈尔滨：东北林业大学.
赵媛，王旭斌，郑宁，2019. 天然萜类化合物抗肿瘤作用的研究进展[J]. 世界最新医学信息文摘，19(98)：48-49.

第 2 章　天然产物的提取分离和结构鉴定

天然产物活性成分主要包括生物碱类、黄酮类、甾体类、萜类、苷类等，而从复杂的天然资源组成成分中提取分离出单纯组分，是对这些活性成分进行系统研究和加以利用的必要前提。天然产物化学组成复杂，当这些成分混合在一起时，要想对其进行比较全面的分析非常困难，一般先进行预实验以初步了解所含成分的大致情况，然后在此基础上再进行有针对性的提取和分离。

2.1　天然产物化学成分的预试验

天然产物活性成分预试验方法一般可分为两大类：一类是单项预试验法，即根据需要重点检查某类成分，如寻找含生物碱成分，仅需进行生物碱的定性反应，以检查生物碱的存在与否；另一类是系统预试验法，其基本原理是根据各成分的极性不同，先系统地分成几个不同的部分，然后利用显色反应或沉淀反应，或结合纸色谱、薄板色谱定性判断各部分中可能含有的化合物类型。本章重点介绍系统预试验法。

在进行预试验之前，首先对所用材料的产地、生物学特性、分类学鉴定进行了解，同时借助外观、色泽、气味、味道等对其所含成分进行初步判断，为接下来的试验提供参考。

天然产物有效成分预试验的一般流程是根据相似相溶原理，极性大的成分在极性溶剂中溶解度大，极性小的成分易溶于非极性溶剂，按极性由小到大，或由大到小，可顺次将极性较相近的成分分离。预试验通常采用溶剂极性递增的方法。常用溶剂的极性次序(由小到大)：石油醚、环己烷、苯、二氯甲烷-乙醚、乙酸乙酯、正丁醇、丙醇-乙醇、甲醇、水、含盐水。溶剂和有效成分极性相似对照可见表 2-1。

表 2-1　溶剂和有效成分极性相似对照

极性强弱	溶剂名称	有效成分类型
非极性(亲脂性)溶剂	石油醚、环已烷、汽油、苯、甲苯等	油脂、挥发油、植物甾醇(游离态)、某些生物碱、亲脂性强的香豆素等
弱极性溶剂	乙醚	树脂、内酯、黄酮类化合物的苷元、醌类、游离生物碱及醚溶性有机酸等
弱极性溶剂	氯仿	游离生物碱等
中等极性溶剂	乙酸乙酯	极性较小的苷类(单糖苷)
中等极性溶剂	正丁醇	极性较大的苷类(二糖和三糖苷)等
极性溶剂	丙酮、甲醇、乙醇	生物碱及其盐、有机酸及其盐、苷类、氨基酸、鞣质和某些单糖等
强极性溶剂	水	氨基酸、蛋白质、糖类、水溶性生物碱、胺类、鞣质、苷类、无机盐等

在实际的预试验过程中，根据水可提取极性物质，石油醚可提取非极性物质，醇能提取大部分成分的特点，采用石油醚、水、95%乙醇的三段法分别对植物进行粗分，分别获得水提取液、乙醇提取液和石油醚提取液。水提取液可检查是否含有单糖、多糖、皂苷、蛋白质等水溶液成分。石油醚提取液可检查是否含有萜类、甾体、油脂和挥发油等亲脂性成分。将乙醇提取液浓缩回收乙醇获得乙醇浓缩液，分成两份，一份加入乙醇溶解，检查是否含有酚类、有机酸、黄酮、糖苷等极性较强的成分；另一份加入稀盐酸溶液，检查盐酸溶液是否含有生物碱；盐酸不溶物加入乙酸乙酯，得到乙酸乙酯溶解液，再加入5%氢氧化钠溶液振摇，所得的碱水液中检查是否含有有机酸、酚类等酸性成分，而所得乙酸乙酯溶液检查是否含有萜类、内酯等弱极性成分。天然产物化学成分的预试验流程如图2-1所示。对上述各类物质的鉴定可参考表2-2所述的定性试验方法。

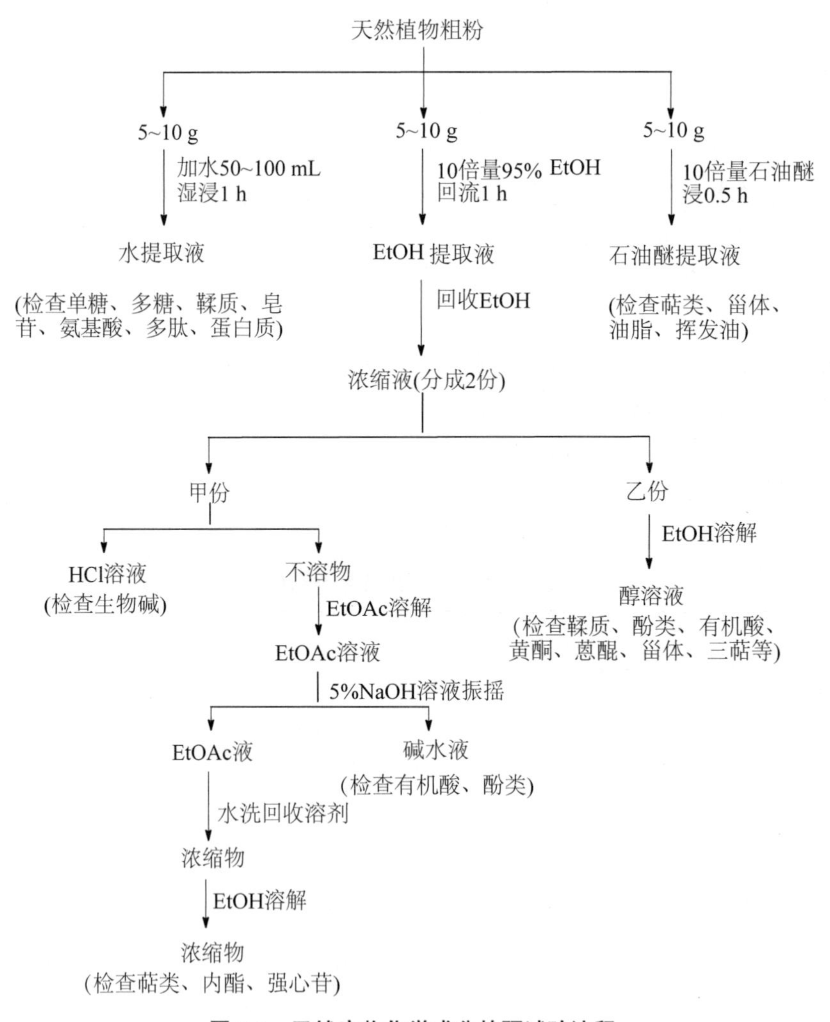

图2-1 天然产物化学成分的预试验流程

表 2-2　试验试剂与成分对应表

试　剂	提示可能含有成分	反应类型	呈色
碘化汞钾	生物碱	沉淀反应	白色或黄色沉淀
碘化铋钾	生物碱	沉淀反应	橘红色沉淀
10%氢氧化钠	酚类、羟基醌类、黄酮类、查耳酮	显色反应	无色、紫红、橙色等
10%氢氧化钠(加热)	内酯(溶解)、油脂(溶解发泡)	显色反应	红色、黄棕色等
斐林试剂	单糖、醛、其他还原物质	沉淀反应	砖红色沉淀
10%盐酸加热，中和，斐林试剂	苷	沉淀反应	砖红色沉淀
20% α-萘酚	糖类、苷类化合物	显色反应	紫红色
醋酐浓硫酸	萜类、甾、皂苷	显色反应	紫红色→绿色
苦味酸	生物碱、挥发油(含 $—CH=CH—CH_3$)	沉淀反应	黄色沉淀
浓硫酸	皂苷、生物碱、其他	显色反应	无色、紫色、绿色等
弗勒德氏试剂	生物碱	显色反应	黄棕色、蓝色等
镁粉+盐酸	黄酮	显色反应	红色或紫红色
10%溴-冰醋酸	不饱和化合物	显色反应	蓝色、紫色、绿色等
5%硝酸银醇溶液	有机酸	沉淀反应	白色沉淀
1%三氯化铁	酚、酚酸、黄酮、鞣质	颜色反应	红、蓝、紫、绿等
茚三酮反应	蛋白质、多肽	颜色反应	黄色或紫红色

2.2　天然产物提取方法

2.2.1　常用提取方法

2.2.1.1　溶剂提取法

溶剂提取法是根据天然产物中各种成分在不同溶剂中的溶解度不同，选用对有效成分溶解度大，对杂质成分溶解度小的溶剂，将有效成分从植物组织内部溶解出来的方法。常用的溶剂提取法主要包括浸渍法、渗漉法、煎煮法、回流提取法和连续回流提取法等。提取效率受到原料的粉碎度、提取时间、温度以及设备条件等因素的影响。

(1)溶剂的选择

运用溶剂提取法提取活性成分的关键环节是选择合适的提取溶剂，如果溶剂选择合理，就可以比较顺利地将所需活性成分提取出来。选择溶剂应遵循如下原则：①溶剂对所需成分溶解度要大，对杂质溶解度要小，或者反之；②溶剂不能与天然产物化学成分发生反应，即使反应也属于可逆性的；③溶剂要价格低廉，并且具有一定的安全性；④溶剂的沸点适中，便于回收反复使用。

溶剂的选择通常有以下几种方法：

①采用几种不同极性的溶剂分步提取　选择 3~4 种不同极性的溶剂，由低极性到高极性分步进行提取，使各成分依其在不同极性溶剂中的溶解度差异而得到分离。一般先采用低极性的、与水不相溶的有机溶剂，如石油醚、氯仿、乙醚等选择性能强的溶

剂，但是有些溶剂有毒、易燃、价格较高、浸提能力较差，使用前一般先用水将样品润湿，晾干后再进行提取；之后再使用能与水混溶的有机溶剂(如乙醇、甲醇等)提取，最后再用水提取。目前常用的两种系统为：己烷→乙醚→甲醇→水；己烷→二氯甲烷→甲醇→水。在室温条件下依次提取，这样可使植物中非极性与极性化合物得到初步分离，本法常用作提供生物试验的样品使用。

②单一溶剂提取　常用的溶剂中，选用最多的是水。水是一种强极性溶剂。在用水进行提取时，植物中的亲水性成分，如无机盐、蛋白质、糖和淀粉等也被水一同溶出，这会给进一步分离带来障碍。有的样品还含有黏液，浓缩时会产生泡沫，因此可加少量的戊醇或辛醇来克服；也可采用薄膜浓缩。若提取物容易发霉、发酵，可加少量甲苯、甲醛或氯仿等防腐剂。植物中的某些成分如胺型生物碱、苷类及有机酸等均含有亲水性的极性基团，在水中有一定的溶解度，因此可用水直接提取。如将槐花米用水煎煮，放冷后即可析出芸香苷结晶。

提取植物中的活性成分通常选用有机溶剂来提取，即使有些化合物可以直接用水来提取，但是为了减少水溶性杂质的干扰，常选用有机溶剂提取。因此，如果植物中所含活性成分单一并且含量较高时，可选择一种合适的有机溶剂进行提取。乙醇是最为常用的有机溶剂，乙醇的溶解性能好，对植物细胞的穿透能力较强，除植物中的蛋白质、黏液质、果胶、淀粉、油脂和蜡质等外，其他成分在乙醇中均具有一定的溶解度，并且一些难溶于水的亲脂性成分在乙醇中的溶解度也较大。例如橙皮苷的提取，可将橙皮粗粉置于索氏提取器中，用甲醇或乙醇热回流提取，即析出橙皮苷的结晶。

③多种溶剂提取　利用样品中所含成分在溶剂中溶解度差异来达到分离的目的。常用有机溶剂搭配无机溶剂进行提取，有机溶剂经常使用甲醇、氯仿等，无机溶剂最常使用水。例如，在提取七叶苷和七叶苷内酯时，样品使用95%乙醇进行加热回流提取，醇提取液进行减压浓缩，残渣加入水，先用氯仿提取，再用乙酸乙酯提取，乙酸乙酯提取部分使用无水硫酸钠干燥、浓缩，加入甲醇析出七叶苷内酯，水部分为七叶苷。

(2)常用的溶剂提取方法

① 浸渍法　此方法比较简单，一般将植物粗粉装入适当容器中(如砂锅、金属夹层锅等)，避免使用铁器，再加入适当的溶剂(一般使用水或稀醇溶液)，以能浸透粗粉稍有过量为度，时常振摇或搅拌，放置1 d以上过滤，滤渣再加新溶剂，如此提2~3次。合并提取液，浓缩后可得粗提取物。本法适用于对热敏感的有效成分提取，但是提取效率较低。

② 煎煮法　用水作溶剂，适用于有效成分能溶于水，且对湿热较稳定的植物原料的提取。现代化煎煮设备多使用不锈钢材质的多功能提取罐(图2-2)。将样品

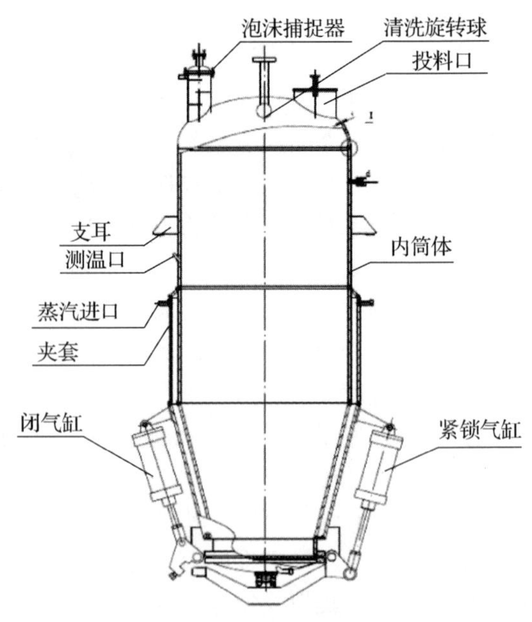

图2-2　多功能提取罐示意

加入提取设备中，经一定时间提取后，放出浸出液，排除残渣。可进行常压常温提取，也可以加压高温提取或减压低温提取。如果样品中淀粉含量较多，不宜磨成细粉后用水进行煎煮，以避免糊化。

多功能提取罐除适用于煎煮法，还可于其他方法中使用，可进行水提、醇提，可提取挥发油、回收残渣中溶剂等。

③ 渗漉法　是指将适度粉碎的植物原料置于圆锥或圆柱形渗流筒中，由上部连续加入新溶剂，收集渗漉液提取成分的方法。渗漉法属于动态浸出，有效成分浸出完全，具有不破坏有效成分、提取效率高、节约能耗等优点。新鲜及易膨胀的检材、无组织结构的检材不宜选用渗漉法提取。渗漉法对原料粒度及工艺技术条件要求较高，操作不当会影响渗漉效果和溶剂的利用率。用水渗漉时，如果室温较高，在渗漉过程中样品易发酵，这时可用氯仿饱和的水进行渗漉。渗漉装置如图 2-3 所示。

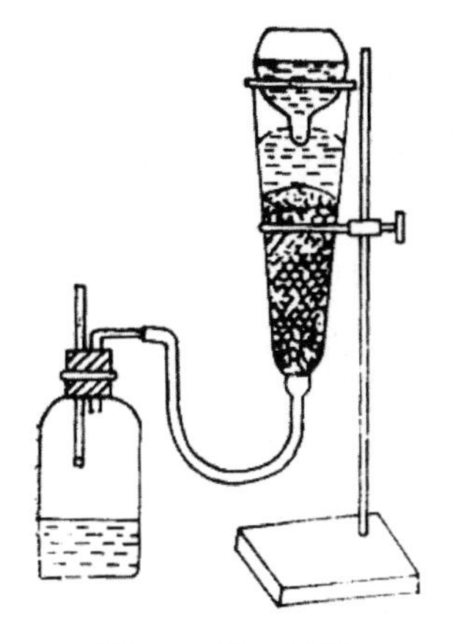

图 2-3　渗漉装置

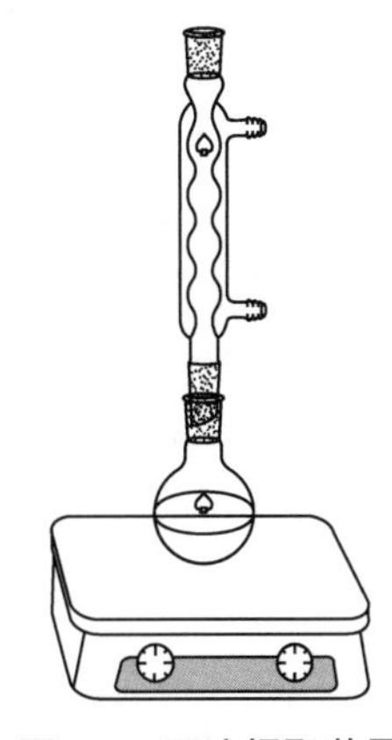

图 2-4　回流提取装置

④ 回流提取法　应用有机溶剂加热提取时，需采用回流提取装置(图 2-4)，以免溶剂挥发损失。在水浴中加热回流，沸腾后溶液放冷过滤，再在残渣中加溶剂，做第二、三次加热回流分别约 0. 5 h，或至基本提尽有效成分为止。

以黄连素(小檗碱)提取为例，称取适量黄连，研碎磨烂，放入圆底烧瓶中，加入 100 mL 95%乙醇，装上回流冷凝管，加热回流 0. 5 h，静置浸泡 1 h，减压过滤，滤渣重复上述操作处理两次(后两次提取可适当减少乙醇用量和缩短浸泡时间)。合并 3 次所得滤液即为黄连素提取液，之后根据需要进行分离纯化。

⑤连续回流提取法　与回流提取法相比，连续回流提取法所需溶剂量较少，提取成分也比较完全，因此在小型试验或大型生产中经常使用这一提取方法。实验室通常使用索氏提取器(图 2-5)进行操作。索氏提取器通常由 3 部分构成，分别为冷凝器、带有虹吸管的提取器和烧瓶。应用时将装有检材的滤纸袋，放入提取器内，高度不得超虹

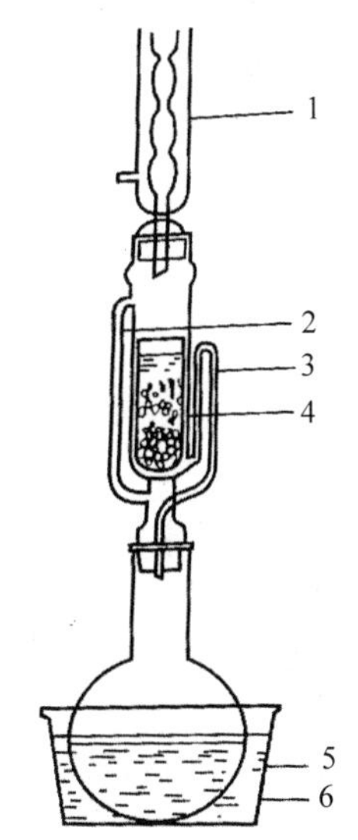

图 2-5　索氏提取器装置

1. 冷凝管；2. 溶剂蒸气上升管；3. 虹吸回流管；4. 待提取原料；5. 溶剂；6. 水浴

吸管的顶端，烧瓶内溶剂在水浴上加热汽化，通过提取器旁的蒸气上升管道，遇冷凝管冷却成液体，滴入提取器内，对检材进行浸泡提取，提取器内溶剂液面超过虹吸管高度时，因为虹吸作用，可将提取器内溶液全部虹吸流入烧瓶内，完成了对检材的一次浸泡提取。烧瓶内溶剂部分可因再受热汽化、冷凝、浸泡检材，再虹吸回烧瓶内，而溶解出的成分仍留在烧瓶中，如此反复循环多次，直至检材中的成分提尽为止。

2.2.1.2 水蒸气蒸馏法

水蒸气蒸馏法是一种常用的提取方法。被提取的成分应具备挥发性，沸腾期间与水长时间共存而不发生化学变化，难溶或不溶于水等特点。

进行水蒸气蒸馏时，先将溶液(混合液或混有少量水的固体)置于长颈圆底烧瓶中，然后在水蒸气发生瓶中，加入约占容器3/4的水，待检查整个装置不漏气后，旋开T形管的螺旋夹，加热至沸。当有大量水蒸气产生并从T形管的支管冲出时，立即旋紧螺旋夹，水蒸气便进入蒸馏部分，开始蒸馏。为了使蒸气不致在长颈圆底烧瓶中冷凝而使体积增加，必要时可在其下置一石棉网，用小火加热。必须控制加热速度，使蒸气能全部在冷凝管中冷凝下来。在蒸馏过程中，通过水蒸气发生器安全管中水面的高低，可以判断水蒸气蒸馏系统是否畅通，若水平面上升很高，则说明某一部分被阻塞了，这时应立即旋开螺旋夹，然后移去热源，拆下装置进行检查(通常是由于水蒸气导入管被树脂状物质或焦油状物堵塞)和处理(图2-6)。

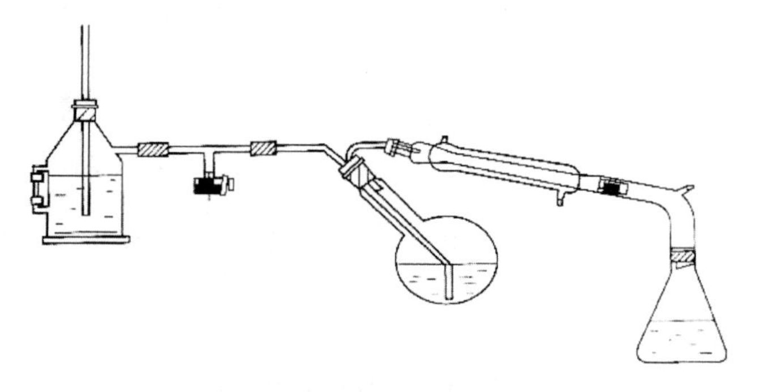

图2-6 水蒸气蒸馏装置示意

在蒸馏需要中断或蒸馏完毕后，一定要先打开螺旋夹使系统与大气相通，然后方可停止加热，否则长颈圆底烧瓶中的液体会倒吸到发生器中。当馏出液无明显油珠、澄清透明时，便可停止蒸馏。其顺序是先旋开螺旋夹，然后移去热源，否则可能发生倒吸现象。馏出物和水的分离方法，根据具体情况决定。天然产物中的挥发油，某些小分子生物碱如麻黄碱、烟碱、槟榔碱等均可应用本方法提取。

2.2.1.3 升华法

固体物质加热，直接变成气态，遇冷凝结成原本的固体，称为升华。一些成分具有升华性质，可采用此法进行纯化。如樟树中的樟脑、茶叶中的咖啡因，均可通过升华法直接提取。

2.2.2 新型提取方法

2.2.2.1 超声波辅助提取法(UAE)

超声波是一种频率高于 20 kHz 的弹性机械振动波，能产生强烈空化效应。UAE 就是利用其独特的声空化效应加速天然产物有效成分的浸出提取。同时，超声波的次级效应(如机械振动、乳化、扩散、击碎和搅拌作用等)可增大提取物质的分子运动频率和速率，增加溶剂穿透力，从而提高有效成分的提取率。与常规提取方法相比，超声波辅助提取法具有提取时间短、常温操作、产率高及操作简单易行等特点。超声波辅助提取在超声提取器中进行，超声提取器是将电能转换为超声能，促使天然产物有效成分进入溶剂中的一种装置，主要由超声波电源、超声换能器系统(将电能转换为超声能)和提取容器 3 部分组成。实验室中对天然产物少量提取一般使用探头浸没式超声提取器(图 2-7)，而工业生产中对天然产物大量提取通常使用罐式超声提取器(图 2-8)。

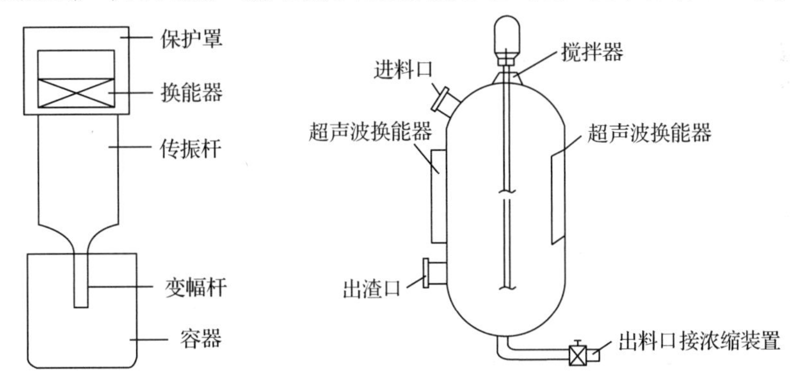

图 2-7 探头浸没式超声提取器示意　　**图 2-8 罐式超声提取器示意**

2.2.2.2 微波辅助提取法(MAE)

微波是波长介于远红外与超短波之间的高频电磁波(1 mm~1 m)。微波辅助提取法的原理是在微波场中，介电常数不同的物质吸收微波能力的差异使得基体物质的某些区域或萃取体系中的某些组分被选择性加热，从而使得目标组分选择性地从基体或体系中分离出来。

天然植物中的有效成分往往包埋在有表皮保护的内部薄壁细胞或液泡内，破壁非常困难。微波加热导致细胞内的极性物质，尤其是水分子吸收微波能，产生大量的热量，使胞内温度迅速升高，液态水汽化产生的压力将细胞膜和细胞壁冲破，形成微小的孔洞，进一步加热，导致细胞内部和细胞壁水分减少，细胞收缩，表面出现裂纹。孔洞或裂纹的存在使胞外液容易进入细胞内，溶解并释放胞内产物。在含水的溶剂萃取极性化合物时，微波辅助提取显示出较大优势。因被萃取物细胞内含水及极性有效成分的存在，在微波场中吸收大量能量，从而在内部产生热效应，被萃取物的细胞结构因产生的热效应而破裂。非极性溶剂则很少或不吸收微波能，没有自热现象，它可以起到冷却和溶解双重作用。细胞内部的物质因细胞的破裂直接与相对冷的溶剂接触，由于内外温度差加速目标产物由细胞内转移到萃取剂中，从而强化有效成分的提取。微波辅助提取技术具有设备简单、适用范围广、提取效率高、节省实际、绿色环保等特点。有研究表明微波促提和超声辅助萃取两种技术同时使用的效果比单独使用更好。微波辅助提取装置主要包括密闭式微波提取体系(图 2-9)和开罐式聚焦微波提取体系(图 2-10)，二者主要区别是前者为分批处理样品，后者可以连续工作。

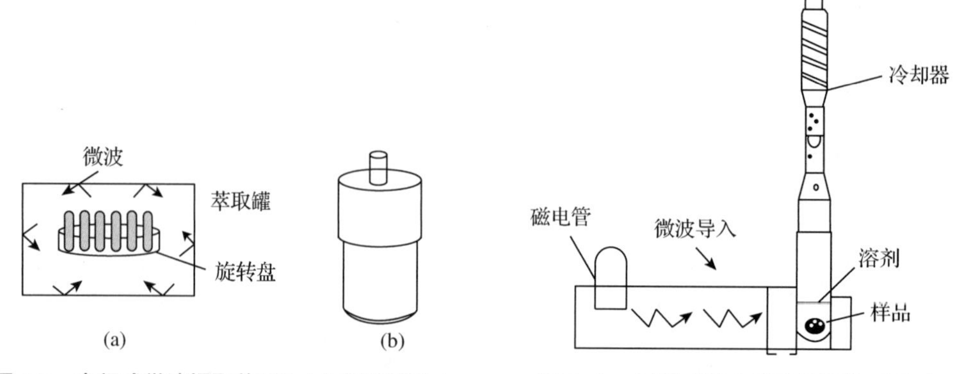

图 2-9　密闭式微波提取体系(a)和提取罐(b)

图 2-10　开罐式聚焦微波提取体系示意

2.2.2.3　酶解提取法

酶解提取法就是利用酶高度专一性的特点，通过酶反应较温和地将植物细胞壁的组成成分(纤维素、半纤维素和果胶等)水解或降解，破坏细胞壁的结构，加速细胞内的有效成分的释放提取。所用的酶依据细胞壁结构成分来选择，如纤维素酶、蛋白酶、果胶酶等，其中纤维素酶最为常用。与传统的溶剂提取法相比，酶解提取条件温和，提取效率高，还能保持有效成分的生物活性，同时还会减少化学试剂的使用，因此酶解法不失为一种最大限度从植物体内提取有效成分的方法之一。但是该方法对试验条件要求较高，为使酶发挥最大作用，需先通过预试验确定最适温度、pH 值及作用时间等。

2.2.2.4　超临界流体萃取法(SFE)

超临界流体是指物质所处的温度和压力均为其临界温度和临界压力以上的一种流体，其兼具液体和气体的优点，如密度大、黏稠度低、表面张力小、穿透力强及较高溶解度等。超临界流体萃取法是以超临界流体为萃取溶剂提取天然产物中的有效成分，减压将其释放出来的过程。超临界流体对物质有超高溶解能力和渗透能力的特性，使其成为一种理想的萃取溶剂。二氧化碳、二氧化氮、二氧化硫、氮气、甲醇、异丙醇等均可作为超临界流体萃取溶剂，其中超临界二氧化碳在天然产物提取中最常使用。它具有较低的临界温度(31.06℃)和临界压力(7.39 MPa)，能够在接近室温的条件下，安全环保地开展萃取工作，并且无毒无害，萃取过程中不发生化学反应，有效避免热敏性物质在高温下的氧化和逸出，适合于提取非极性和中等极性的物质，特别是在从天然产物中提取各种精油和植物油方面有着广泛的应用。但是超临界流体萃取技术所使用的高压设备，初期投资较大，运行成本较高，目前在工业生产中还难以普及。超临界流体萃取装置如图 2-11 所示。

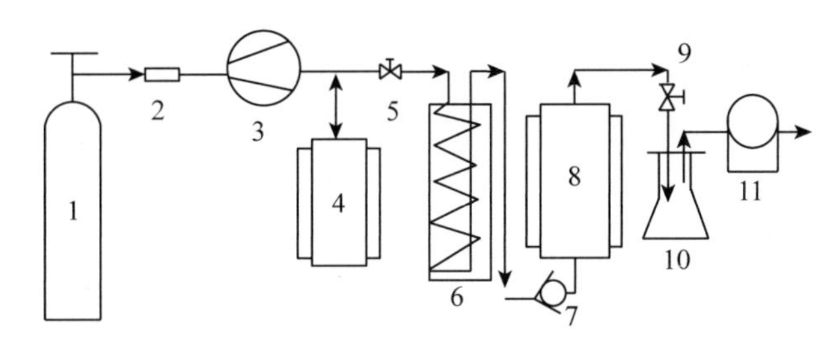

图 2-11　超临界流体萃取装置示意

1. 气体钢瓶；2. 过滤器；3. 压缩机；4. 储气罐；5. 压力调节阀；6. 预热器；7. 单向阀；8. 萃取器；9. 减压阀；10. 样品收集器；11. 流量计

2.3　有效成分分离与精制的一般方法

通过使用上述提取方法所获得的提取物通常都是混合物，还需进一步分离与纯化，以获得某单一有效组分。

2.3.1　系统溶剂分离法

系统溶剂分离法是分离纯化天然产物有效成分的一种常用方法，根据“相似相溶”“不相似而不相溶”的原理，采用适当的溶剂溶解所需要的物质或去除不需要的杂质可以有效地简化分离步骤。系统溶剂分离法一般可选用3~4种不同极性的溶剂，按照极性由小到大的顺序分步进行提取分离。

2.3.2　两相溶剂萃取法

两相溶剂萃取法是利用混合物中各成分在两种互不相溶的溶剂中分配系数的不同而达到分离的方法。它是指在提取液（被萃取溶液）中加入一种与其不相混溶的溶剂（萃取剂），充分振摇增加两相接触的面积，使原提取液中的某种成分转溶至萃取剂中，而其他成分仍保留在原提取液中，待两相完全分层后，分离两相，又称液-液萃取法。

两相溶剂萃取法的理论依据是分配定律：

$$K=c_u/c_L \tag{2-1}$$

其中，K 为分配系数；c_u 为化学成分在上相溶剂中的浓度；c_L 为化学成分在下相溶剂中的浓度。

萃取时各成分在两相溶剂中分配系数相差越大，分离效率越高。若所需成分为偏于亲水性物质，其水溶液用弱亲脂性溶剂（如正丁醇、戊醇、乙酸乙酯等）萃取。反之，若所需成分是亲脂性物质，可用亲脂性有机溶剂（如氯仿、乙醚等）进行两相萃取。

两相溶剂萃取法所采用的萃取技术主要分为分次萃取法、连续萃取法和逆流分配法。如为少量分次萃取，可在分液漏斗中进行；在工业生产中要大量萃取，多在密闭萃取罐内进行。

2.3.3 结晶和重结晶

结晶法是利用不同温度导致物质溶解度改变的性质来进行分离的方法，一般用于化学成分分离纯化的最后阶段。一般能结晶的化合物大多是比较纯的化合物，但不一定是单体化合物。有时即使获得了晶体，但也可能是混合物。还有一些物质即使达到了很纯的程度，还不能结晶，只呈无定形粉末。有些游离的生物碱、皂苷、多糖等一般不容易结晶，可通过制备其结晶性的衍生物或盐，经分离纯化后，再用化学方法处理获得原来的化合物。同时纯化合物的结晶有一定的熔点和结晶学特征，因此结晶是研究化合物分子结构的重要手段。

2.3.3.1 结晶溶剂的选择

选择合适的溶剂对结晶非常关键。理想的溶剂是对所需成分的溶解度随温度的高低变化而有显著差别，即温度低时对所需成分的溶解度小，温度高时对所需成分的溶解度大，而对杂质则冷热都不溶或冷热都能溶解。若该溶剂对杂质的溶解度很大而对欲分离的物质不溶或难溶，则可用洗涤法去除杂质后再选用合适溶剂结晶。溶剂的沸点不宜过高。常用的结晶溶剂包括甲醇、乙醇、丙酮、三氯甲烷、乙酸乙酯等。

2.3.3.2 结晶溶液的制备

制备结晶的溶液，需要成为过饱和溶液，一般是使用适量的溶剂在加温的情况下，将化合物溶解再放置冷处，如果在室温下可以析出结晶，就不一定放置于冰箱中，以免伴随结晶析出更多的杂质。结晶过程中，一般是溶液浓度越高，降温越快，析出结晶的速度也就越快，但得到的晶体质量较差，结晶颗粒较小，杂质也可能多些。有时自溶液中析出结晶的速度太快，超过化合物晶核的形成和分子定向排列的速度，往往只能得到无定形粉末。如果溶液浓度适当，温度慢慢降低，有可能析出结晶较大且纯度较高的结晶。

2.3.3.3 制备结晶的方法

结晶形成过程包括晶核的形成和结晶的生长。在放置过程中，塞紧瓶塞，静置。如果放置一段时间后没有结晶析出，可松动瓶盖，使溶剂自动挥发，再静置观察。或加入少量晶种，加晶种是诱导结晶形成的有效手段。若没有晶种，可用玻璃棒摩擦玻璃容器内壁，产生微小颗粒代替晶核，以诱导方式促进结晶形成。使用上述方法均无法获得结晶，则应考虑所用物质是否纯度不够，或者化合物本身无法形成晶体，同时采取相应的处理办法。在制备结晶时，最好在形成一批结晶后，立即倾出上层溶液，然后再放置以得到第二批结晶。晶态物质可以用溶剂溶解再次结晶精制，这种方法称为重结晶法，有时可以反复多次进行，以除去杂质，提高晶体的纯度。

2.3.3.4 结晶纯度的判断

每种化合物的结晶都有一定的形状、色泽和熔点，这是非结晶物质所没有的物理性质，因此可以作为鉴定的初步依据。化合物结晶的形状和熔点往往因所用溶剂不同而有差异，所以文献中常在化合物的晶型、熔点之后注明所用溶剂。一般单体纯化合物的晶体的熔距较窄，一般要求在0.5 ℃，如果熔距较长则表明化合物不纯。天然产物的有效成分经过同一溶剂进行3次重结晶，其晶型及熔点一致，同时在薄层色谱或纸色谱法经数种不同展开剂系统检定，均呈现一个斑点者，一般认为是一个单体化合物。此外，还可以结合高效液相色谱、气相色谱和紫外光谱等方法，对结晶样品的纯度进行进一步鉴定。

2.3.4　沉淀法

该方法是利用某些成分与特定的试剂作用产生沉淀从而达到分离或除去杂质的目的。

(1)溶剂沉淀法

在提取液中加入某种溶剂以改变溶液的极性，使一部分物质(有效成分或杂质)沉淀析出。例如，通过水提乙醇沉法除去多糖、蛋白质等水溶性杂质；或通过乙醇提水沉法除去树脂、叶绿素等水不溶性杂质；或通过乙醇提乙醚沉法、乙醇提丙酮沉法析出皂苷。

(2)酸碱沉淀法

对于酸性、碱性或两性有效成分，可通过加入酸、碱以调节溶液pH值，改变分子的存在状态(游离型或解离型)，从而改变有效成分的溶解度而达到分离。例如，利用酸提碱沉法提取生物碱类活性成分，而提取分离黄酮、蒽醌等酚酸性活性成分时可采用碱提酸沉的方法。

(3)铅盐沉淀法

铅盐沉淀法是分离某些天然产物有效成分最常用的沉淀反应之一。中性乙酸铅或碱式乙酸铅在水或稀醇溶液中，能与许多有效成分生成难溶性的铅盐或络合物沉淀，沉淀过滤后需经过脱铅处理。脱铅方法通常使用硫化氢气体，使分解并转化为不溶性硫化铅沉淀而除去。

(4)试剂沉淀法

在天然产物的提取液中，加入某些试剂，使之与有效成分结合而产生沉淀，借此进行分离。例如从天然产物中提取生物碱，可通过加入雷氏铵盐使生成生物碱类雷氏盐沉淀析出。实验室中常用的沉淀试剂见表2-3所列。

表2-3　实验室常用沉淀剂

常用沉淀剂	化合物
中性乙酸铅	酸性、邻位酚羟基化合物，有机酸、蛋白质、黏液质、鞣质、树脂、酸性皂苷、部分黄酮苷
碱式乙酸铅	除上述物质外，还可沉淀某些苷类、生物碱等碱性物质
明矾	黄芩苷
雷士铵盐	生物碱
碘化钾	季铵生物碱
咖啡碱、明胶、蛋白	鞣质
胆固醇	皂苷
苦味酸、苦酮酸	生物碱
氯化钙、石灰	有机酸

2.3.5 盐析法

盐析法通常是向植物水提取液中加入易溶性无机盐至一定浓度或达到饱和状态，使某些成分在水中的溶解度降低，沉淀析出或被有机溶剂提取出，常用的化合物如氯化钠、氯化铵、硫酸铵、硫酸钠、硫酸镁等。例如，三颗针粉用稀盐酸浸泡，加氯化钠近饱和即可析出小檗碱盐酸盐。

2.3.6 分馏法

对于沸点不同的液体物质，通过常压或减压分馏可达到分离和纯化的目的，该方法常用于挥发油成分的分离。

混合液沸腾后蒸气进入分馏柱中被部分冷凝，冷凝液在下降途中与继续上升的蒸气接触，二者进行热交换，蒸气中高沸点组分被冷凝，低沸点组分仍呈蒸气上升，而冷凝液中低沸点组分受热汽化，高沸点组分仍呈液态下降。结果是上升的蒸气中低沸点组分增多，下降的冷凝液中高沸点组分增多。如此经过多次热交换，就相当于连续多次的普通蒸馏。以致低沸点组分的蒸气不断上升，而被蒸馏出来；高沸点组分则不断流回蒸馏瓶中，从而将它们分离。由于挥发油成分复杂，有些成分沸点相差不大，因此此法只能达到初步分离，要得到单体化合物往往还需结合其他方法。

2.3.7 色谱分离法

色谱分离法是对天然产物有效成分进行分离精制常用的一类方法。色谱分离方法是一种使不同分子相互分离的过程，当一混合样品被导入固定相的支持体中，而另一流体(流动相)通过时，由于样品各组分与固定相和流动相相互作用(范德华力、氢键等)的大小不同，使各组分通过固定相支持体的速率不同而得以分离。此色谱在柱上进行为柱色谱，在薄层上进行为薄层色谱，在纸上进行为纸色谱。柱色谱主要用于分离制备，薄层色谱和纸色谱主要用于分析鉴定，也可用于半微量制备。色谱法的分类可根据两相所处的状态来划分，当液体作为流动相时称为液相色谱，根据固定相的不同，液相色谱可分为液-液色谱和液-固色谱。当气体作为流动相时称为气相色谱，根据固定相的不同，气相色谱又可分为气-固色谱和气-液色谱。色谱法也可以按照色谱分离的原理来进行分类。利用组分在固定相与流动相之间分配系数不同而进行分离的称为分配色谱。利用吸附剂表面对不同组分吸附性能的差异来进行分离的，称为吸附色谱。利用分子大小不同而阻滞作用不同进行分离的称为排阻色谱(或凝胶色谱)。利用不同组分对离子交换剂亲和力不同而进行分离的，称为离子交换色谱。利用在同一电场作用下定向移动的方向和速率不同而进行分离的，称为电泳。

一般来讲，对非极性成分的分离通常考虑选用氧化铝和硅胶吸附色谱；若极性较大，则采用分配色谱或弱吸附剂色谱；对于相对分子质量差别较大的成分则考虑用凝胶色谱；对于在水溶液中能形成离子的成分则考虑用离子交换色谱或电泳。在天然产物分离过程中，通常将经典分离方法和多种色谱方法结合使用。

2.3.7.1 分配色谱法

(1)分配色谱法的原理

分配色谱法的分离原理与前述的溶剂萃取法相同，是利用混合物中的不同组分在两种互不相溶的溶剂中分配系数的不同而实现分离。如果需要分离的两种物质在两相中的分配系数很接近，使用通常的液-液萃取法无法分开，而分配色谱对物质分离是一个连续的、动态的、不断分配的过程，因此可以对天然产物进行高效分离。根据固定相和流动相的存在状态，分配色谱属于液-液色谱。

(2)纸色谱

纸色谱是以滤纸为载体，依靠样品在两相间分配系数的不同而进行的分离。滤纸纤维通常能够吸收20%~25%的水分，其中6%~7%的水是以氢键形式与纤维素上的羟基结合，所以常规纸色谱的固定相是水，流动相为已水饱和的有机溶剂，流动相通常称为展开剂。样品展开后，可用比移值 R_f 表示各组分的位置，R_f 是指原点中心至斑点距离与原点中心至展开剂前沿距离的比值。可通过比较在相同实验条件下标准物质与样品的 R_f 的异同，定性鉴定天然产物的有效成分。纸色谱也可用于化合物纯度的检验和含量的测定。纸色谱在糖类化合物、氨基酸和蛋白质、天然色素等有一定亲水性的化合物的分离中有广泛的应用。纸色谱的操作与薄层色谱很相似，只是纸色谱的载样量比薄层色谱更小些。

选择合适的展开剂，对使用纸色谱分离样品非常关键。展开剂的选择原则是要求欲分离样品的各组分在该溶剂系统的 R_f 值差异较大，且该系统对样品有良好的溶解性能。常使用的展开系统包括正丁醇-水、正丁醇-乙酸-水(4∶1∶5)等。此外，为了防止弱酸、弱碱的离解，加入少量的酸或碱，如甲酸、乙酸、吡啶等。

首先将样品溶解于适当的溶剂中制成一定浓度的溶液，用微量吸管或微量注射器吸取溶液，点于点样基线上，溶液最好分次点加，每次点加后，使其自然干燥、低温烘干或经温热气流吹干，样点直径为2~4 mm，点间距离为1.5~2.0 cm，样点应为圆形。点样后的色谱滤纸放入装有一定量展开剂的展开缸中进行分离。根据展开剂移行的方向，可以通过上行法(自下而上)或下行法(自上而下)进行展开。在分离一些复杂组分时，可进行双向展开，即先用一种展开系统展开，取出，待展开剂完全挥发后，将滤纸转动90°，再用原展开剂或另一种展开剂进行展开。展开结束后，取出滤纸，马上标明展开剂的前沿位置，吹干滤纸后进行检识。本身有颜色的成分，可在日光下直接观察，计算 R_f 值。有紫外吸收的结构，如黄酮类化合物、香豆素等，可在紫外灯下检识其位置。对于无色无紫外吸收的化合物，可喷以显色剂，待显色后进行检识，如可用碘化铋钾检识生物碱。

(3)液-液分配柱色谱

液-液分配柱色谱是将两相溶剂中的一相涂覆在硅胶等多孔载体上，作为固定相，填充在色谱管中，然后加入与固定相不相混溶的另一溶剂(流动相)冲洗色谱柱。这样，物质同样可在两相溶剂相对做逆流移动，在移动过程不断进行动态分配而得以分离。

① 正相色谱与反相色谱　液-液分配柱色谱用的载体主要有硅胶、硅藻土及纤维素粉等。分离水溶性或极性较大的成分如生物碱、苷类、糖类、有机酸等化合物时，固定

相多采用强极性溶剂，如水、缓冲溶液等，流动相则使用三氯甲烷、乙酸乙酯等弱极性有机溶剂，称为正相色谱；但当分离脂溶性化合物，如游离甾体、油脂等时，可两相颠倒，固定相可用石蜡油，而流动相则用水或甲醇等强极性溶剂，称为反相分配色谱。

液-液分配色谱也可在硅胶薄层板上进行，因此，液-液分配柱色谱的最佳分离条件可以通过薄层色谱的结果进行确定。常用反相硅胶薄层色谱及柱色谱的填料是将普通硅胶键合上长度不同的烃基，从而形成亲脂性表面而成，包括 RP-2(键合乙基)、RP-8(键合辛基)、RP-18(键合十八烷基)，三者亲脂性逐渐增强，如图 2-12 所示。

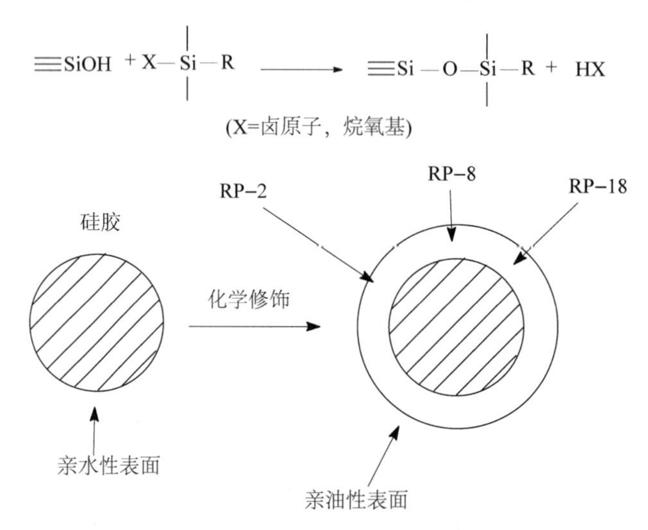

图 2-12 反相硅胶柱色谱填料制备过程示意

② 加压液相柱色谱　经典的液-液分配柱色谱中常用的载体颗粒直径较大(100~150 μm)，流动相仅靠重力作用自上而下流过色谱柱，流出液用人工分段收集后再进行分析，导致分离效率低、费时长等缺陷，目前已逐渐被加压液相柱色谱所取代。加压液相柱色谱的载体多为直径较小、机械强度及比表面积均大的球形硅胶颗粒，如 Zipax 类薄壳型或表面多孔型硅球以及 Zorbax 类全多孔硅胶微球，其上键合不同极性的有机化合物以适应不同类型分离工作的需要，柱效大大提高。根据加压液相柱色谱中所用压力大小，可分为快速色谱(约 2 bar/30 psi)、低压液相色谱(<5 bar/75 psi)、中压液相色谱(5~20 bar/75~300 psi)、高压液相色谱(>20 bar/300 psi)。在色谱柱的出口处通常配以高灵敏度的检测器，以及自动描记、分步收集的装置，同时配备计算机进行色谱条件的设定及数据处理。与经典的液-液分配色谱相比，加压液相柱色谱在天然产物分离精制过程中具有广泛的应用。

(4) 逆流色谱

逆流色谱的分离原理是基于某一样品在两个互不混溶的溶剂之间的分配作用，溶质中各组分在通过两溶剂相时由于分配系数的差异而得以分离。该分离方法是一种不用固态载体的全液态的分配色谱方法，是在逆流分溶法的基础上发展起来的。逆流色谱能够克服液相色谱中因采用固体载体所引起的样品不可逆吸附、色谱峰畸形拖尾等问题，广泛应用于皂苷、生物碱、糖类、蛋白质等天然产物的分离精制过程。它主要包括液滴逆流色谱、高速逆流色谱。

2.3.7.2 吸附色谱

吸附色谱广泛应用于天然产物的分离及精制，是利用混合物中各组分对吸附剂(固定相)的吸附能力差异而达到分离的色谱方法，其中以液-固吸附色谱应用最为广泛。该分离方法特别适用于很多中等相对分子质量样品(相对分子质量小于1 000的低挥发性样品)的分离，尤其是脂溶性成分，一般不适用于高相对分子质量样品如蛋白质、多糖或离子型亲水化合物等的分离。

与分配色谱类似，吸附分离可以在色谱柱和薄层上进行，一般薄层用于样品的分析及微量制备，而柱色谱用于样品的分离制备。吸附柱色谱的溶剂系统可通过薄层色谱进行筛选，同时吸附柱色谱也可用液-液分配色谱的加压方式进行分离。

(1)吸附类型

固-液吸附时，吸附剂、溶质、溶剂三者统称为吸附过程中的三要素。根据吸附原理的不同，吸附过程可分为物理吸附、化学吸附和半化学吸附。

物理吸附是由构成溶液的分子(含溶质及溶剂)与吸附剂表面分子的分子间力所导致的，具有无选择性、无需高活化能等特点，吸附层可以是单层，也可以是多层，并且吸附和解吸附过程可逆，且可快速进行。因此，物理吸附在天然产物的分离精制过程中应用得最为广泛。

化学吸附过程中，溶质与吸附剂的作用力为化学键合力，因此吸附具有选择性，需要高活化能，只能以单分子层吸附，吸附和解吸附速度较慢。如黄酮等酚酸性物质被碱性氧化铝的吸附，或生物碱被酸性硅胶的吸附，由于吸附剂与溶质之间的结合很牢固，溶质很难被洗脱下来，在实际应用中避免使用此类型的吸附。

半化学吸附过程中，溶质与吸附剂的吸附强度介于物理吸附和化学吸附之间，如聚酰胺对黄酮类、醌类等化合物的氢键吸附。因此，在这些类型的天然产物分离过程中具有广泛的应用。

(2)吸附剂、溶剂与被分离物性质的关系

吸附色谱的分离效果取决于吸附剂、溶剂和被分离化合物(溶质)的性质3个因素。

① 吸附剂　常用的吸附剂有硅胶、氧化铝、活性炭、硅酸镁、聚酰胺、硅藻土等。这里主要介绍前3种吸附剂。

硅胶为一多孔性物质，分子中具有硅氧烷的交链结构，同时颗粒表面又有很多硅醇基，因此是一种极性吸附剂，对极性物质具有较强的吸附能力。同时硅胶也是一种酸性吸附剂，因此适用于中性和酸性物质的分离。但硅醇基能释放出弱酸性的氢离子，通过离子交换反应吸附碱性物质，因此不适合分离碱性化合物，如生物碱等。硅胶吸附作用的强弱与硅醇基含量多少有关。硅醇基可通过氢键作用与水结合，因此硅胶的吸附能力与其含水量有密切关系，含水量越高，吸附能力越差，若吸水量超过17%，则硅胶的吸附能力极弱，不能作为吸附剂来使用，但可以作为分配色谱的载体。通过将硅胶加热至100~110 ℃，硅胶表面所吸附的水分可被除去，此步骤称为硅胶的活化。

氧化铝吸附剂在制备过程中由于混有碳酸钠等碱性成分，因此是一种碱性的极性吸附剂，适合分离碱性有效成分，不适合黄酮类、内酯等化合物的分离。如果除去氧化铝中的碱性杂质，可得中性氧化铝，应用范围扩大，可适用于生物碱、萜类、甾体、挥发油及在酸碱条件下不稳定的苷类和内酯类的分离，但也不能用于酸性成分的分离。

活性炭是一种广泛使用的非极性吸附剂，与硅胶、氧化铝相反，对非极性物质具有较强的吸附能力。色谱用的活性炭，最好选用颗粒状活性炭。活性炭主要适用于分离水溶性成分，并且其吸附能力在水溶液中最强，随着溶剂极性的降低，其吸附能力也随之下降。

② 溶剂　在使用吸附色谱对组分进行分离时，溶剂的选择对分离效果至关重要。在柱色谱时所用的溶剂(单一溶剂或混合溶剂)，习惯上称为洗脱剂。用于薄层或纸色谱，常称为展开剂。洗脱剂的选择，要结合被分离物质与所选用的吸附剂性质加以考虑。在用极性吸附剂进行色谱分离时，当被分离物质为弱极性成分，一般选用弱极性溶剂为洗脱剂；被分离物质为强极性成分，则须选用极性溶剂为洗脱剂。如果对某一极性物质用吸附性较弱的吸附剂(如以硅藻土或滑石粉代替硅胶)，则洗脱剂的极性亦须相应降低。由此可见，极性强弱是影响吸附效果的主要因素，物质的极性是表示分子中电荷分布的不对称程度，并大体与偶极矩、极化度及介电常数相对应。物质的极性大小由分子中所含有的官能团种类、数目及排列方式等综合因素所决定。常见化合物官能团的极性强弱顺序见表 2-4 所列。

表 2-4　官能团的极性

官能团	极性
R—COOH	↑
Ar—OH	大
H_2O	
R—OH	
R—NH_2，R—NH—R′，R—N(R′)—R″	
R—CO—N(R′)—R″	极性
R—CHO	
R—CO—R′	
R—CO—OR′	
R—O—R′	
R—X	小
R—H	↓

洗脱所用溶剂的极性宜逐步增加，实践中多使用混合溶剂，并通过调节比例以改变溶剂极性，达到梯度洗脱分离物质的目的。避免将两种极性差别很大的两种溶剂组合使用，实验室中经常使用的混合溶剂如下(按极性递增顺序)：已烷-苯、苯-乙醚、石油醚-乙酸乙酯、氯仿-乙醚、氯仿-乙酸乙酯、氯仿-甲醇、丙酮-水、甲醇-水等。

③ 被分离物质的性质　被分离的物质与吸附剂、洗脱剂共同构成吸附色谱中的 3 个要素，彼此紧密相连。在指定的吸附剂与洗脱剂的条件下，各个成分的分离情况，直接与被分离物质的结构与性质有关。对极性吸附剂而言，被分离成分的极性大，则吸附性强。

(3) 聚酰胺吸附色谱法

聚酰胺是由酰胺聚合而成的高分子物质，不溶于水、甲醇、乙醇、乙醚、氯仿及丙酮等常用溶剂，对碱较稳定，对酸尤其是无机酸稳定性较差。聚酰胺吸附色谱对黄酮类、酚类、醌类等物质具有卓越的分离效果，同时也可用于其他极性和非极性物质的分离。聚酰胺吸附色谱也有薄层色谱和柱色谱两种形式。

① 吸附原理　聚酰胺吸附色谱的吸附原理是通过分子中的酰胺羰基与酚类、黄酮类化合物的酚羟基，或酰胺键上的游离氨基与醌类、脂肪羧酸上的羰基形成氢键缔合而产生吸附，如图 2-13 所示。聚酰胺吸附能力的强弱取决于各种化合物与聚酰胺形成氢键缔合的能力。在含水溶剂中大致有如下规律：形成氢键的基团数目越多(如酚羟基、羧基、醌基等)，吸附能力越强；易形成分子内氢键的化合物，其在聚酰胺上的吸附也相应减弱；分子中芳香化程度高者、共轭双键多者，则吸附能力强。上述规律是就化合物本身对聚酰胺亲和力而言，但实际的吸附过程是在溶液中进行，因此溶剂也会参加对吸附剂表面的争夺，或通过改变聚酰胺对溶质的氢键结合能力而影响吸附过程。聚酰胺与溶质的氢键结合能力在水溶液中最强，在一些有机溶剂中氢键结合能力减弱甚至没有结合能力，水溶液中加入酸或碱均可破坏聚酰胺与溶质之间的氢键缔合，因此这些溶剂都可作为聚酰胺吸附色谱的洗脱剂。各种溶剂在聚酰胺吸附色谱中洗脱能力由弱至强的顺序大致如下：水→乙醇→丙酮→氢氧化钠水溶液→甲酰胺→二甲基甲酰胺→尿素水溶液，最常应用的洗脱系统是乙醇/水。

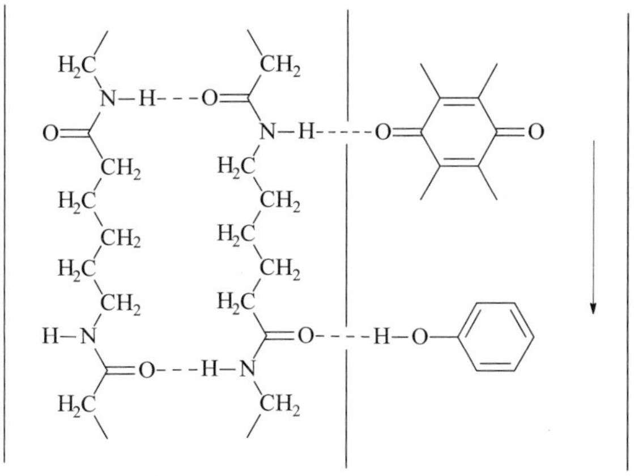

H_2C CH_2 N—H- - -O N—H- - - - -O O O CH_2 H_2C H_2C CH_2 CH_2 H_2C H_2C CH_2 CH_2 H_2C H—N O- - - -H—O O- - -H—N H_2C CH_2

固定相　　移动相

图 2-13　聚酰胺吸附色谱工作原理

② 双重色谱　聚酰胺吸附色谱可用于分离萜类、甾体、生物碱类等化合物，但是这些物质几乎不能与聚酰胺形成氢键。此外利用聚酰胺吸附色谱对黄酮苷元和苷进行分离，若以非极性溶剂进行洗脱时，黄酮苷元比其苷先洗脱下来。上述这些现象难以用氢键吸附理论来解释，有人提出聚酰胺具有“双重色谱”的理论。该理论认为，聚酰胺分子中既有非极性的脂肪链，又有极性酰胺基团，当用极性溶剂作为移动相(如含水溶液)时，聚酰胺作为非极性固定相，其色谱行为类似于反相分配色谱，而黄酮苷的极性大于其苷元的极性，所以黄酮苷比苷元易洗脱。当用非极性移动相(如三氯甲烷-甲醇)时，聚酰胺则作为极性固定相，其色谱行为类似于正向分配色谱，所以黄酮苷元比其苷容易洗脱。但是“双重色谱”理论只适用于对难与聚酰胺形成氢键或氢键能力不强的化合物的解释。

(4) 大孔吸附树脂

大孔吸附树脂一般为白色球形颗粒，是由聚合单体与交联剂、致孔剂、分散剂等添加剂经聚合反应制备而成。聚合物形成后，致孔剂被除去，因此在树脂中留下了大小、形状各异及互相贯通的孔穴。大孔树脂在干燥状态下其内容具有较高的孔隙率，并且孔径较大，在 100~1 000 nm 之间。大孔吸附树脂分为非极性和极性两大类，非极性树脂是以苯乙烯为母体、二乙烯苯为交联剂聚合而成。极性树脂是以 2-甲基苯烯酸甲酯为母体、二乙烯苯为交联剂聚合而成。大孔吸附树脂现在已被广泛用于糖与苷类的分离、生物碱的精制，此外在多糖、黄酮、三萜类化合物的分离方面也有很好的应用效果。

① 分离原理　大孔吸附树脂的分离原理是吸附性和分子筛性相结合，吸附性是由于范德华力或氢键结合的结果，而分子筛性是由于本身多孔性结构所决定的。

② 影响吸附的因素　大孔树脂本身的比表面积、表面电性及能否与化合物形成氢键等是影响吸附的重要因素。一般非极性化合物在水中易被非极性树脂吸附，极性树脂则易在水中吸附极性物质，可以利用非极性树脂将天然产物的非极性有效成分与极性的糖进行有效分离。溶剂的性质是影响大孔吸附树脂吸附能力的另一个重要因素，被分离的化合物在溶剂中溶解度大，则树脂对此物质的吸附能力就小，反之亦然。此外化合物的相对分子质量、极性、能否形成氢键都能够影响其与大孔吸附树脂的吸附作用。

③ 常用洗脱液　洗脱液可使用甲醇、乙醇、丙酮、乙酸乙酯等，其中(乙醇/水)最常用。对于非极性大孔吸附树脂，洗脱液极性越小，洗脱能力越强；对于中等极性的大孔吸附树脂和极性较强的化合物，洗脱液应选用极性较大的溶剂。

2.3.7.3　分子筛色谱法

天然产物中分子大小不同，相对分子质量从几十到几百万不等，可根据这一特点进行分离。常用的分离方法包括透析法、凝胶过滤法、超滤法、超速离心法等。透析法和凝胶过滤法是利用半透膜的膜孔或凝胶的三维网状结构的分子筛进行过滤；超滤法是利用分子大小不同而引起的扩散速度的差异进行分离；而超速离心法是利用溶质在超速离心的作用下具有不同的沉降性和浮游性进行分离。上述这些方法普遍适用于水溶性大分子化合物，如蛋白质、核酸、多糖类的脱盐精制及分离工作。而对分离小分子化合物(相对分子质量小于 1 000)来说，只有凝胶过滤法可以适用，在此仅就凝胶过滤法进行论述。

(1) 凝胶过滤法的分离原理

凝胶过滤法也称为凝胶排阻色谱、分子筛色谱、凝胶渗透色谱，所使用的固定相是凝胶，如葡聚糖凝胶。该凝胶在水中不溶，但可以膨胀，是具有三维空间网状结构的球形颗粒。将经过在水中充分膨胀的凝胶装入色谱柱中，再加入样品，用同一溶剂洗脱时，由于凝胶网孔的限制，大分子不能渗入凝胶孔洞而被完全排除，只能沿着凝胶颗粒之间的空隙通过色谱柱，最先被流动相洗脱出来。小分子能自由渗入并扩散到凝胶颗粒内部，在色谱柱中受到更强的滞留，较晚被洗脱出来。样品混合物中的各个成分因分子大小各异，渗入到凝胶颗粒内部的程度也不尽相同，在经历一段时间流动并达到动态平衡后，即按分子由大到小顺序依次流出而得到分离。

(2) 凝胶的种类和性质

凝胶的种类很多，常用的主要有葡聚糖凝胶(Sephadex G)和羟丙葡聚糖凝胶(Sephadex LH-20)。Sephadex G 只适于在水中应用，且不同规格适合分离不同相对分子质量的物质。Sephadex LH-20 为 Sephadex G-25 经羟丙基化得到的产物，该凝胶除具有一般分子筛特性外，在由极性与非极性溶剂组成的混合溶剂中常起到反相色谱的作用，适用于不同类型天然产物的分离。

2.3.7.4　离子交换色谱法

天然产物中具有酸性、碱性及两性基团的分子，在水中多呈离解状态，可采用离子交换色谱法和电泳技术进行分离，在此主要介绍离子交换色谱法。

(1) 离子交换色谱法的分离原理

离子交换色谱法是以离子交换树脂为固定相，以水和含水溶剂作为流动相。溶液中的中性分子及与离子交换树脂不能发生交换的离子将通过色谱柱从柱底流出，而可发生交换的离子则与树脂上的交换基团进行离子交换并吸附到柱上，随后改变条件，用适当溶剂将其从柱上洗脱出来，从而实现物质的分离。离子交换法可用于氨基酸、肽类、生物碱、有机酸、酚类等物质的分离。

(2) 离子交换树脂的结构与性质

离子交换树脂外观为球形颗粒，不溶于水，但可在水中膨胀，主要分为阳离子交换树脂和阴离子交换树脂，各类树脂依据它的解离性能大小，可分为强、中、弱型离子交换树脂。离子交换树脂的结构主要包括母核和离子交换基团两个部分，母核部分是由苯乙烯通过二乙烯苯交联而成的大分子网状结构，网孔大小用交联度(即加入的交联剂的百分比)来表示，交联度越大，则网孔越小，反之亦然。阳离子交换树脂中的解离性基团主要包括磺酸($—SO_3H$)、磷酸($—PO_3H_2$)、羧酸(—COOH)等酸性基团，而阴离子交换树脂的解离性基团主要包括季铵、伯胺、仲胺、叔胺等碱性基团，这些解离基团与母核结构通过共价形式连接。

2.4　天然产物化学成分的结构鉴定

对天然产物的研究一直是科学家们特别关注的领域，尤其是天然产物的结构鉴定更被视为其中最为关键、困难的工作之一。天然产物数量巨大、结构类型繁多，特别是立体化学结构的测定尤为困难。20 世纪前半叶，天然产物的结构鉴定主要还是依靠化学手段，包括一系列官能团的化学反应、化学降解、制备衍生物、化学转换甚至全合成对照等，这些方法不仅费时耗力，而且对样品量需求很大，还要求研究者有相当深厚的有机化学知识与技能，因此被视为一项极其复杂且富有挑战性的艰苦工作。例如，吗啡(morphine)和马钱子碱(strychnine)，从分离得到单体到结构确定分别花费 118 年和 127 年，耗费了几代人的心血。

随着科学技术的迅猛发展，对天然产物结构的研究手段与方法也发生了巨大变化，从最早的化学法为主导发展成为以仪器分析即波谱分析为主导，特别是近 30 年来，质谱的应用和核磁共振技术的发展，使天然产物的结构鉴定发生了颠覆性的技术革命。现代波谱技术的应用更是促使天然产物的研究速度大为提升。

2.4.1 天然产物化学成分的一般鉴定方法

对于已知化合物，可通过测定其熔点，与文献值比对，比较二者是否一致。还可以将样品与标准品共薄层色谱或纸色谱，比较二者 R_f 值是否一致。还可以通过比较样品和标准品的红外谱图，来鉴定所提取的有效成分是否为目标产物。

对于未知化合物，可测定样品的熔点、沸点、折光率等，通过查阅相关文献手册，初步判断样品是已知物还是未知物，如果是已知物，可按已知物的程序进行鉴定；若是未知物，则需按照相应程序进行结构测定。首先通过相关检识反应，确定样品所属类型，如生物碱、黄酮类化合物等。通过元素分析和相对分子质量的测定，获得该化合物的分子式。同时测定样品的紫外光谱(UV)、红外光谱(IR)、质谱(MS)和核磁共振谱(NMR)。紫外光谱用于判断分子结构中是否存在共轭体系；红外光谱用于确定分子结构中的官能团类型；质谱除了用于确定相对分子质量和分子式之外，还可以根据碎片离子峰解析分子结构；核磁共振谱可推断化合物的基本结构骨架。综合上述波谱学数据，可确定出未知化合物的大致分子结构。对于一些复杂的分子结构细节，如键长、键角和相对构型等，使用波谱分析的方法难以解决，需要借助于 X 射线衍射分析。

2.4.2 主要结构研究方法

2.4.2.1 紫外光谱(ultraviolet spectroscopy，UV)

英国科学家牛顿证明一束白光可分解为一系列不同颜色的可见光，并用“光谱(spectrum)”一词来描述这一现象，从此科学家开始对光谱进行了深入研究。分子中的价电子可因光线照射从基态跃迁到激发态，其中 $\pi \rightarrow \pi^*$ 跃迁和 $n \rightarrow \pi^*$ 跃迁通常由吸收紫外光所导致，相应的吸收光谱将出现在紫外光区域(200～400 nm)。紫外光谱对于分子中含有共轭双键、α,β-不饱和羰基(醛、酮、酸、酯)及芳香环化合物的结构研究是一种有效手段。UV 具有测定快速、操作方便、谱图简单易识别及干扰峰少的特点，通常用于推断化合物的骨架类型。可以根据化合物的 UV 谱图中吸收峰的位置、峰形或最大吸收波长及强度来推测化合物可能含有的功能团(发色团和助色团)，推断共轭体系中取代基的取代位置、种类和数目等。

UV 在复杂天然产物结构鉴定中最典型的应用实例是利血平(resepine)(图 2-14)的结构鉴定，此外，在维生素和抗菌素等一系列天然产物结构解析中也曾起过重要作用。UV 在黄酮类、蒽醌类、香豆素类、甾体类等天然产物结构鉴定中也具有广泛应用。虽然 UV 可以反映分子结构中发色团和助色团的特征信息，但特征性还是不尽如人意，如若分子结构中含有多个独立的共轭体系会产生吸收峰的叠加，会对推断整个分子的结构造成混乱，因此只能作为结构鉴定的一个辅助手段。

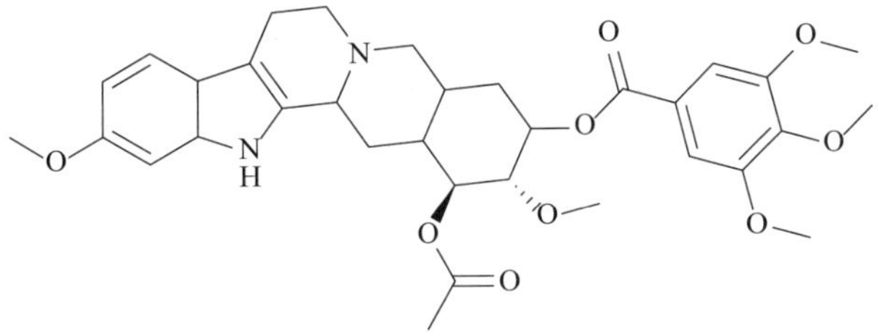

图 2-14 利血平化学结构

2.4.2.2 红外光谱(infrared spectroscopy, IR)

红外光谱是研究红外光与物质分子间相互作用的吸收光谱。分子中价键的伸缩与弯曲振动在光的红外区(4 000~400 cm^{-1})处引起吸收,所测得的吸收图谱即为红外光谱。其中4 000~1 330 cm^{-1} 为特征频率区,许多特征官能团,如羟基、氨基以及双键、芳环等吸收均出现在这个区域,可据此进行主要结构类型鉴别。1 330~400 cm^{-1} 区域为指纹区,其中许多吸收因原子或原子团间的键角变化所引起,谱图很复杂,犹如人的指纹,可据此进行化合物的真伪鉴别。当分子结构稍有不同时,该区的吸收就有细微差异,对于区别结构类似的化合物也很有帮助。结合 IR 分析的三大要素,即吸收峰的位置、强度、峰形,解析 IR 的一般程序是:先特征,后指纹;先强峰,后次强峰;先粗查,后细找;先否定,后肯定。

如果 IR 谱图中特征吸收峰处可能的官能团有 2~3 种,对未知化合物结构进行推断时有较大不确定性,目前 IR 在结构鉴定中已基本成为质谱、核磁共振谱进行结构解析的辅助工具。

2.4.2.3 质谱(mass spectrometry, MS)

质谱是用一定能量的电子束在离子源中轰击气态分子,分子失去电子成为分子离子,在高能量的电子束轰击下,分子离子会继续发生化学键的断裂,生成阳离子等碎片离子,在电场、磁场作用下,各种离子流出现不同信号,按质核比的大小依次被检出,从而得到样品的质谱。由于分子离子或碎片离子往往只有一个电荷,这种质谱所绘出的质核比信号就可以表示为分子离子或碎片离子的质量。一般质谱测定采用电子轰击法,需要将样品加热汽化,使之进入离子化室,而后才能电离,因此不宜用于容易发生热分解的化合物或难于汽化的化合物的测定。目前已开发出使样品不必加热汽化而直接电离的新方法,如场解析电离、快速原子轰击电离、电喷雾电离等。

MS 技术是天然产物结构研究的重要手段之一。MS 的最大优点是灵敏度高,同时需要样品量极少,只要微克级甚至纳克级的样品即可得到分析结果,而且能够给出众多碎片,分析这些碎片离子可获得化合物的相对分子质量以及结构特征、裂解规律和由单分子分解形成的某些离子间相互关系等信息。MS 是目前常用的能给出准确相对分子质量甚至确定分子式的技术手段,特别是用于判断结构中是否含有杂原子,推算不饱和度进而判断化合物中含有双键、三键和环的数量以及结构的对称性等,这在天然产物的结构分析中非常重要。

2.4.2.4 核磁共振谱(nuclear magnetic resonance spectroscopy，NMR)

NMR是一种基于具有自旋性质的原子核(^1H,^{13}C)在核外磁场作用下吸收射频辐射而产生能级跃迁(即发生核磁共振)的谱学技术，以吸收峰的频率对吸收强度作图所得的谱图即为NMR谱图。它能提供分子中有关氢及碳原子的类型、数目、互相连接方式、周围化学环境以及构型、构象的结构信息。

核磁共振谱主要是一维氢核磁共振谱(^1H-NMR)和一维碳核磁共振谱(^{13}C-NMR)。氢同位素中,^1H的峰度比最大，信号灵敏度高，故^1H-NMR测定比较容易，在天然产物结构测定中应用非常广泛。一维氢核磁共振谱测定过程中通过化学位移、谱线的积分面积以及裂分情况来确定分子中^1H的类型、数目及相邻原子或原子团的信息。^{13}C-NMR谱提供的最重要的信息也是化学位移。与^1H-NMR相比,^{13}C-NMR对确定化合物结构中起着更为重要的作用。但是^{13}C-NMR的测定灵敏度只有^1H-NMR的1/6 000。^1C-NMR谱的化学位移范围为0~250×10^{-6}，比^1H-NMR谱大得多。

二维核磁共振(2D-NMR)是20世纪80年代发展起来的核磁共振新技术。二维谱是将NMR所提供的信息，如化学位移和耦合常数等核磁共振参数在二维平面上展开绘制而成的谱图，这样在一维谱图中重叠在一个频率坐标轴上的信号分别在两个独立的频率坐标轴上展开，不仅减少了谱线的拥挤和重叠，而且提供了自旋核之间相互作用的信息，对推测一维核磁共振谱图中难以解析的复杂天然产物的结构具有重要作用。可分为同核化学位移相关谱和异核化学位移相关谱。

在化合物的结构鉴定中，常用的同核化学位移相关谱有^1H-^1H COSY谱、NOESY谱(nucdear overhauser effect spectroscopy)和ROESY谱(rotating frame overhauser effect spectroscopy)。常用的异核化学位移相关谱有碳氢相关谱HSQC(heteronuclear single quantum correlation)，异核多量子相干谱HMQC(heteronuclear multiple quantum correlation)和异核多键相关谱HMBC(heteronuclear multiple bond correlation)。同核氢-氢相关谱^1H-^1H COSY主要用于确定氢谱中相互耦合的共振体系。同核氢-氢相关谱NOESY和ROESY是二维的NOE差谱，图谱的形状和^1H-^1H COSY相似，但它的交叉峰指出的是在空间上比较接近的质子的信息，一个NOESY谱相当于数个NOE差谱所提供的信息。已经取代NOE差谱用来确定在立体空间上比较接近的氢相互耦合的关系，提供有关分子相对立体化学和溶液构象方面的重要信息。当用^1H-^1H COSY谱进行结构解析遇到困难时(如相邻质子间二面夹角等于或接近90°时，耦合常数等于零或受多个季碳或杂原子阻隔)，NOESY和ROESY谱常常能提供有用的信息，把分子中的原子或碎片构造连接起来。异核碳-氢相关谱HMQC和HSQC是碳-氢直接相关谱，可以用于确定每一个碳上含有的氢原子数目。在具有多环体系的复杂天然化合物分子中，一些环上的CH_2结构单元上的两个质子一般是不等价的。这种借氢质子间的耦合^2JHH常常和^3JHH耦合混杂在一起，往往干扰质子耦合体系的分析。HMQC谱对这种不等价的孪生质子的分析提供了有效的手段。同时，结合^1H-^1H COSY谱，为把质子与质子的耦合相关信息转变成碳原子与碳原子的连接提供了基础。

参考文献

陈静雯，韩伟，2018. 超高压技术在天然产物提取中的应用[J]. 机电信息(26)：29-37.
迪力夏提·而斯白克，康淑荷，寇亮，等，2013. 超临界 CO_2 萃取技术在天然产物提取中的研究及应用[J]. 西北民族大学学报(自然科学版)，34(04)：1-5，9.
高荫榆，魏强，范青生，等，2008. 高速逆流色谱分离提取天然产物技术研究进展[J]. 食品科学(02)：461-465.
谷令彪，2017. 亚临界萃取葫芦巴籽油及其籽粕的开发利用研究[D]. 郑州：郑州大学.
贾春晓，2015. 现代仪器分析技术及其在食品中的应用[M]. 北京：中国轻工业出版社.
李炳奇，廉宜君，2012. 天然产物化学实验技术[M]. 北京：化学工业出版社.
李春香，董占能，张召术，2001. 离子交换树脂在天然产物提取分离中的应用[J]. 云南化工(05)：26-28.
李彦伟，2019. 超高压提取黄精多糖工艺优化、结构分析及抗氧化性研究[D]. 大连：大连理工大学.
刘飞，赵莹，2008. 大孔吸附树脂及其在天然产物分离纯化中的应用[J]. 齐鲁药事，27(11)：679-681.
刘湘，汪秋安，2010. 天然产物化学[M]. 北京：化学工业出版社.
沈文娟，岳亮，何英翠，等，2011. 天然药物常用提取技术与方法研究概况[J]. 中南药学，9(02)：127-130.
隋新，付东，黄波，等，2018. 层析技术在天然产物分离纯化中的应用[J]. 黑龙江科学，9(09)：150-151.
孙晓薇，2014. 离子液体在天然产物提取分离中的应用[J]. 农业与技术，34(07)：4.
汪河滨，杨金凤，2016. 天然产物化学[M]. 北京：化学工业出版社.
王聪慧，任娜，魏微，等，2019. 天然产物分离纯化新技术[J]. 应用化工，48(08)：1940-1943.
王思明，付炎，刘丹，等，2016. 天然药物化学史话："四大光谱"在天然产物结构鉴定中的应用[J]. 中草药，47(16)：2779-2795.
吴继洲，孔令义，2008. 天然药物化学[M]. 北京：中国医药科技出版社.
杨胜丹，付大友，2010. 超声波、微波萃取及其联用技术在中药有效成分提取中的应用[J]. 广东化工，37(02)：120-122，130.
岳亚文，韩伟，2018. 制备色谱技术原理及其在天然产物提取分离中的应用[J]. 机电信息(35)：28-36.
张丽轩，麻宁，于丽，等，2013. 高选择性吸附树脂结构设计及在天然产物提取分离中的应用[J]. 高分子通报(01)：1-12.
朱廷风，廖传华，2004. 超临界 CO_2 萃取天然产物的现状与研究进展[J]. 过滤与分离(04)：19-20，26.

第 3 章　黄酮类化合物

黄酮类化合物(flavonoids)是植物代谢过程中产生的一类重要天然有机化合物，广泛分布于各类植物体中，几乎在植物的所有部位都含有黄酮类化合物，尤其在花、果实和叶中含量较多。黄酮类化合物在植物体内通常以游离或与糖结合成苷的形式存在。黄酮类化合物具有抗病毒/细菌、抗炎、保护心脏、抗糖尿病、抗癌、抗衰老等多种生理活性。迄今为止，已经报道发现超过 9 000 种黄酮类化合物，生物的多样性决定了它们化学结构和生物活性的多样化。黄酮类化合物一直是国内外研究开发利用的热点，仍是寻找有开发应用前景的先导化合物和生物活性成分的源泉。

3.1　黄酮类化合物的结构及分类

黄酮类化合物最初是指母核结构为 2-苯基色原酮的一系列天然化合物(图 3-1)。其母核上通常含有羟基、甲氧基等取代基，由于这些助色基团的存在使该类化合物多显黄色。目前黄酮类化合物泛指具有 C_6-C_3-C_6 基本骨架结构，即由两个芳香环 A 和 B，通过中央三碳链相互连接而成的一系列化合物(图 3-2)。黄酮类化合物结构中 C 环 2、3 位，A 环 5、6、7、8 位，B 环 2′、3′、4′位通常可被取代基取代，常见的取代基主要包括酚羟基、甲氧基、甲基、异戊烯基等。根据中央三碳链的氧化程度，B 环在 C 环上的连接位置以及三碳链是否构成环状等特点，将黄酮类化合物进行分类，主要包括黄酮及黄酮醇类、二氢黄酮及二氢黄酮醇类、异黄酮类、查耳酮和二氢查耳酮类、橙酮类、花色素和黄烷醇类及其他黄酮类。

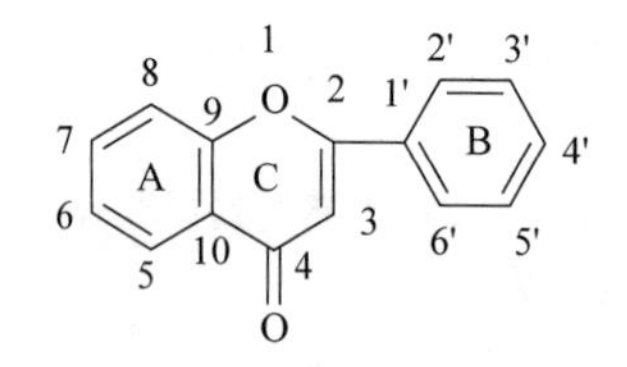

图 3-1　黄酮类化合物基本骨架结构

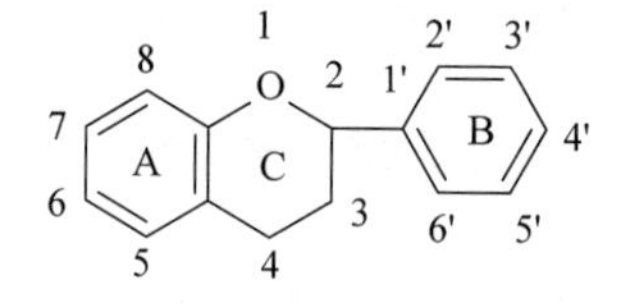

图 3-2　C_6-C_3-C_6 基本骨架

3.1.1　黄酮及黄酮醇类(flavones and flavonols)

黄酮(图 3-3)及黄酮醇(图 3-4)类是自然界中分布最广、数量最多的黄酮类化合物。芹菜素(图 3-5)和木犀草素(图 3-6)是最为常见的黄酮类。而槲皮素(图 3-7)及其苷类则是植物界分布最广、最常见的黄酮醇类，除此之外还有山奈酚(图 3-8)。刺梨中除了富含槲皮素外，还富含有杨梅素(图 3-9)。

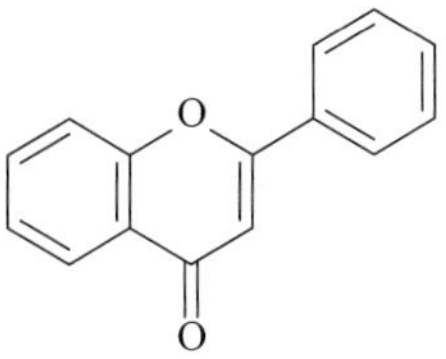

图 3-3　黄酮类化合物基本骨架结构 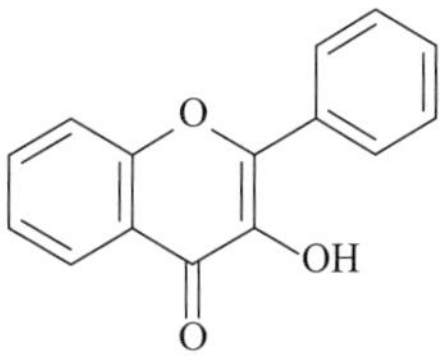　　图 3-4　黄酮醇类化合物基本骨架结构

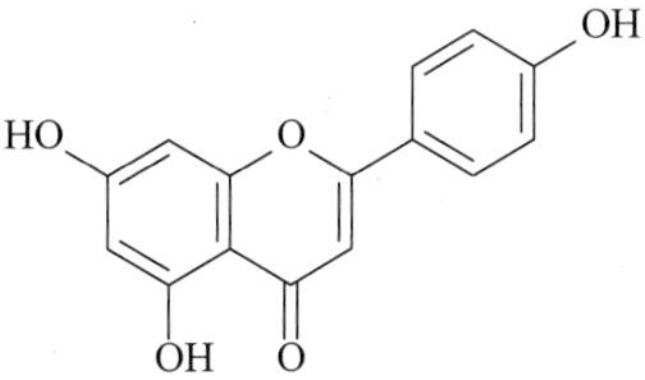

图 3-5　芹菜素 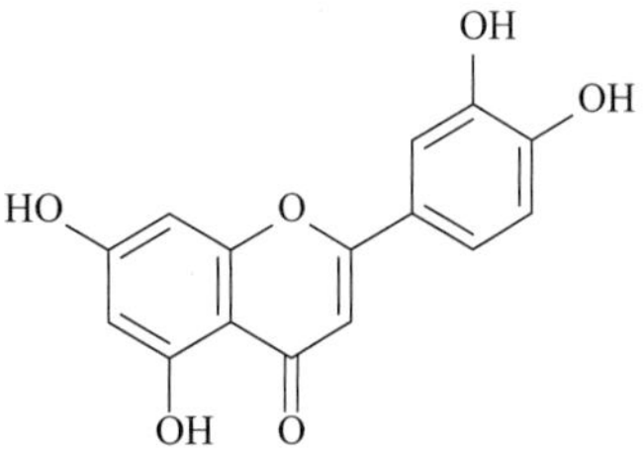　　图 3-6　木犀草素

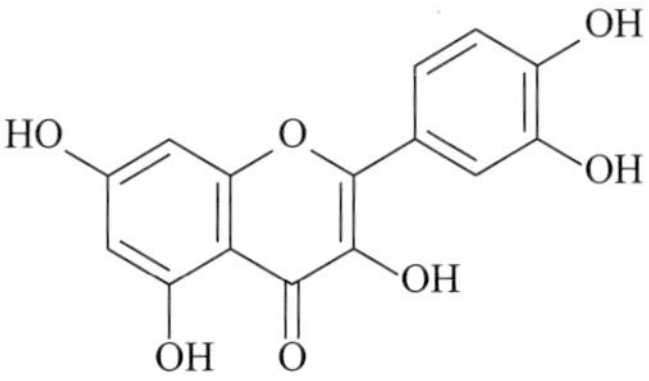

图 3-7　槲皮素 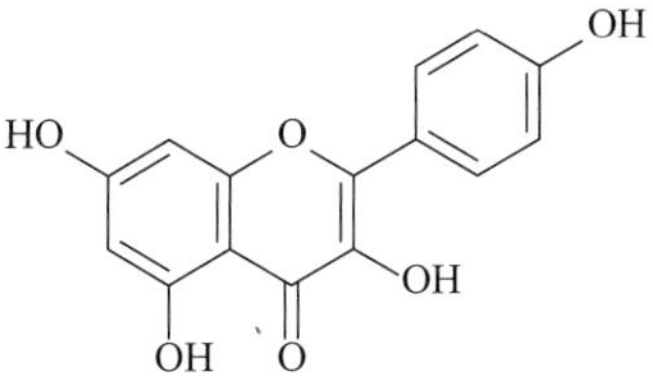　　图 3-8　山奈酚 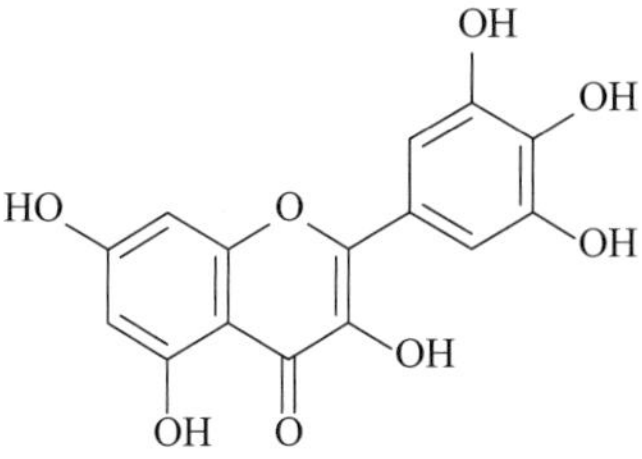　　图 3-9　杨梅素

3. 1. 2　二氢黄酮及二氢黄酮醇类(flavanones and flavanonols)

二氢黄酮(图 3-10)类为黄酮类 C 环 C_2-C_3 位的双键氢化后的衍生物，此类植物成分多数带有羟基或甲氧基，当 C_3 位上带有羟基时，通称为二氢黄酮醇(图 3-11)类。与黄酮和黄酮醇相比，其结构中 C 环 C_2-C_3 位双键被饱和，在植物体内常与相应的黄酮和黄酮醇共存。二氢黄酮类化合物作为一类微量黄酮类化合物，在自然界分布相对有限，主要分布在被子植物的蔷薇科、芸香科、豆科、杜鹃花科、菊科、姜科中，如橙皮中的橙皮苷(图 3-12)；二氢黄酮醇多存在于双子叶植物中，特别是豆科植物，如满山红中的二氢槲皮素(图 3-13)。

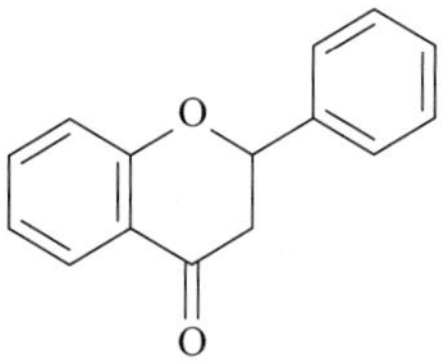

图 3-10　二氢黄酮类化合物基本骨架结构 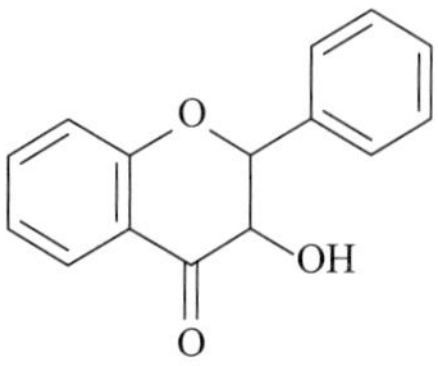　图 3-11　二氢黄酮醇类化合物基本骨架结构

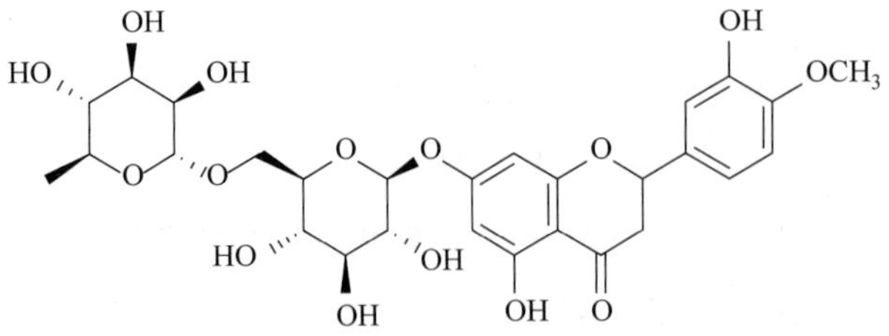

图 3-12 橙皮苷

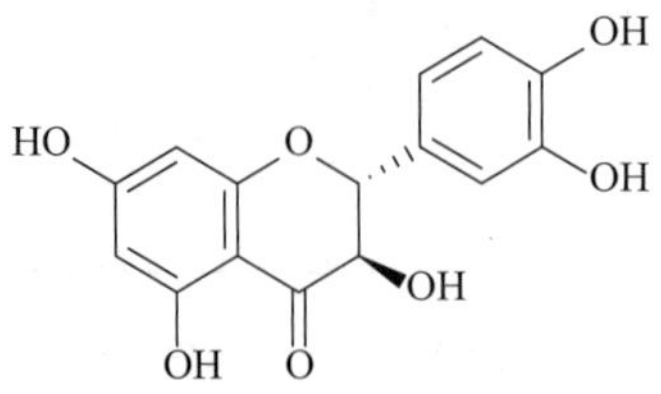

图 3-13 二氢槲皮素

3.1.3 异黄酮类(isoflavones)

异黄酮(图 3-14、表 3-1)类主要分布于被子植物中，尤以豆科蝶形花亚科、鸢尾科及蔷薇科植物居多。迄今为止，在大豆中发现的天然存在的异黄酮有 12 种，分为异黄酮苷元(约占异黄酮总量的 2%~3%)和糖苷型异黄酮(约占异黄酮总量的 97%~98%)。异黄酮苷元主要包括染料木素、大豆苷元和大豆黄素。糖苷型异黄酮分为 3 类：葡萄糖苷型异黄酮(大豆苷、染料木苷、大豆黄苷)、乙酰基葡萄糖苷异黄酮(乙酰基大豆苷、乙酰基染料木苷、乙酰基大豆黄苷)、丙二酰基葡萄糖苷异黄酮(丙二酰基大豆苷、丙二酰基染料木苷、丙二酰基大豆黄苷)。

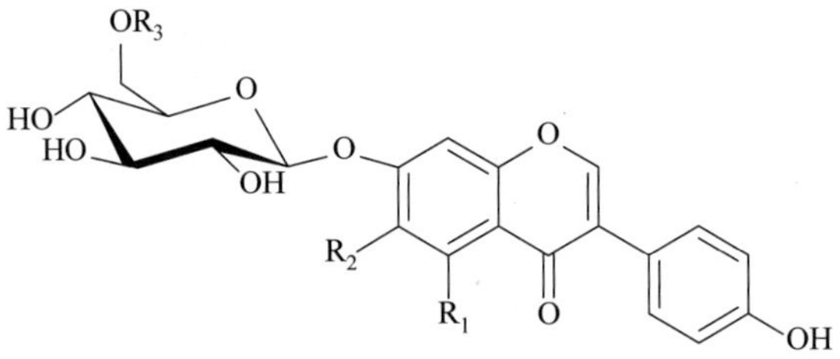

图 3-14 异黄酮类化合物基本骨架结构

表 3-1 大豆异黄酮的分类

种 类		异黄酮名称	R_1	R_2	R_3
苷元		大豆苷元	H	H	
		染料木素	OH	H	
		大豆黄素	H	OCH_3	
糖苷	葡萄糖苷	大豆苷	H	H	H
		染料木苷	OH	H	H
		大豆黄苷	H	OCH_3	H
	乙酰基葡萄糖苷	乙酰基大豆苷	H	H	$COCH_3$
		乙酰基染料木苷	OH	H	$COCH_3$
		乙酰基大豆黄苷	H	OCH_3	$COCH_3$
	丙二酰基葡萄糖苷	丙二酰基大豆苷	H	H	$COCH_2COOH$
		丙二酰基染料木苷	OH	H	$COCH_2COOH$
		丙二酰基大豆黄苷	H	OCH_3	$COCH_2COOH$

3.1.4　查耳酮和二氢查耳酮类(chalcones and dihydrochalcones)

查耳酮类(图 3-15)，是生物体内合成黄酮类化合物的中间体，主要结构特点是 C 环未成环，另外定位也与其他黄酮不同。其可以看作是二氢黄酮在碱性条件下 C 环开环的产物，两者互为同分异构体，常在植物体内共存，并且两者的转变伴随着颜色的变化。查耳酮分布在一些原始类群如被子植物的芍药属中，在菊科、豆科、苦苣苔科植物中分布较多。二氢查耳酮(图 3-16)在植物界分布极少，从山药中提取出 2′,4 -二羟基-4′,6′-二甲氧基-二氢查耳酮。根皮苷属于二氢查耳酮类物质，首先从苹果的根、茎和果实分离得到，后来在草莓、蔓越莓、荔枝和生菜中也有发现。

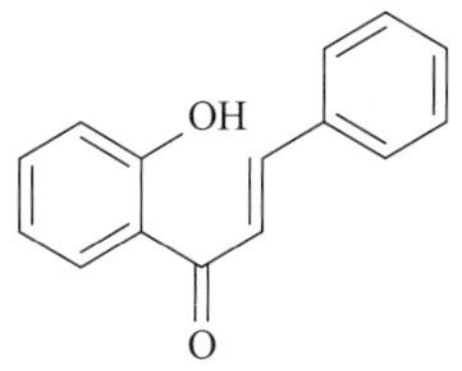

图 3-15　查耳酮类化合物基本骨架结构

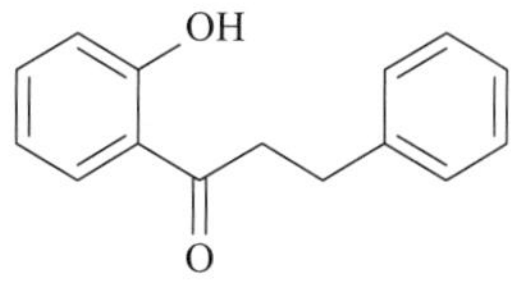

图 3-16　二氢查耳酮类化合物基本骨架结构

3.1.5　橙酮类(aurones)

橙酮类，又称噢哢类，是黄酮类的异构体，可看作是黄酮的 C 环分出一个碳原子变成五元环，其余部位不变，但 C 原子定位也有所不同，也可由查耳酮经氧化而得，属于苯并呋喃的衍生物。常呈金黄色。有数十种，多分布在双子叶植物比较进化的玄参科、菊科、苦苣苔科以及单子叶植物莎草科中，如黄花波斯菊花的硫黄菊素(图 3-17)。

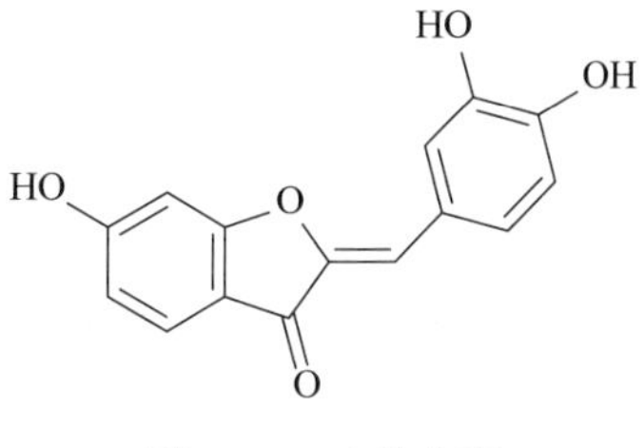

图 3-17　硫黄菊素

3.1.6　花色素类(anthocyanidins)和黄烷醇类(flavanols)

花色素类(图 3-18)是一类以离子形式存在的黄酮类化合物，由于花色素多以苷的形式存在，故又称花色苷。花色素广泛存在于植物的花、果、叶、茎等部位，而使这些部位呈现蓝、紫、红等颜色，可用作食品中的天然色素。其中，矢车菊素、飞燕草素、天竺葵素、锦葵花素(图 3-18)是食品中常见的天然色素。黄烷醇类是由二氢黄酮醇类还原而来，可看成是脱去 C_4 位羰基氧原子后的二氢黄酮醇类。黄烷-3-醇的衍生物也称为儿茶素类(图 3-19)，在植物界分布很广。儿茶素分子结构中含有两个手性碳，因此共有 4 种光学异构体，但在植物中存在的主要异构体为(+)-儿茶素和(-)-表儿茶素。儿茶素类化合物是茶叶中的主要功能成分，占茶叶干量的 12%~24%，有关茶叶中儿茶素的相关内容将在第 4 章多酚类化合物中进行具体介绍。

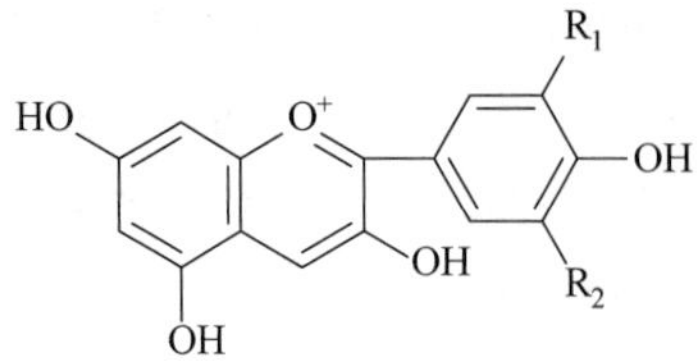
R1
HO
O+
OH
OH
R2
OH

矢车菊素：R_1 =OH，R_2=H
天竺葵素：R_1= R_2=H
飞燕草素：R_1= R_2=OH
锦葵花素：R_1 = R_2=OCH_3

图 3-18　花色素类化合物基本骨架结构

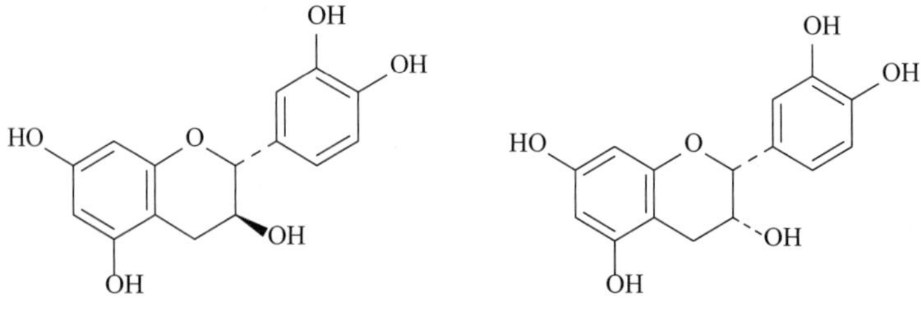
OH
OH
HO
O
OH
OH
OH
OH
HO
O
OH
OH

(+)-儿茶素　　(-)-表儿茶素

图 3-19　儿茶素类化合物基本骨架结构

3.1.7　其他黄酮类

此类化合物大多不符合 C_6-C_3-C_6 的基本骨架，但因具有苯并 γ-吡喃酮结构，故也将其归为黄酮类化合物。双黄酮类是由二分子黄酮衍生物通过 C—C 键或 C—O—C 键聚合而成的二聚物，如银杏叶中含有的银杏素(图 3-20)即为 C—C 键相结合的双黄酮衍生物。高异黄酮和异黄酮相比，其 B 环和 C 环之间多了一个—CH_2—，如中药麦冬中存在的麦冬二氢高异黄酮 A(图 3-21)；呋喃色原酮，即色原酮的 C_6-C_7 位并上一个呋喃环，如凯刺种子和果实中得到的凯林(图 3-22)属于此类；苯色原酮，即色原酮的 C_6-C_7 位并上一个苯环。如决明子中含有的红镰霉素属于此类。此外，还有一些特殊类型的黄酮类，如榕碱(图 3-23)及异榕碱(图 3-24)为生物碱型黄酮。

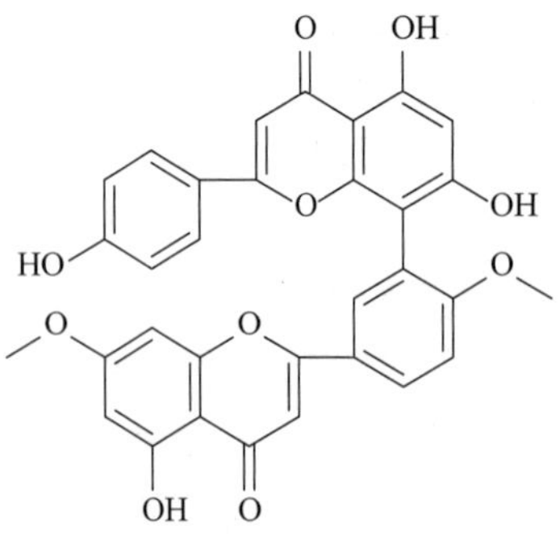
O
OH
OH
HO
O
O
O
OH
O

图 3-20　银杏素

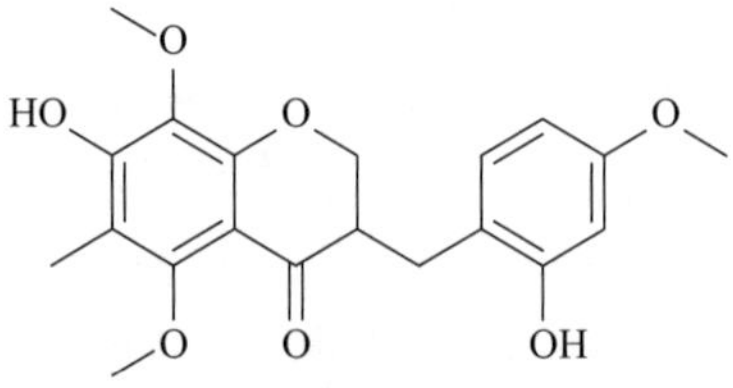
O
HO
O
O
O
O
OH

图 3-21　麦冬二氢高异黄酮 A

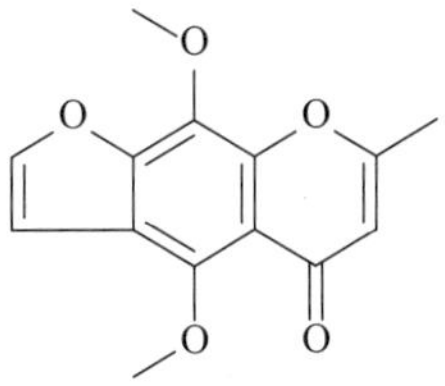

图 3-22　凯林

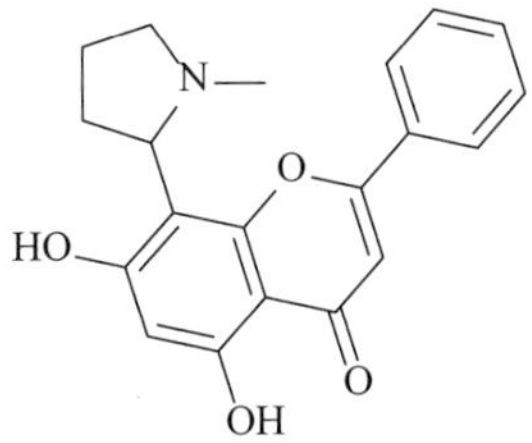

图 3-23　榕碱

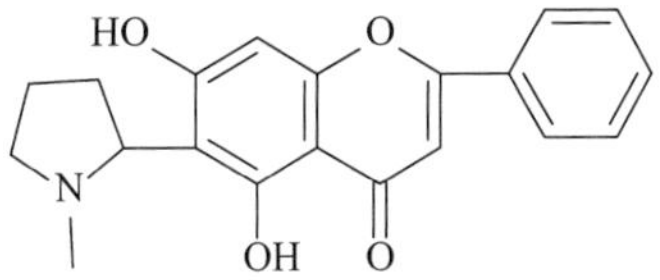

图 3-24　异榕碱

3.2　黄酮苷的结构和分类

天然黄酮类化合物以 3 种形式存在，即游离态黄酮（黄酮苷元）、黄酮苷及与鞣酸形成酯的形式，其中黄酮苷种类最多。在植物体中，黄酮类化合物因其所在组织不同，其存在状态也不尽相同。在木质部中，多以苷元形式存在；而在花、叶、果实等器官中，多以糖苷形式存在。其中大部分黄酮类化合物多以 *O*-糖苷形式存在，在少部分植物体内，还含有 C-糖苷，如牡荆苷、葛根苷等。

3.2.1　*O*-糖苷

苷元与糖基以糖苷键相连接，糖基大多连接在 C_7 位上，如木犀草素-7-*O*-葡萄糖苷（图 3-25）。糖基也有连接在 C_3 位上，如芦丁（槲皮素-3-*O*-芸香糖苷）（图 3-26）。

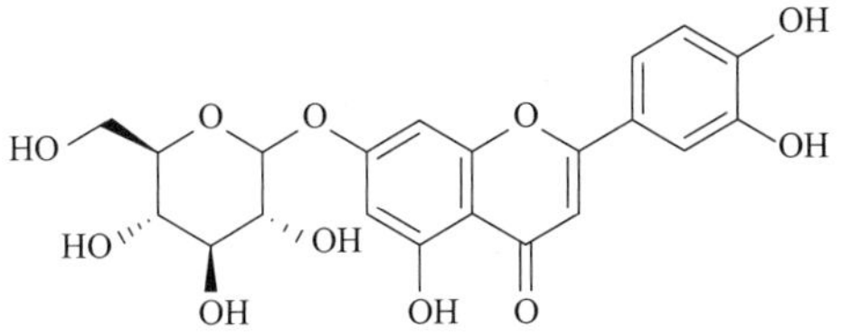

图 3-25　木犀草素-7-*O*-葡萄糖苷

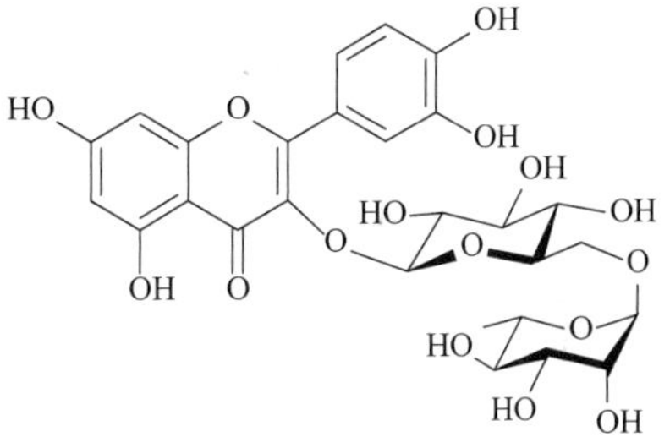

图 3-26　芦丁

3.2.2　C-糖苷

糖基一般与黄酮苷元的 C_6 和 C_8 直接相连，如牡荆苷（图 3-27）和葛根苷（图 3-28）的葡萄糖基直接连接在 C_8 上。

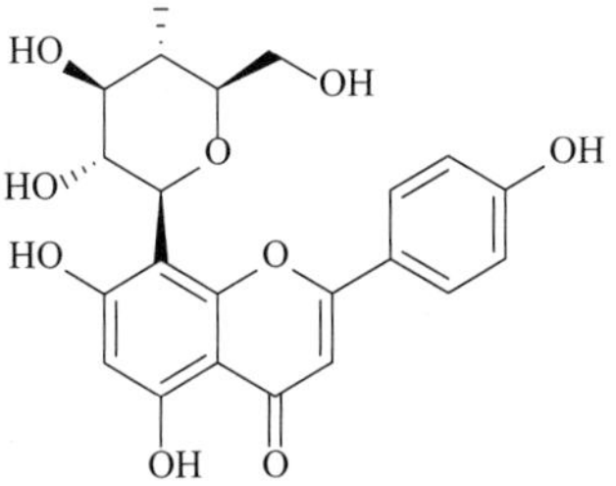

图 3-27　牡荆苷

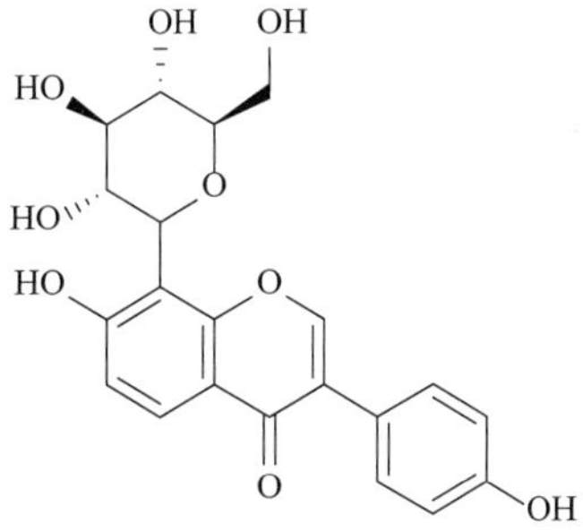

图 3-28　葛根苷

3.2.3 构成黄酮苷的糖基种类

构成黄酮苷的糖基主要包括单糖类、双糖类、三糖类、酰化糖类。

单糖类主要包括：D-葡萄糖、D-半乳糖、D-木糖、L-鼠李糖、L-阿拉伯糖及 D-葡萄糖醛酸等，如由 β-D-葡萄糖醛酸形成的黄芩苷。

双糖类主要包括：麦芽糖、乳糖、新橙皮糖、龙胆二糖、芸香糖等，如由芸香糖和苷元形成的橙皮苷。

三糖类主要包括：槐三糖、鼠李三糖、龙胆三糖等。

酰化糖类主要包括：2-乙酰葡萄糖、4-咖啡酰基葡萄糖等。

3.3 黄酮类化合物的理化性质

3.3.1 形态

黄酮类化合物大多数为结晶性固体，部分黄酮苷类为无定形粉末。

3.3.2 颜色

黄酮类化合物大多呈黄色或淡黄色，少数为无色。是否呈现颜色及颜色的深浅则与分子结构中是否存在交叉共轭体系及助色基团（—OH、—OCH_3）的种类、数目及位置有关。黄酮、黄酮醇及其苷类多显灰黄-黄色，同时 7, 4′位上助色基团的引入，使颜色加深。查耳酮为黄-橙黄色，异黄酮类略显黄色。而二氢黄酮、二氢黄酮醇因不具有交叉共轭体系或共轭链短，不显色。花色素及其苷元的颜色随 pH 值不同，一般呈现红、紫、蓝等颜色。

3.3.3 旋光性

二氢黄酮、二氢黄酮醇、黄烷及黄烷醇的游离苷元结构中含有手性碳，所以具有旋光性。而黄酮苷结构中由于糖分子的存在，均具有旋光性，一般多为左旋。

3.3.4 溶解性

黄酮类化合物的溶解性与其结构及是否成苷密切相关。游离的黄酮苷元一般难溶或不溶于水，较易溶于有机溶剂（乙醇、乙醚、乙酸乙酯等）与稀碱液。其中具有平面结构的黄酮、黄酮醇、查耳酮等，由于其分子结构排列紧密，分子间引力较大，更难溶于水。而非平面结构的二氢黄酮、二氢黄酮醇等，分子排列不紧密，分子间引力较低，有利于水分子进入，在水中的溶解度相对较大。此外，花色素虽然具有平面结构，但是其以离子形式存在，所以溶于水。黄酮苷类化合物一般易溶于水、甲醇、乙醇等强极性溶剂中，难溶或不溶于苯、氯仿及石油醚中。

3.3.5 酸碱性

黄酮类化合物由于母核结构中一般具有酚羟基取代，因而显酸性，可溶于碱性溶液或显碱性的有机溶剂(吡啶、甲酰胺及二甲基甲酰胺)中。黄酮类化合物的酸性强弱与所含有的酚羟基的数目及所处的位置有关。以黄酮为例，其酚羟基酸性强弱顺序依次为：7,4′-二羟基>7-或4′-羟基>一般酚羟基>5-酚羟基>3-酚羟基，因此可利用黄酮类化合物酸性强弱的差异来对其进行提取、分离及化学鉴定。黄酮类化合物γ吡喃酮环1位的氧原子存在未共用的孤对电子，具有微弱的碱性，可与强无机酸(如浓硫酸、盐酸等)反应生成盐，但非常不稳定，加水后即分解。

3.3.6 显色反应

在早期的研究工作中，黄酮类化合物的显色反应一般用来定性鉴定其是否存在及类别。黄酮类化合物的显色反应大多与分子中所含有的酚羟基及γ吡喃酮环有关。主要包括还原显色反应、与金属盐类的络合显色反应、硼酸显色反应、碱性试剂显色反应。

3.3.6.1 还原显色反应

盐酸-镁粉反应是鉴定黄酮类化合物常用的显色反应。大多数黄酮、黄酮醇、二氢黄酮、二氢黄酮醇可与盐酸-镁粉反应呈现红色-紫色，少数显紫色-蓝色。异黄酮类除少数外，大多不显色。查耳酮、橙酮、儿茶素类无该显色反应。硼氢化钠与二氢黄酮类化合物产生红色或紫色，其他黄酮类化合物均不显色，因此硼氢化钠是鉴定二氢黄酮类专属性较高的还原剂。

3.3.6.2 与金属盐类的络合显色反应

黄酮类化合物分子中通常含有3-羟基、4-羰基，或5-羟基、4-羰基，或邻二酚羟基结构单元(图3-29)，可与铝盐、铅盐、锆盐、镁盐等反应，生成有色络合物。与铝盐反应生成的络合物多为黄色并伴有荧光产生，可用于定量或定性分析；与铅盐反应可生成黄-红色沉淀；当黄酮类化合物分子中有游离的3-或5-OH存在时，可与锆盐反应生成黄色的锆络合物；与镁盐反应时，二氢黄酮与二氢黄酮醇类显天蓝色荧光，黄酮、黄酮醇及异黄酮类则显黄色、橙黄色或褐色。

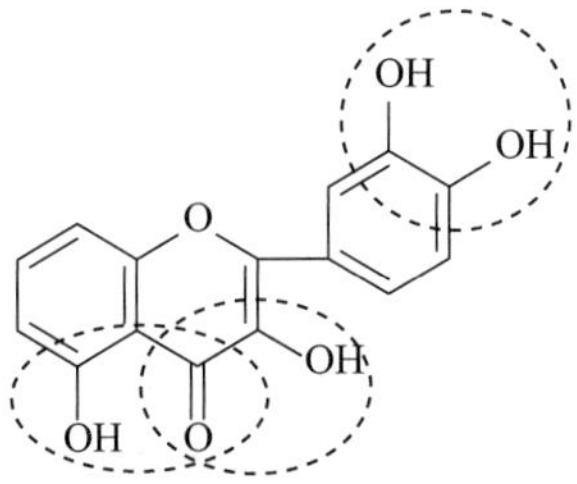

OH
OH
O
OH
OH
O

图3-29 黄酮类化合物与金属盐显色反应基本结构单元

3.3.6.3 硼酸显色反应

具有下列结构黄酮类化合物(5-羟基黄酮、2′-羟基查耳酮)，在无机酸或有机酸存在条件下，可与硼酸反应生成亮黄色。一般在草酸存在下显黄色并具有绿色荧光，但在柠檬酸-丙酮存在下，只显黄色而无荧光(图 3-30)。

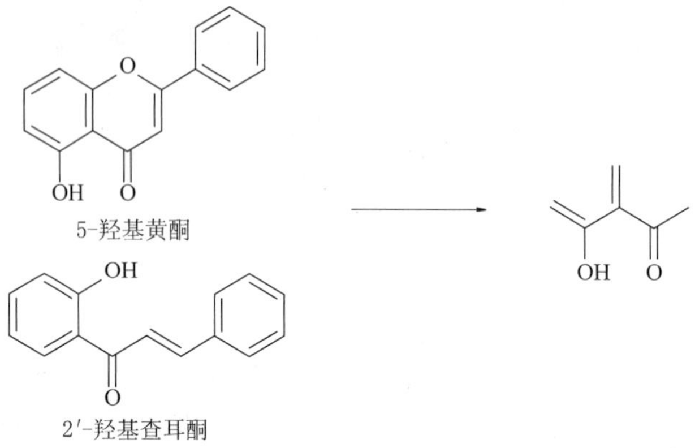

5-羟基黄酮

2′-羟基查耳酮

图 3-30　硼酸显色反应

3.3.6.4 碱性试剂显色反应

碱性试剂可导致黄酮类化合物的结构发生变化，而呈现不同的颜色。常用的碱性试剂包括氨蒸气和碳酸钠水溶液，一般氨蒸气处理后的颜色在空气中会褪色，而经碳酸钠水溶液处理后的颜色在空气中保持稳定。二氢黄酮类在碱性溶液中容易开环，转变成查耳酮类化合物(图 3-31)，由无色而显橙色-黄色；黄酮醇类在碱性溶液中显黄色，通入空气后转变为棕红色。

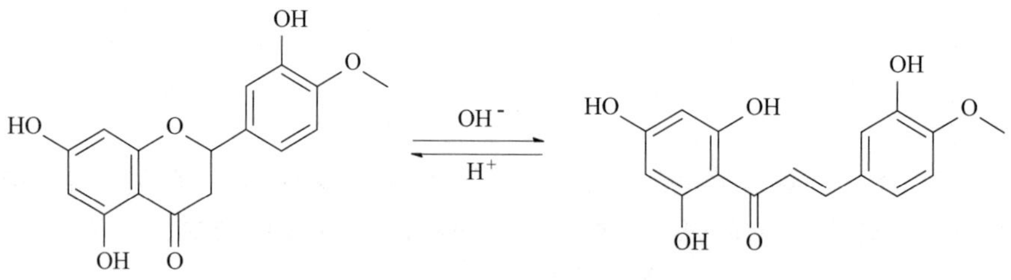

图 3-31　二氢黄酮与查耳酮之间的转变

3.3.7 黄酮类化合物的紫外吸收特性

多数黄酮类化合物的分子中因存在苯甲酰基和桂皮酰基组成的交叉共轭体系，使其溶液在 200~400 nm 的区域内有两个主要的紫外吸收峰带：带Ⅰ(320~380 nm)和带Ⅱ(240~270 nm)。根据峰形可初步判断其母核结构：当带Ⅰ和带Ⅱ峰强相似且均为主峰时，多为黄酮、黄酮醇或其苷类；当带Ⅰ>350 nm，则多为黄酮醇或其苷类；当带Ⅰ很强为主峰且带Ⅱ较弱为次强峰时，多为查耳酮或橙酮类化合物；当带Ⅱ很强为主峰且带Ⅰ很弱，且在主峰的长波方向处有一肩峰时，多为异黄酮、二氢黄酮或二氢黄酮醇类(图 3-32、表 3-2)。

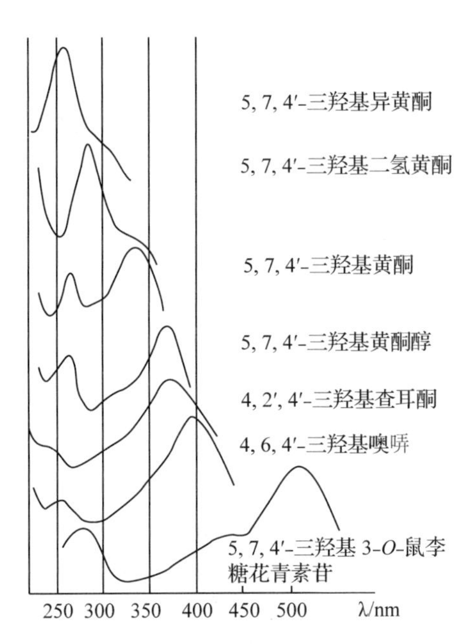

图 3-32 不同类型的黄酮化合物的紫外光谱

表 3-2 黄酮类化合物 UV 吸收范围

带Ⅱ / nm	带Ⅰ/nm	黄酮类型
250~280	310~350	黄酮
250~280	330~360	黄酮醇(3-OH 取代)
250~280	350~385	黄酮醇(3-OH 游离)
245~275	300~330(肩峰)	异黄酮
275~295	300~330(肩峰)	二氢黄酮、二氢黄酮醇
230~270(低强度)	340~390	查耳酮
230~270(低强度)	380~430	噢哢

3.4 黄酮类化合物的提取与分离

3.4.1 黄酮类化合物的提取方法

3.4.1.1 溶剂提取法

采用溶剂萃取方法提取黄酮类化合物，溶剂的选择主要依赖于被提取物的极性。大多的黄酮苷元宜使用极性较小的溶剂(如乙酸乙酯、乙醚、氯仿等)来提取。黄酮苷及极性较大的黄酮苷元(羟基黄酮、双黄酮、橙酮、查耳酮等)，一般可用极性较大的甲醇、乙醇、丙酮、水来提取，也可选用极性较大的混合溶剂如甲醇+水、乙醇+水来提取。对于多糖苷类可直接用沸水提取，如从槐花米中提取芦丁，但热水容易溶出其他杂质导致得率低，因此近年来开发了加压热水提取法。值得注意的是在提取黄酮苷的过程中，要预先破坏糖苷酶的活性，避免提取过程中糖苷被水解。提取花色素类化合物时，可在提取溶剂中加入少量的酸(如0.1%盐酸)。而对多甲氧基黄酮苷元，甚至可以选用苯来提取。在提取过程中可用加热回流或冷浸进行反复多次提取，然后将提取液浓缩，可得其粗提物。植物的醇浸液往往用石油醚或乙醚等处理，以除去油脂、色素等杂质。

3.4.1.2 碱提酸沉法

含酚羟基的黄酮类化合物，一般易溶于碱性溶液(如碳酸钠、氢氧化钠、氢氧化钙水溶液)，但却难溶于酸性溶液。这是由于黄酮酚羟基呈酸性，能与碱性物质反应，同时黄酮母核在碱性条件下开环，形成2′-羟基查耳酮，极性增大而溶解。所以，在提取的时候可用碱性溶液提取，再向提取液中加酸，黄酮类化合物即可沉淀析出。常用的碱液为稀氢氧化钠溶液、石灰水等，常用的酸为稀盐酸溶液。当所提植物中含有大量的多酚类、果胶、黏液等水溶性杂质时，适宜采用石灰水或石灰乳来提取，使上述含多羟基和羧基的杂质生成钙盐沉淀而去除。此法简便易行，如芦丁、橙皮苷、黄芩苷的提取都应用此方法。但是所使用的碱液浓度不宜过高，以免在强碱溶液尤其在加热过程中破坏黄酮母核。酸化时酸性也不宜过强，以免生成𨦡盐，使析出的黄酮类化合物又重新溶解，降低产品得率。

3.4.1.3 吸附法

通常使用活性炭进行吸附，主要用于含量较高的黄酮苷类的提取。将植物原料用甲醇提取，得到甲醇提取液，经浓缩后，分次加入活性炭，搅拌并静置，直至定性检测上清液中不含黄酮为止，过滤。将吸附有黄酮的活性炭依次用沸水、沸甲醇、7%酚/水、15%酚/醇溶液进行洗脱，洗脱液减压蒸发浓缩，再用乙醚振摇除去残留的酚，余下水层减压浓缩即得总黄酮。

3.4.2 黄酮类化合物的分离方法

利用上述方法所提取的是总黄酮类化合物，还需进一步将化合物进行一一分离。主要根据极性大小不同、酸性强弱不同、分子大小不同及分子中所含有的特定官能团对黄酮类化合物进行分离。

3.4.2.1 柱色谱法

分离黄酮类化合物常用的柱色谱吸附剂或载体有硅胶、聚酰胺树脂、葡聚糖凝胶、活性炭、氧化铝、纤维素粉、氧化镁和硅藻土等。

(1)硅胶柱色谱

本色谱应用范围最广，主要适于分离黄酮、黄酮醇、异黄酮、二氢黄酮、二氢黄酮醇等。对于分离极性较大的多羟基黄酮、黄酮醇及黄酮苷时，可在硅胶中加少量水去活后使用。选择合适的洗脱剂是关键，各洗脱剂的洗脱能力为：石油醚<四氯化碳<苯<氯仿<乙醚<乙酸乙酯<吡啶<丙酮<正丙醇<乙醇<甲醇<水。例如，分离黄酮苷元时，可用氯仿-甲醇混合溶剂作流动相；分离黄酮苷时，可用氯仿-甲醇-水或乙酸乙酯-丙酮-水作流动相。

(2)聚酰胺柱色谱

对黄酮类化合物的分离来说，聚酰胺是较为理想的吸附剂。聚酰胺对黄酮类化合物的吸附强弱主要取决于黄酮类化合物分子中羟基的数目与位置，以及溶剂与黄酮类化合物或与聚酰胺之间形成氢键缔合能力的大小。黄酮类化合物从聚酰胺柱上洗脱时大体有如下规律：苷元相同，连接糖的数目越多，吸附越弱，洗脱先后顺序为：三糖黄酮苷、二糖黄酮苷、单糖黄酮苷、黄酮苷元；母核相同，游离酚羟基多者，后洗脱，游离羟基少者，先洗脱；分子中酚羟基数目相同时，羰基邻位有羟基者先洗脱，羰基间位或对位有羟基者后洗脱；对于不同类型的黄酮类化合物，一般洗脱先后顺序为：异黄酮、二氢黄酮醇、黄酮、黄酮醇。聚酰胺柱色谱可用于分离各种类型的黄酮类化合物，包括苷元及苷、二氢黄酮、查耳酮等。各种溶剂在聚酰胺色谱柱上的洗脱能力依次为：水<甲醇<丙酮<氢氧化钠水溶液<甲酰胺<二甲基甲酰胺<尿素水溶液。常用的洗脱剂有两种：适用于黄酮苷分离的洗脱剂主要有水、10%~20%乙醇(或甲醇)；适用于黄酮苷元分离的洗脱剂主要有氯仿、氯仿/甲醇、甲醇。

(3)葡聚糖凝胶柱色谱

在葡聚糖凝胶分离黄酮类化合物的过程中，主要使用两种型号的凝胶：Sephadex G型和Sephadex LH-20型。分离游离黄酮苷元时，主要靠吸附作用，分子中的游离酚羟基越多，吸附程度越大。分离黄酮苷时，主要利用分子筛的作用，在洗脱时黄酮苷类大体上按相对分子质量由大到小的顺序流出柱体。葡聚糖凝胶柱色谱常用的洗脱剂有碱性水溶液(如0.1 mol/L氨水溶液)、醇溶液(如甲醇、甲醇-水)、含水丙酮、甲醇-氯仿等。

(4)氧化铝柱色谱

氧化铝的吸附作用很强，一般只用于甲基化黄酮、无邻二羟基或3位、5位无羟基的黄酮类化合物的分离。

3.4.2.2　梯度pH萃取法

梯度pH萃取法适合于对酸性强弱不同的黄酮苷元的分离。根据黄酮类化合物酚羟基数目及位置的不同，其酸性强弱不同。可以将黄酮苷元混合物溶于有机溶剂(如乙醚)后，依次用质量分数为5%的$NaHCO_3$(萃取出7,4′-二羟基黄酮)，5%的Na_2CO_3(萃取出7-羟基黄酮或4′-羟基黄酮)，0.2%的NaOH(萃取出一般酚羟基黄酮)及4%的NaOH水溶液(萃取出5-羟基黄酮)分步萃取，从而达到分离的目的。

3.4.2.3　根据分子中某些特定官能团进行分离

一些黄酮类化合物具有邻二酚羟基结构，可与乙酸铅生成沉淀，从而与其他成分分离。碱式乙酸铅沉淀能力比乙酸铅强，含有酚羟基的成分均可被其沉淀，据此可以将两类成分加以分离。此外，具有邻二酚羟基的黄酮类化合物还可与硼酸反应形成易溶于水的络合物，可与其他类型黄酮类化合物进行分离。

3.4.3　黄酮类化合物的结构鉴定

提取分离出的黄酮类化合物一般先通过色谱方法(纸色谱和薄层色谱)进行检识，

进一步利用多种波谱学技术(紫外吸收光谱、质谱、核磁共振谱等)对其结构进行综合解析。同时，化合物的呈色反应、溶解行为及铅盐沉淀等对黄酮类化合物的检识和结构测定均具有一定的辅助作用。对于黄酮苷，一般通过酸水解和酶水解为糖和苷元，分别分析糖和苷元的结构，最后确定黄酮苷的结构。黄酮苷的水解及糖的结构鉴定相关内容将在第5章糖苷类化合物中介绍。本章主要介绍黄酮苷元的结构解析和鉴定。

3.4.3.1 色谱法在结构鉴定中的应用

(1)硅胶薄层色谱

硅胶薄层色谱是对黄酮类化合物进行检识和鉴定的常用方法。对于黄酮苷元类，由于极性较弱，通常使用极性较小的展开剂，如苯-甲醇(95:5)、苯-丙酮(9:1)、苯-乙酸乙酯(7.5:2.5)等。如果黄酮苷元上的酚羟基较多时，一般在展开剂中加入一定量的酸，如甲苯-甲酸甲酯-甲酸(5:4:1)、苯-甲醇-乙酸(35:5:5)等。

(2)聚酰胺薄层色谱

聚酰胺薄层色谱非常适合于含游离酚羟基的黄酮及其苷类的分析。由于聚酰胺对黄酮类化合物吸附能力较强，展开剂需要较强的极性，通常展开剂中含有醇、酸和水。常用的展开剂包括：乙醇-水(3:2)、水-乙醇-乙酰丙酮(4:2:1)、水-乙醇-甲酸-乙酰丙酮(5:1.5:1:0.5)等。

(3)纸色谱

纸色谱适用于各类黄酮类化合物及其苷类的分析。对于黄酮苷元和含糖较少的糖苷，使用极性较小的醇性展开溶剂，如正丁醇-乙酸-水(4:1:5上层，BAW)和叔丁醇-乙酸-水(3:1:1，TBA)或水饱和正丁醇；对于黄酮多糖苷则采用极性较大的水性展开溶剂，如乙酸或盐酸的水溶液等。对一些分离困难的样品，也可以采用双向纸色谱法进行分离。

(4)黄酮类化合物的颜色检识

黄酮类化合物除了本身具有不同的颜色可以加以区分外，多数黄酮类化合物在紫外灯下可观察到荧光斑点。用氨蒸气处理后斑点常产生明显的颜色变化。此外，还可以喷以2%氯化铝(甲醇)溶液后在紫外灯下观察或喷以1%氯化铁-1%铁氰化钾(1:1)水溶液等显色剂显色。

3.4.3.2 波谱法在结构鉴定中的应用

波谱技术主要包括紫外吸收光谱(UV)、红外光谱(IR)、质谱(MS)、核磁共振氢谱(^{1}H-NMR)、核磁共振碳谱(^{13}C-NMR)、二维核磁共振谱(2D-NMR)等。这些波谱技术手段能够精准解析黄酮苷元的结构类型。同时对含糖数目较多的黄酮苷中苷键的构型、糖与糖之间的连接顺序和连接位置等能够进行准确的分析鉴定。结合单晶X射线衍射法可以获取化合物分子中各原子的坐标，得到了化合物中各原子空间的结合位置，为确定分子结构提供了直观可靠的立体图形。

(1)紫外吸收光谱法在结构鉴定中的应用

紫外吸收光谱法是鉴定黄酮类化合物结构的重要方法。不同类型黄酮类化合物的紫外吸收光谱(吸收峰的位置和峰形)存在差异，因此可用于对黄酮类化合物的结构进行鉴定，具体内容在本章3.3.7中已提及。

同时黄酮类化合物中不同数量和不同位置的酚羟基取代基可与诊断试剂反应形成盐或络合物，使吸收峰产生不同程度的影响，因此可以通过比较加入诊断试剂前后紫外光谱的变化，来推断酚羟基等取代基的位置和数量。常用的诊断试剂包括甲醇钠、乙酸钠、乙酸钠/硼酸、三氯化铝、三氯化铝/盐酸等。酚羟基具有一定的酸性，在强碱作用下均可发生解离，黄酮类化合物以离子形式存在，导致共轭体系中电子云密度增加，可引起相应谱带大幅度红移。经熔融处理的乙酸钠，碱性也较强，对谱带的影响与甲醇钠相似。而乙酸钠水溶液碱性较弱，则只能使黄酮母核上酸性较强的7-OH解离，使谱带红移。黄酮类化合物中含有一些特殊的羟基取代组合(如3,4′-二羟基或3,3′,4′-三羟基取代)，在碱性条件下易氧化，从而导致吸收峰逐渐衰减。可以在加入甲醇钠或乙酸钠后立即测定样品的UV光谱，5min后再次测定该样品的UV图谱，并比较两者是否存在差异。

此外，黄酮类化合物分子中有邻二酚羟基、3-羟基-4-酮基或5-羟基-4-酮基结构时，可与三氯化铝络合，并引起相应吸收带红移。不同的黄酮化合物与Al^{3+}生成的络合物稳定性存在差异，生成的铝络合物相对稳定性顺序为：黄酮醇>5-羟基黄酮>5-羟基二氢黄酮>邻二酚羟基>二氢黄酮醇，前3种与Al^{3+}形成的络合物稳定性较强，而后2种与Al^{3+}形成的络合物稳定性较差，在酸性条件下(如少量盐酸)即可分解。因此，通过对比只加$AlCl_3$和加入$AlCl_3$及盐酸的紫外光谱来判断酚羟基的取代情况。如果分子中只有邻二酚羟基结构时，可在乙酸钠碱性条件下，与硼酸络合，并引起相应峰带红移。

(2)核磁共振氢谱(^{1}H-NMR)在结构鉴定中的应用

核磁共振氢谱(^{1}H-NMR)是判断黄酮类化合物结构类型、取代基位置及糖苷类别等方面的一个重要分析技术手段。常用溶剂为氘代氯仿($CDCl_3$)，氘代二甲基亚砜(DMSO-d_6)和氘代吡啶(C_5D_5N)等。其中，DMSO-d_6可以溶解大多数黄酮类化合物，而且各质子信号分辨率高，是一个非常理想的溶剂。但是DMSO-d_6沸点较高，不便于样品的回收。也可将黄酮类化合物制成三甲基硅醚衍生物溶于四氯化碳中进行测定。一般根据C环的质子信号判定黄酮类化合物的类型，而根据A、B环质子及取代基质子的信号，解析取代基的种类、位置、数目及成苷情况等。

(3)核磁共振碳谱(^{13}C-NMR)在结构鉴定中的应用

通过测定黄酮类化合物的核磁共振碳谱，来确定黄酮类化合物的骨架类型、取代位置及黄酮类化合物*O*-糖苷中糖的连接位置等，一般采用对比法和计算法。测定黄酮化合物骨架类型时，可根据中央三碳链的碳信号，即先根据羰基碳的化学位移值δ，再结合C_2、C_3在偏共振去偶谱的裂分和δ值进行判断；黄酮类化合物的取代基的取代位置确定可根据化合物中芳香碳原子的信号特征来进行，当化合物中引入不同的取代基时会使图谱发生位移或其他变化，引入羟基及甲氧基时将使直接相连碳原子(α-碳)信号大幅度地向低场位移，相邻碳原子(β-碳)及对位碳则向高场位移。间位碳虽然也向低场位移但幅度很小。A环上引入取代基时，位移效应只影响到A环，B环上引入取代基时，位移效应只影响到B环，如果一个环上同时引入几个取代基时，其位移效应将具有某种程度的加和性。对大多数5,7-二羟基黄酮类化合物来说 C_6(d)及 C_8(d)信号在 δ 90.0~100.0的范围内出现，且 C_6 信号总是比 C_8 信号出现在较低的磁场。

(4)质谱在结构鉴定中的应用

质谱在黄酮类化合物的结构鉴定中发挥重要作用。其中电子轰击质谱(EI-MS)是常用的技术之一。大多数黄酮苷元在电子轰击质谱中，因分子离子峰较强，常成为基峰。但是黄酮苷由于极性较强，难以汽化以及对热不稳定，因此在电子轰击质谱中难以观察到分子离子峰，一般需要制成甲基化或三甲基硅烷化衍生物后再进行测定。如果使用新的质谱技术，包括场解析质谱(FD-MS)、快速原子轰击质谱(FAB-MS)、电喷雾质谱(ESI-MS)等软离子质谱技术进行测定，黄酮苷类无需做成衍生物，也可获得非常强的分子离子峰或准分子离子峰。对黄酮类化合物进行质谱解析可明确黄酮苷元的结构、黄酮苷中所连接的糖或其他取代基的类型、取代基在苷元中的位置、多糖链中各个糖的链接顺序及末端单糖的立体化学归属等结构信息。

3.5 黄酮类化合物在食品领域中的应用

3.5.1 黄酮保健食品

大豆异黄酮是一种植物雌激素，具有强心、降血脂、抗癌和抑制骨质疏松等作用，与人体分泌的雌激素分子结构非常相似，能够与女性体内的雌激素受体相结合，对雌激素水平起到双向调节作用。

将丹参、三七和黄芪粉碎成细粉，过筛，取竹叶粉碎，用稀乙醇加热回流提取，合并提取液，回收乙醇并浓缩至适量，加于已处理好的大孔吸附树脂上，依次用水及不同浓度的乙醇洗脱，收集相应的洗脱液，回收乙醇，将洗脱液浓缩成稠膏，将上述粉末与浓缩膏混合均匀，干燥后粉碎，再过筛，装入胶囊即得黄酮保健胶囊。

杨梅黄素具有维生素C样的活性，抗氧化性强，清除自由基效果好，还可以改善心脑血管通透性，因此可作为保健品和食品添加剂。

橙皮苷与维生素P功效类似，具有一定的抗氧化性和预防血管脆弱的作用，也是治疗冠心疾病药物的重要原料之一，可作为药品和食品添加剂。

3.5.2 黄酮抗氧化剂

常用作抗氧化剂的黄酮类化合物有黄酮、黄酮醇、黄烷酮、黄烷酮醇、异黄酮、异黄烷酮和查耳酮等。黄酮类化合物作为人工合成抗氧剂(如BHT、BHA等)的代用品具有高效、低毒、价廉、易得的优点，日益受到重视。植物源天然产物是获取黄酮类抗氧剂的潜在资源。茶多酚为茶叶中的主要成分，茶多酚由30多种含酚羟基的物质组成，主要包括黄烷醇类(儿茶素类)、花色素类(花白素和花青素)、花黄素类(黄酮及黄酮醇类)、酚酸及缩酚酸类。儿茶素是茶多酚中的主要成分，占茶多酚的70%~80%，为一种主要的天然食品抗氧化剂。其可以有效地抑制油脂过氧化物形成和多烯脂肪酸的分解，从而延长了油脂的货架期，在保健食品(如鱼油)、食用油生产中得到广泛应用。

以槲皮素、异鼠李素为主的沙棘黄酮和银杏黄酮的抗氧化效果与 BHT 相当，可能与多种抗氧化成分增效协调作用相关。

苦荞是中国特有的荞麦品种，其黄酮类化合物的含量是甜荞的 30 倍左右。苦荞黄酮所表现出的生理功能多是基于其抗氧化作用。发酵豆粕中异黄酮(FSMI)具有抗氧化作用，且强于等量的未发酵豆粕中异黄酮(SMI)和化学合成抗氧化剂 BHT，因此，可作为 BHT 的替代物添加到食品中。此外，金橘果皮中的洋槐黄素和橘皮中的蜜橘黄素均具有较强的抗氧化性，可作为天然抗氧化剂来使用。

3.5.3　天然甜味剂

黄酮类化合物作为非糖类甜味剂并非多见，但扩大了甜味剂新资源，目前发现的黄酮类非糖类甜味剂主要为二氢查耳酮糖苷。芸香科柑橘类的幼果及果皮中含有二氢黄酮类化合物，其本身无甜味，但在适当条件下转化成二氢查耳酮糖苷，则可显甜味。如新橙皮苷二氢查耳酮，其甜度为蔗糖的 1 500~1 800 倍，从构效关系可知，7 位新橙皮糖基或葡萄糖基是二氢查耳酮具有甜度的一个必要结构，如失去或替换成其他糖基则无甜味；4′位引入烷氧基如乙氧基或丙氧基可分别增加甜度约 10 或 20 倍。壳斗科多穗柯和多穗稠嫩叶中二氢查耳酮葡萄糖苷以及胡桃科黄杞叶中二氢黄酮醇鼠李糖苷都有一定甜味。此外，甘草酮为白色或淡黄色粉末，甜度是蔗糖的 200 倍，也是一种天然黄酮类甜味剂。寻找完全无毒、低热量、口味好的天然保健性甜味剂是当前植物资源利用的方向之一。

3.5.4　天然食用色素

近 20 年来，发现一些合成色素都有不同程度的毒性，其应用受到一定限制，因而从自然界寻找合成色素的代用品——天然食用色素日益受到关注。几乎所有黄酮类化合物都可做色素，目前已获准使用黄酮类食用色素主要有花色素和查耳酮类。含花青苷的食用色素有：杜鹃花科越橘红色素、锦葵科玫瑰茄红色素、葡萄科葡萄皮色素、忍冬科蓝靛果红色素、蔷薇科火棘红色素、唇形科紫苏色素。以查耳酮苷为主的有来自菊科的红花黄色素、菊花黄色素。梧桐科可可色素主要成分则是黄酮醇的聚合物，茶科红茶红色素则是儿茶素等多酚类物质的聚合物，禾本科高粱红色素成分为 5,7,4′-三羟基黄酮。

3.5.5　无公害农药

化学合成农药的生产和使用日益受到环境和商业上的压力，开发具有特异性功能、靶标专一性较强、安全性较高的无公害农药显示了广阔的市场潜力。鱼藤酮是我国南方广泛栽种的毛鱼藤植物所含的主要成分，属于二氢异黄酮类，具有较强的杀虫作用，其作用方式是抑制呼吸链电子传递，属呼吸毒剂。作为一种天然植物杀虫剂，已实现商业化开发。

3.6 黄酮类化合物提取分离与结构鉴定实例

3.6.1 长白忍冬干燥花蕾中芦丁和橙皮苷的提取、分离与鉴定

3.6.1.1 黄酮类化合物的提取

将3.5 kg长白忍冬干燥花蕾用10倍量的70%乙醇浸泡，在60 ℃水浴加热提取12 h，浓缩后将浓缩液溶解在水中，经过大孔树脂柱，洗脱液为水，洗脱至流出液近无色，然后用95%的乙醇直接洗脱，洗脱液浓缩后得乙醇浸膏80 g。

3.6.1.2 黄酮类化合物的分离纯化

将提取的乙醇浸膏进行硅胶柱色谱分离，以三氯甲烷-甲醇-乙酸乙酯-水(2∶1∶4∶0.5)为洗脱剂进行洗脱，洗脱液经薄层色谱鉴定后得到4个组分，即Fr. a～Fr. d。其中，Fr. b经反复硅胶柱色谱分离，以三氯甲烷-乙醇(8∶1)洗脱后，洗脱液经薄层色谱鉴定后得到组分Fr. b1和Fr. b2。

Fr. b1再次经反复硅胶柱色谱分离，以三氯甲烷-乙醇(8∶1)洗脱后，经乙醇重结晶纯化，得到化合物A，共17 mg。Fr. b2再次经反复硅胶柱色谱分离，以三氯甲烷-乙醇(8∶1)洗脱后，经乙醇重结晶纯化，得到化合物B，共137 mg。

3.6.1.3 黄酮类化合物的结构鉴定

化合物A：浅黄色粉末，熔点185～186 ℃；薄层色谱喷氯化铝乙醇液后，紫外波长365 nm下显黄色荧光；能发生盐酸-镁粉反应和Molish反应；薄层色谱与芦丁对照品R_f值及斑点颜色一致，故该化合物鉴定为芦丁。

化合物B：黄色粉末，易溶于甲醇；薄层色谱紫外波长365nm下呈现棕色暗斑，喷氯化铝乙醇液显黄色荧光；能发生盐酸-镁粉反应和Molish反应，初步判断该化合物为黄酮苷类。甲醇溶液紫外两个最大吸收峰的波长为283 nm和364 nm，甲醇钠溶液紫外两个最大吸收峰的波长为283 nm和420 nm，且420 nm吸收峰强度下降，提示该化合物无4′-羟基。根据MS谱并结合裂解方式推断该化合物的相对分子质量为610，结合^{1}H-NMR，^{13}C-NMR谱数据推断其分子式为$C_{28}H_{34}O_{15}$。^{1}H-NMR数据和^{13}C-NMR数据及归属经与文献相对照结果基本一致，故鉴定该化合物B为橙皮苷。

3.6.2 白刺果中山柰酚与槲皮素的提取、分离与鉴定

3.6.2.1 黄酮类化合物的提取与分离

白刺果10 kg，用75%的乙醇溶液进行连续回流提取4次，每次2 h，经滤液浓缩后得到浸膏。然后采用碱溶酸沉法从浸膏中制备白刺总黄酮，再经硅胶、聚酰胺、Sephadex LH-20柱色谱分离得到化合物1～4。

3.6.2.2　黄酮类化合物的结构鉴定

在分离得到的4个化合物中，化合物1和2均为黄色针状晶体；化合物1与三氯化铁试剂反应呈现蓝色，盐酸-镁粉反应呈阳性，与氯化锶试剂反应呈阴性；化合物2与三氯化铁试剂反应呈现蓝色，盐酸-镁粉反应呈阳性，与氯化锶试剂反应为阳性。以上结果证明，化合物1和2均为黄酮类化合物，不同的是化合物1不具邻二酚羟基，化合物2具有邻二酚羟基。

聚酰胺薄层色谱鉴定结果如下：化合物1分别在氯仿：甲醇(5：4)、氯仿：甲醇(6：5)、苯：甲醇(4：1) 展开液中展开，R_f 分别为0.4、0.5、0.34。斑点在日光灯下显现黄色，紫外灯下现亮黄色荧光。化合物2分别在氯仿：甲醇(5：4)、氯仿：甲醇(6：5)、苯：甲醇(4：1)展开液中展开，R_f 分别为0.22、0.25、0.16。斑点在日光灯下显现黄色，紫外灯下现亮黄色荧光。

HPLC色谱鉴定结果如下：在保留时间3.816 min和3.997 min各出现一个单峰，分别是化合物1与化合物2的色谱峰，且附近无杂质峰干扰。化合物1的紫外最大吸收波长分别为380 nm、343 nm及236 nm；化合物2紫外最大吸收波长分别为363 nm和247 nm。

结合^{1}H-NMR和^{13}C-NMR数据以及标准品光谱数据对照结果，确定化合物1为山奈酚，化合物2为槲皮素。

参考文献

曹学丽，2005. 高速逆流色谱分离技术及应用[M]. 北京：化学工业出版社.

董彩军，李锋，2010. 黄酮类化合物的研究进展[J]. 农产品加工(学刊)，27(02)：65-69.

范涛，匡轩，王元秀，2010. 荷叶功能性饮料的制备与营养组分评价[J]. 济南大学学报(自然科学版)，24(03)：268-271.

冯涛，2003. 竹叶总黄酮提取及纯化工艺的研究[D]. 天津：天津科技大学.

侯建霞，汪云，程宏英，等，2007. 毛细管电泳检测苦荞芽中的黄酮类化合物[J]. 食品与生物技术学报，26(02)：12-15.

胡云霞，樊金玲，武涛，2014. 黄酮类化合物分类和生物活性机理[J]. 枣庄学院学报，31(02)：72-78.

李俊杰，李晓波，王梦月，2014. 多甲氧基黄酮类化合物核磁共振氢谱规律[J]. 中草药，45(07)：137-143.

李苗苗，于淑娟，2007. 黄酮类化合物现代分析方法概述[J]. 食品与发酵工业，33(07)：119-122.

李筱玲，邓寒霜，2015. 黄酮类化合物提取分离方法研究进展[J]. 陕西农业科学，61(01)：77-79，92.

李紫微，曹庸，苗建银，2019. 大豆异黄酮及其苷元的研究进展[J]. 食品工业科技，40 (20)：348-355.

刘金荣，樊莲莲，朱芸，等，2007. 维药白刺果实山柰酚与槲皮素的分离与结构鉴定[C]. 全国有机和精细化工中间体学术交流会.

刘丽霞，2013. 茶叶中6种主要儿茶素的高效液相色谱方法建立及应用[D]. 南京：南京理工大学.

刘湘，汪秋安，2010. 天然产物化学[M]. 北京：化学工业出版社.

刘一杰，薛永常，2016. 植物黄酮类化合物的研究进展[J]. 中国生物工程杂志，36(09)：81-86.

欧阳平，张高勇，康保安，2003. 类黄酮的新兴提取技术原理、应用及前景[J]. 天然产物研究与开发，15(06)：563-566.

宋林晓，邵娟娟，2020. 黄酮类化合物提取方法研究进展[J]. 粮食与油脂，33(01)：21-22.

谭佐祥，孙培松，2017. 碱提酸沉法提取水飞蓟中黄酮类物质的研究[J]. 牡丹江大学学报，26(10)：167-170.

田燕，2002. 紫外-可见光谱在黄酮类鉴定中的应用[J]. 大连医科大学学报，24(03)：213-214.

王慧，黄聪，刘思源，等，2013. HPLC 测定刺梨中杨梅素和槲皮素的含量[J]. 中国实验方剂学杂志，19(01)：109-111.

王倩，常丽新，唐红梅，2011. 黄酮类化合物的提取分离及其生物活性研究进展[J]. 华北理工大学学报(自然科学版)，33(01)：110-115.

吴继洲，孔令义，2008. 天然药物化学[M]. 北京：中国医药科技出版社.

杨彩霞，田春莲，耿健，等，2014. 黄酮类化合物抗菌作用及机制的研究进展[J]. 中国畜牧兽医，41(09)：158-162.

杨红，2004. 中药化学实用技术[M]. 北京：化学工业出版社.

张鞍灵，高锦明，王姝清，2016. 黄酮类化合物的分布及开发利用[J]. 西北林学院学报，15(01)：69-74.

张梦军，李声时，2002. 黄酮类化合物的原子电矩矢量表达及核磁共振碳谱[J]. 波谱学杂志，19(03)：293-300.

张玉，2010. 柑橘皮渣中黄酮类化合物的提取分离技术研究[D]. 重庆：西南大学.

张园园，陈晓辉，孙艳艳，等，2007. 反相高效液相色谱法测定普通鹿蹄草中的黄酮苷类成分[J]. 色谱，25(03)：367-370.

赵晓莉，岳红，2005. 黄酮类化合物分析方法概述[J]. 盐湖研究，13(02)：34-39.

赵秀玲，2010. 黄酮类化合物的研究进展[J]. 江苏调味副食品，27(05)：17-22.

郑有飞，石春红，汪本友，等，2009. 天然黄酮物质提取技术和分析方法的研究进展[J]. 分析科学学报，25(01)：102-107.

周瑶，李伟，曲欣楠，等，2014. 天然二氢查耳酮类化合物分布及生物活性研究进展[J]. 中国野生植物资源，33(06)：36-40，46.

ALI H M，ALMAGRIBI W，AL-RASHIDI M N，2015. Antiradical and reductant activities of anthocyanidins and anthocyanins，structure-activity relationship and synthesis[J]. Food Chem，194：1275-1282 .

KARTHIKEYAN C，MOORTHY N S，RAMASSMY S，et al，2015. Advances in chalcones with anticancer activities [J]. Recent Pat Anticancer Drug Discov，10(01)：97-115.

KNEKT P，KUMPULAINEN J，JARVINEN R，et al，2002. Flavonoid intake and risk of chronic diseases [J]. Am J Clin Nutr，76：560-568.

KRYCH J，GEBICKA L，2013. Catalase is inhibited by flavonoids[J]. Int J Biol Macromol，58：148-153.

LEE Y H，SHIN M C，YUN Y D，et al，2015. Synthesis of aminoalkyl-substituted aurone derivatives as acetylcholinesterase inhibitors[J]. Bioorg Med Chem，23 (01)：231-240 .

RAGAB FA，YAHYA TAA，EL-NAA MM，et al，2014. Design，synthesis and structure - activity relationship of novel semi-synthetic flavonoids as antiproliferative agents[J]. Eur J Med Chem，2(23)：506-520.

SINHA S，LOPES D H，DU Z，et al，2011. Lysine-specific molecular tweezers are broad-spectrum inhibitors of assembly and toxicity of amyloid proteins[J]. J Am Chem Soc，133 (42)：16958-16969.

TIAN SS，JIANG FS，ZHANG K，et al，2014. Flavonoids from the leaves of Carya cathayensis Sarg. inhibit vascular endothelial growth factor-induced angiogenesis[J]. Fitoterapia，92：34-40.

WANG W, HE Y, XU P, et al, 2015. Synthesis and biological evaluation of isoflavone amide derivatives with antihyperlipidemic and preadipocyte antiproliferative activities[J]. Bioorg Med Chem, 23 (15) : 442-443 .

WANG Y, CHEN S, YU O, 2011. Metabolic engineering of flavonoids in plants and microorganisms[J]. Appl Microbiol Biotechnol, 91(04): 949-956.

WINTER E, LOCATELLI C, DIPIETRO A D, et al, 2015. Recent trends of chalcones potentialities as anti-proliferative and antiresistance agents[J]. Anticancer Agent Med Chem, 15 (01): 592-604 .

第 4 章　多酚类化合物

多酚类化合物(polyphenols)是分子结构中携带多个酚羟基的植物次生代谢产物的总称，是植物源食品的重要成分，广泛存在于植物的皮、根、茎、叶和果实中，其含量仅次于纤维素、半纤维素。多酚类化合物不仅参与植物本身的生长发育，赋予植物抗紫外线、抗虫害、抗伤害等功能，还赋予花朵、果实色泽和香味。多酚类化合物与食品感官特征(如味道、收敛性和颜色等)直接相关，而且具有极强的抗氧化性和广泛的生理功能，如清除自由基、抗炎症、抗血栓等，能够有效预防心脑血管疾病。

4.1　多酚类化合物的结构类型和分类

多酚类化合物是植物中普遍存在的一类化合物，是植物在生长发育中的次生代谢产物。多酚类化合物囊括了从低分子质量的简单酚类到具有高聚合结构的单宁类化合物，目前天然存在的多酚类化合物有 8 000 多种。由于其结构的复杂性，目前并没有一种完善的分类体系。人们最初研究的植物多酚主要为单宁，单宁也称鞣质，广泛存在于植物的木材、树皮、叶子和果实中，在柿子、五倍子(植物被昆虫伤害所形成的虫瘿)、葡萄籽、花生衣、石榴皮、龙眼等中含量较高。这类化合物有着特殊的化学性质和生物活性，其最主要的特征是可与蛋白质结合形成不溶于水的沉淀，故能与生兽皮中的蛋白质结合形成致密、柔韧、不易腐蚀又难以透水的皮革，因此是皮革工业的主要加工原料，这也是多酚类化合物最早被称为鞣质的缘由。鞣质或者单宁最初是指相对分子质量在 500~3 000 的具有鞣性的多元酚类化合物，但是实际上某些相对分子质量低于 500 的多酚类化合物表现出更强的生物活性，因此在食品和医药领域中通常不以相对分子质量的大小来界定多酚类化合物，但是目前仍沿用单宁这一概念来表示多酚类化合物。按照其化学结构特征将其分为水解单宁或聚棓酸酯类和缩合单宁或聚黄烷醇类两大类。

4.1.1　水解单宁

水解单宁(hydrolysable tannin)是由酚酸和多元醇通过苷键和酯键形成的，可被酸、碱或酶催化水解。水解单宁根据其水解后生成的酚酸种类分为没食子酸单宁(或称棓单宁，gallotannin)和鞣花酸单宁(ellagitannin)，前者水解产生没食子酸，后者水解产生鞣花酸(图 4-1)。没食子酸单宁和鞣花酸单宁在自然界中分布非常广泛，其中鞣花酸单宁的分布更广，化学结构更复杂，种类也更繁多。

作为水解单宁分子核心的多元醇种类很多，有 D-葡萄糖、果糖、木糖、金缕梅糖、奎宁酸等，其中最常见的是 D-葡萄糖，因此本节重点介绍以 D-葡萄糖为核心的水解单宁。

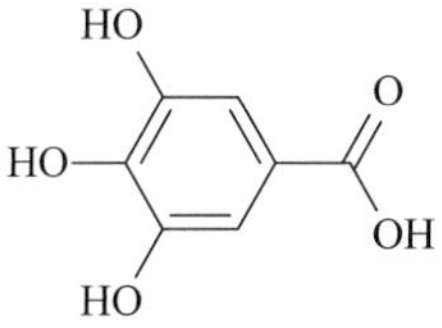

没食子酸

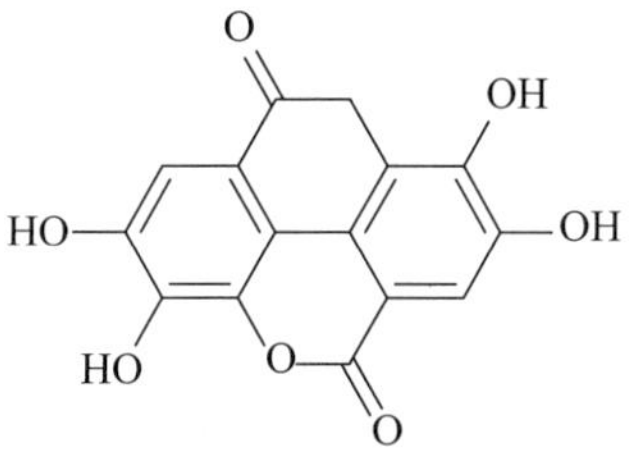

鞣花酸

图 4-1　没食子酸及鞣花酸的化学结构

4.1.1.1　没食子酸单宁

没食子酸单宁(gallotannin)所含的酚酸为没食子酸或其缩合物，前者称为简单没食子酸单宁，后者称为缩合酚酸型没食子酸单宁。没食子酸常见的缩合方式有间位缩合和对位缩合，可通过两个以上没食子酸连接成链。该类单宁的多元醇部分一般是β-D-葡萄糖。一些没食子酸单宁的结构式如图 4-2 所示。

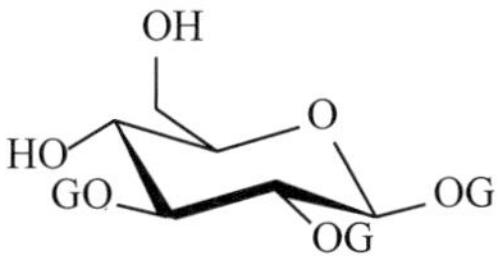

1，2，3-三-*O*-没食子酰-β-D-葡萄糖（TriGG）

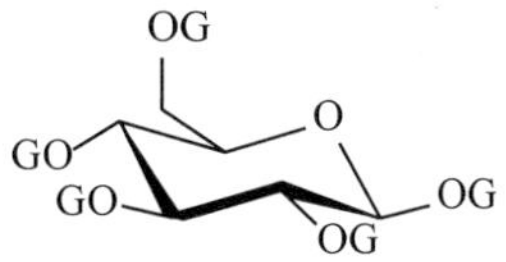

1，2，3，4，6-五-*O*-没食子酰-β -D-葡萄糖(PGG)

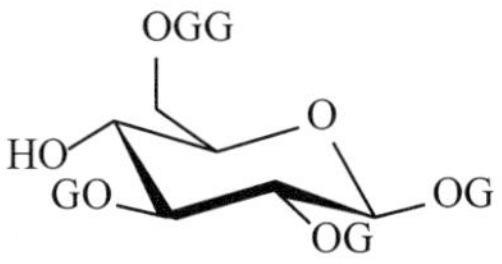

1，2，3，4，4-五-*O*-没食子酰-β -D-葡萄糖

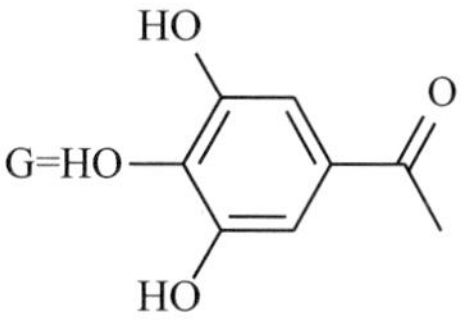

没食子酰基

图 4-2　一些没食子酸单宁的化学结构

五倍子单宁(图 4-3)是一种典型的没食子酸单宁，产于盐肤木 *Rhus chinensis* 上的虫瘿内，是许多葡萄糖没食子酸单宁的混合物，典型结构为 2-多-*O*-没食子酰基-1,3,4,6-四-*O*-没食子酰基-β-D-葡萄糖。没食子酰基平均含 3 个单位，以缩酚酸形式存在。完全水解后生成 D-葡萄糖和没食子酸。

塔拉单宁(图 4-4)又名刺云实单宁，含于塔拉 *Caesalpinia spinosa* 的豆荚内，是没食子酸和 D-奎尼酸的酯化产物，完全水解后产生奎尼酸和没食子酸，是典型的不含葡萄糖基的没食子酸单宁。

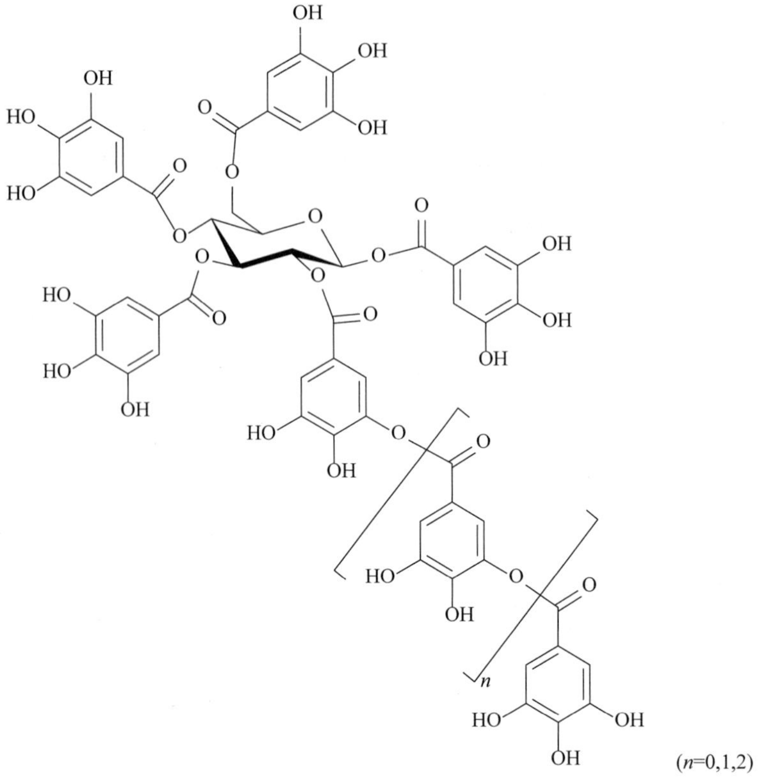

(n=0,1,2)

图 4-3 五倍子单宁化学结构

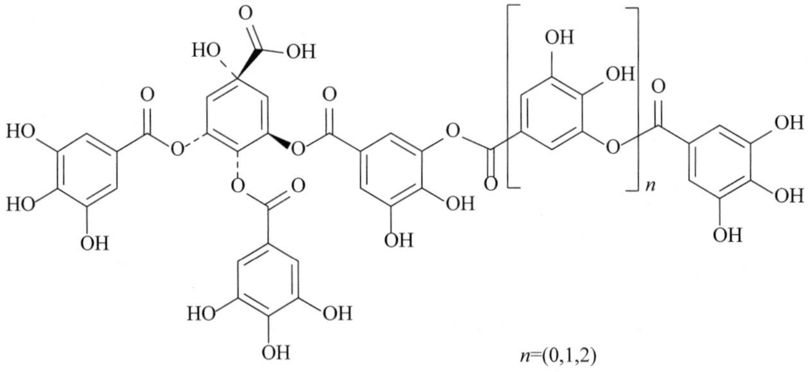

n=(0,1,2)

图 4-4 塔拉单宁化学结构

4.1.1.2 鞣花酸单宁

鞣花酸单宁(ellagitannin)在自然界分布更广，其化学结构更为复杂，种类也繁多。其水解后产生鞣花酸或与其有生源关系的多元酚羧酸，但糖环并不直接连接鞣花酸结构，最典型的一类是含六羟基联苯二甲酰基(HHDP)的结构，水解后产生 HHDP，再自动转化为鞣花酸(图 4-5)。常见的有云实素、黄棓酚、脱氢二鞣花酸、橡椀酸等。

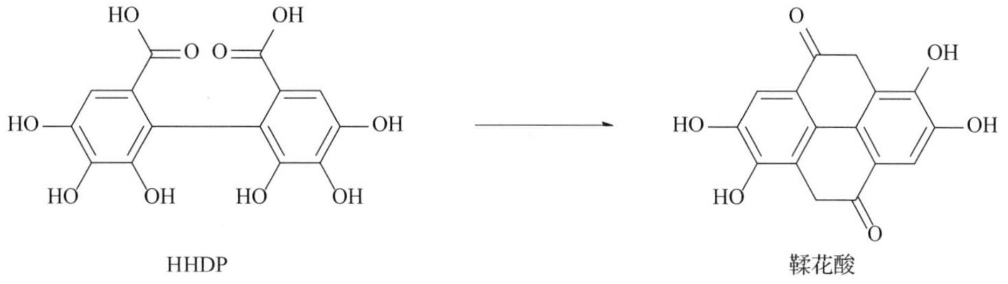

HHDP　　鞣花酸

图 4-5　HHDP 转变为鞣花酸

4.1.2　缩合单宁

缩合单宁(condensed tannin)，是由黄烷醇类化合物缩合而成具有 C_6-C_3-C_6 骨架结构。缩合单宁不能被水解，在热酸处理下经氧化裂解可产生花青素，所以该类物质又称为原花青素。按照黄烷醇的单元数目，此类多酚又可以分为黄烷醇单体及其聚合体。黄烷醇单体是缩合单宁的前身化合物，包括黄烷-3-醇、黄烷-4-醇及黄烷-3,4-二醇(图 4-6)。一般习惯上将相对分子质量为 500~3 000 的聚合体称为缩合单宁。

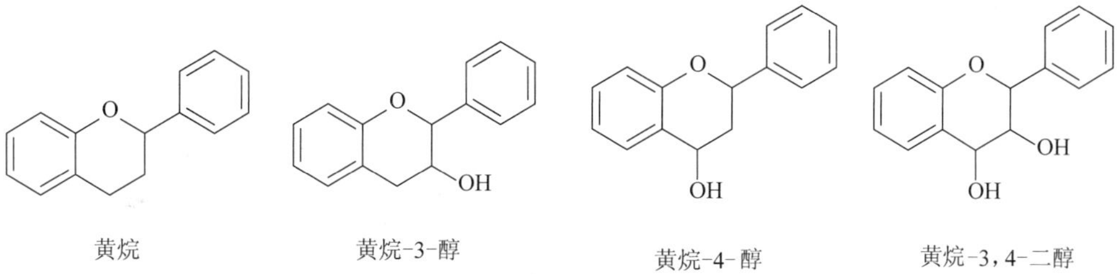

黄烷　　黄烷-3-醇　　黄烷-4-醇　　黄烷-3,4-二醇

图 4-6　黄烷类化学结构

4.1.2.1　单体黄烷

组成缩合单宁最重要的单元是黄烷-3-醇，其中最常见的化合物是儿茶素(catechin)，根据其 C 环 2，3 位的构型不同，形成 4 个立体异构体(图 4-7)。如果 B 环含有 3 个羟基，称为棓儿茶素类，也是组成缩合单宁的重要单元，如图 4-8 所示。此外，黄烷-3-醇结构中的 3 位羟基还可与没食子酸成酯，也是组成缩合单宁的主要构成单元。组成缩合单宁的单体除了黄烷-3-醇外，自然界中还存在黄烷-3,4-二醇，如单体原花青定、单体原刺槐定等(图 4-9)。

茶多酚是茶类饮品和保健食品中所含有的具有重要生理活性的物质。茶多酚在茶叶中含量很高，占茶叶干物质的 15%~30%。茶多酚由 30 多种含酚羟基的物质组成，主要包括黄烷醇类(儿茶素类)、花色素类(花白素和花青素)、花黄素类(黄酮及黄酮醇类)、酚酸及缩酚酸类。儿茶素是茶多酚中的主要成分，茶叶中常见的儿茶素有 4 种

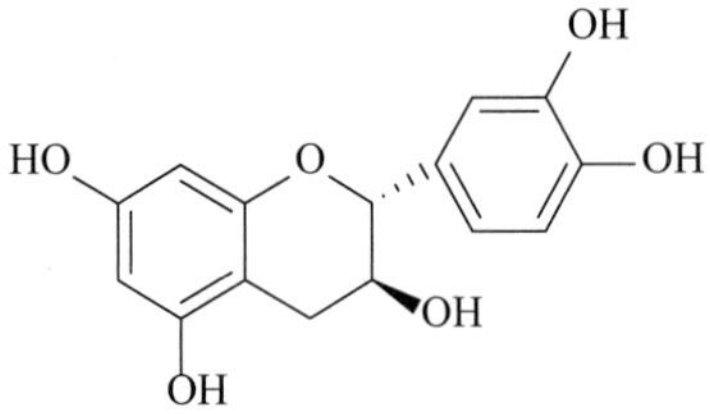

(+) -儿茶素 (2*R*, 3*S*)

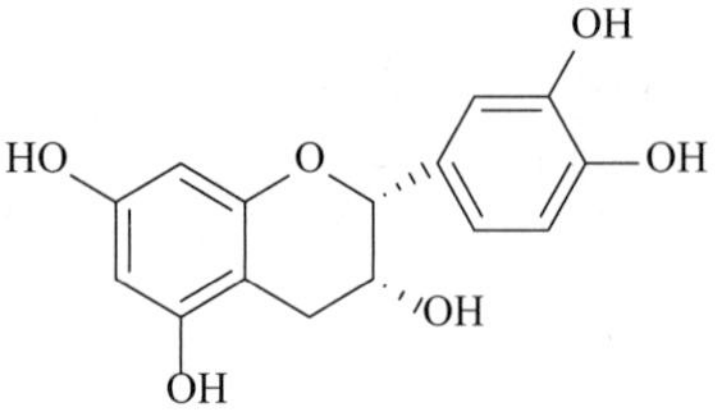

(−)-表儿茶素 (2*R*, 3*S*)

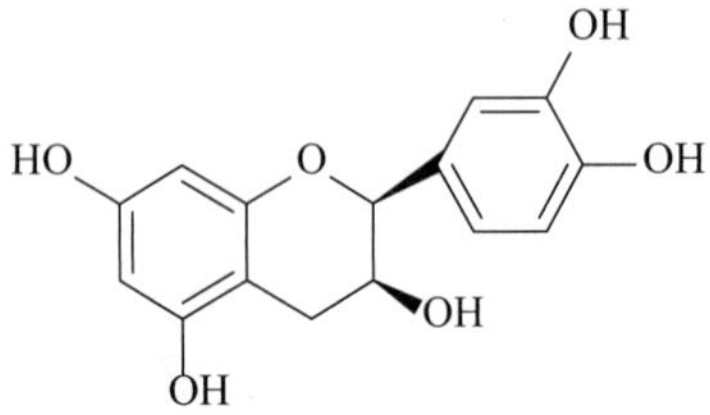

(+)-表儿茶素 (2*R*, 3*S*)

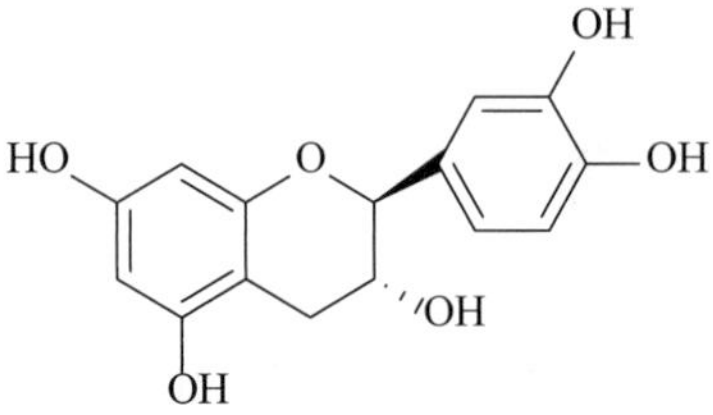

(−)-儿茶素 (2*R*, 3*S*)

图 4-7　儿茶素类化学结构

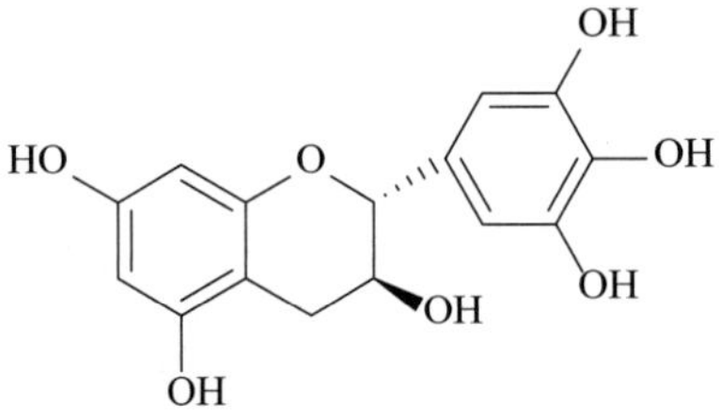

(+)-棓儿茶素 (2*R*, 3*S*)

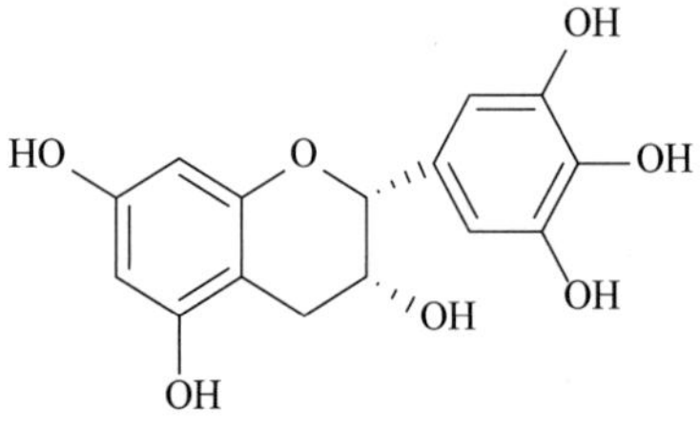

(-)-表棓儿茶素 (2*R*, 3*S*)

图 4-8　棓儿茶素化学结构

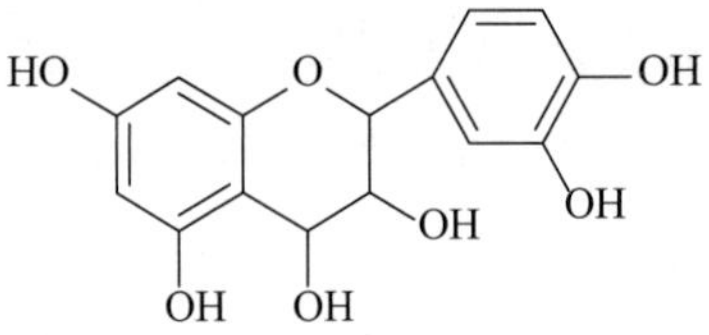

单体原花青定

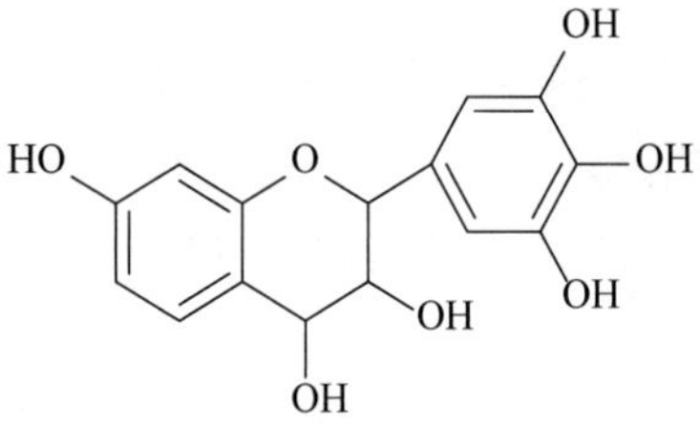

单体原刺槐定

图 4-9　单体原花青定、单体原刺槐定的化学结构

(图 4-10)：(-)-表儿茶素(epicatechin, EC)、(-)-表没食子儿茶素(epigallocatechin, EGC)、(-)-表儿茶素没食子酸酯(epicatechin gallate, ECG)、(-)-表没食子酸儿茶素没食子酸酯(epigallocatechin gallate, EGCG)。茶叶中除了这 4 种儿茶素，还有(+)-儿茶素(catechin, C)及(+)-没食子儿茶素(gallocatechin, GC)。其中，EGCG 为最主要的

儿茶素类化合物，占茶多酚的 40%～50%。儿茶素主要来源于茶叶，新鲜的绿茶中 EGCG 的含量最高，其他茶叶中由于茶多酚的氧化而使其转变为茶黄素和茶红素，使 EGCG 含量较绿茶低。

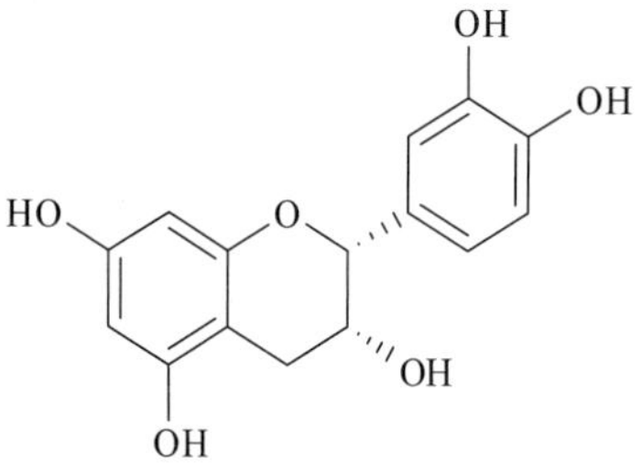

EC 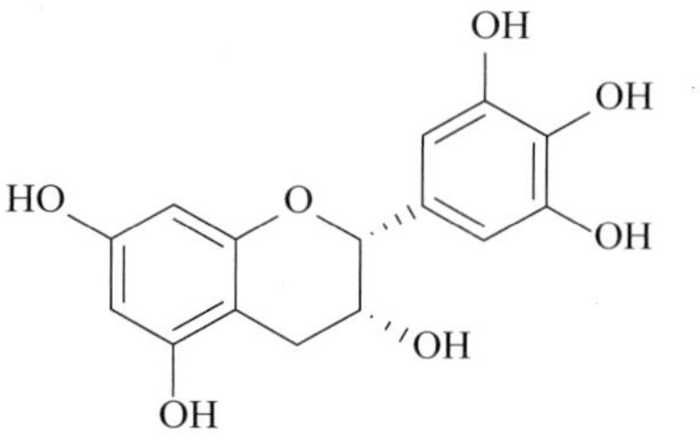　EGC

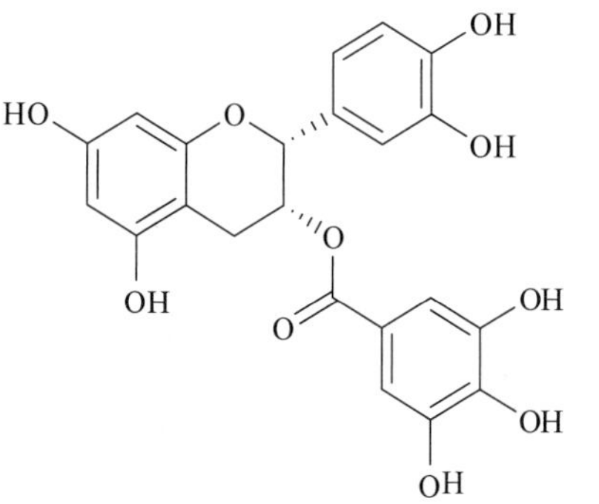

ECG 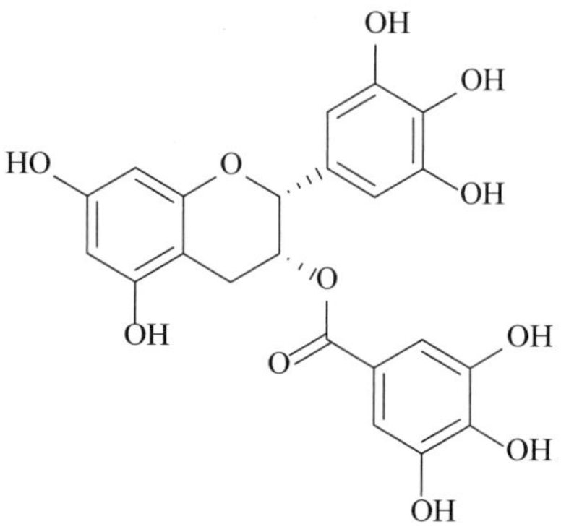　EGCG

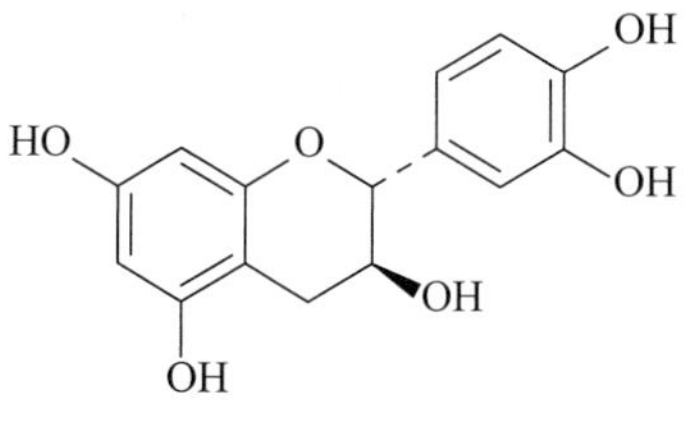

C 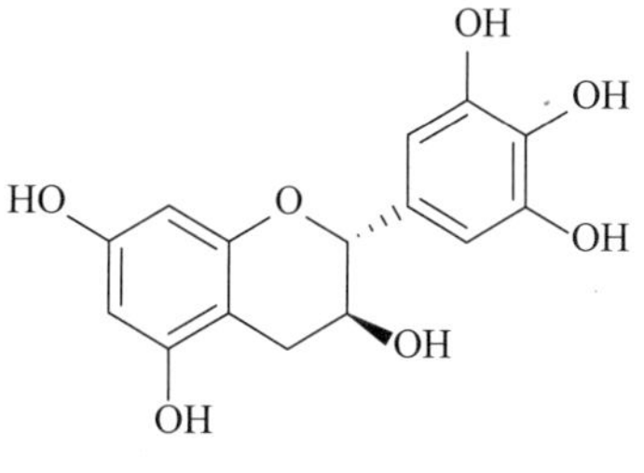　GC

图 4-10　茶叶中 6 种儿茶素的化学结构

4.1.2.2　原花青素

原花青素(proantho cyanidins)(图 4-11)最早在可可豆中发现，在果汁中也普遍存在，又称为无色花青素，一般指从植物中分离得到的一切无色的，在热酸中处理下能产生花青素(如牵牛花色素、飞燕草色素、天竺葵色素等)的物质，其基本结构单元是黄烷-3-醇或黄烷-3,4-二醇通过 $C_4 \rightarrow C_8$ 或 $C_4 \rightarrow C_6$ 键缩合而形成的二聚物、三聚物或多聚物。

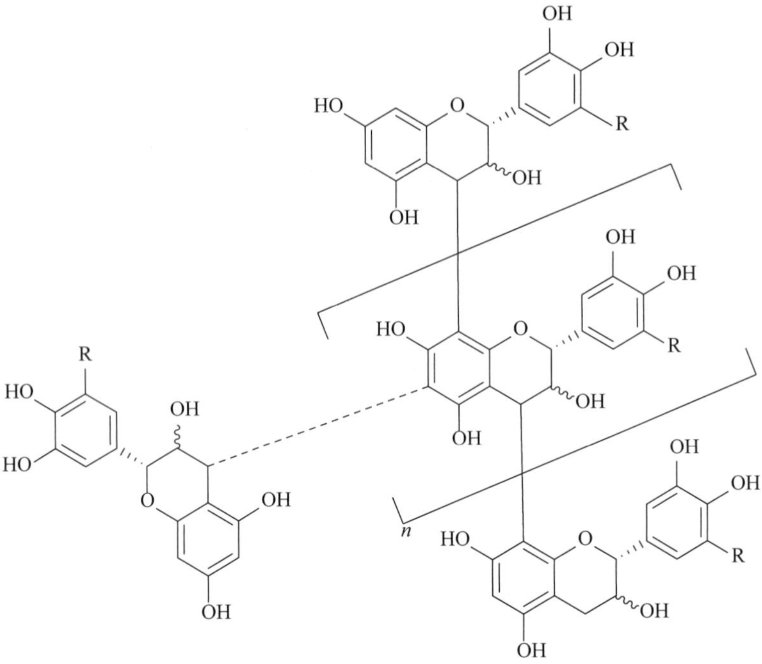

图 4-11 原花青素化学结构

二聚原花青素是分布最广、数量最多的原花青素，含于许多植物体内。葡萄籽中存在的二聚原花青素现已鉴定出的有 8 种，分别是原花青素 B_1 ~ B_8（图 4-12）。二聚原花青素可继续与黄烷-3,4-二醇发生缩合，生成聚合原花青素。

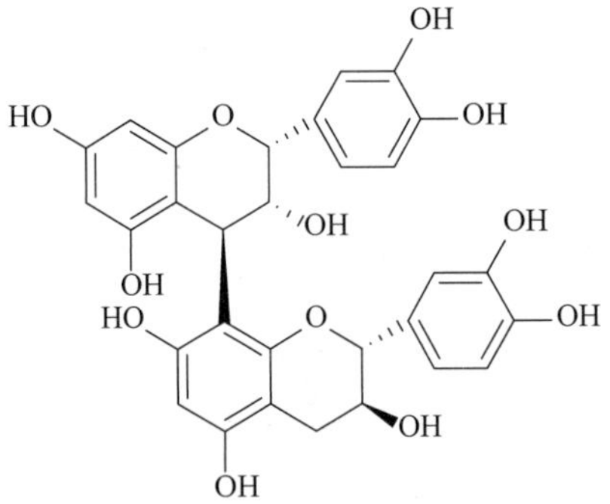

原花青素 B_1

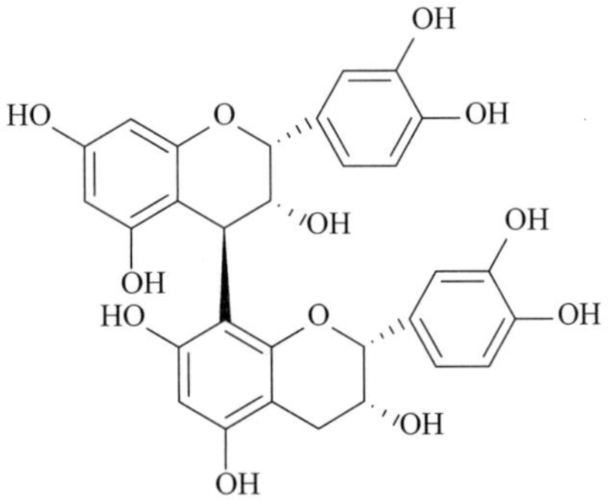

原花青素 B_2

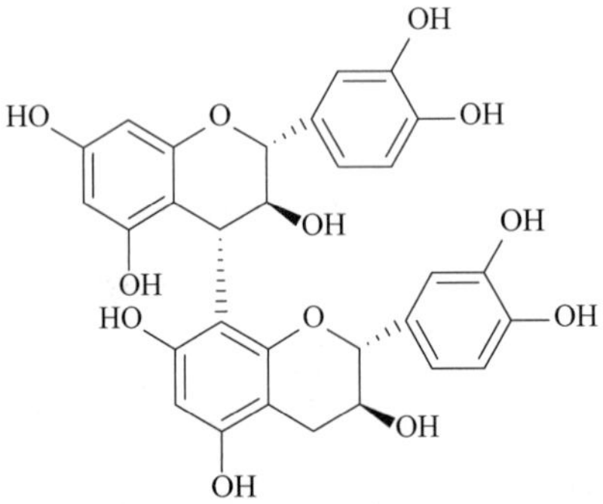

原花青素 B_3

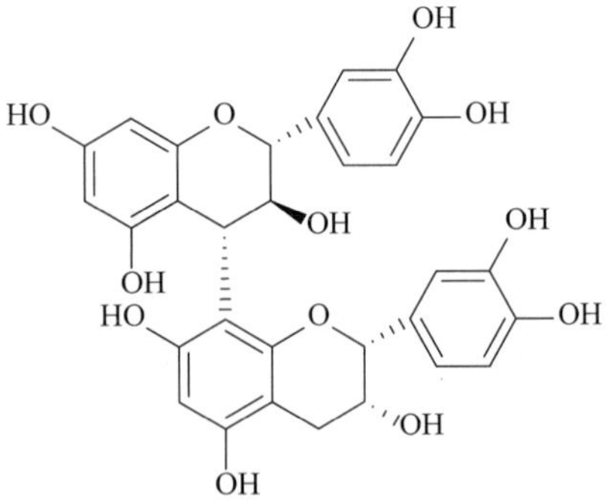

原花青素 B_4

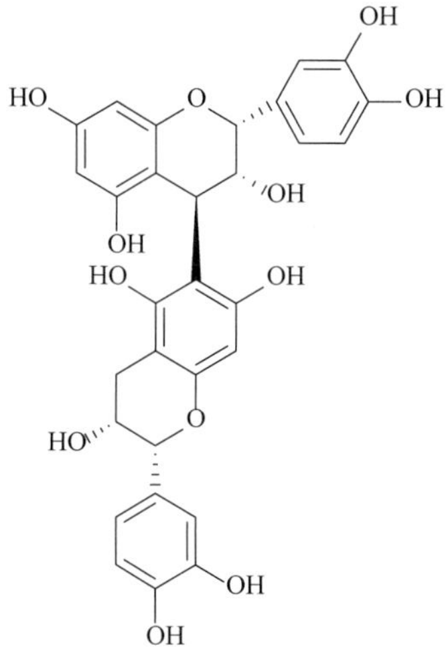

原花青素 B_5

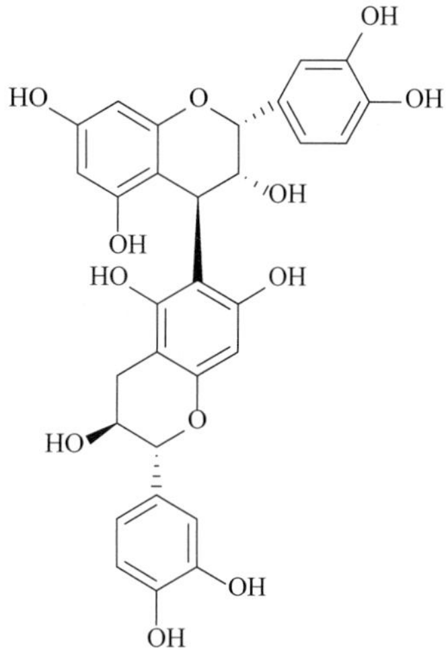

原花青素 B_6

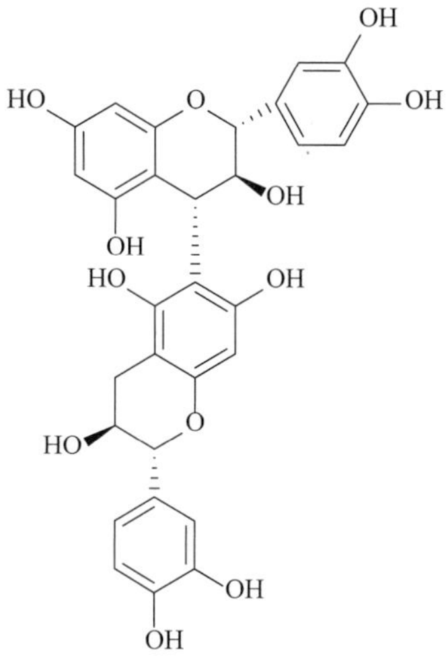

原花青素 B_7

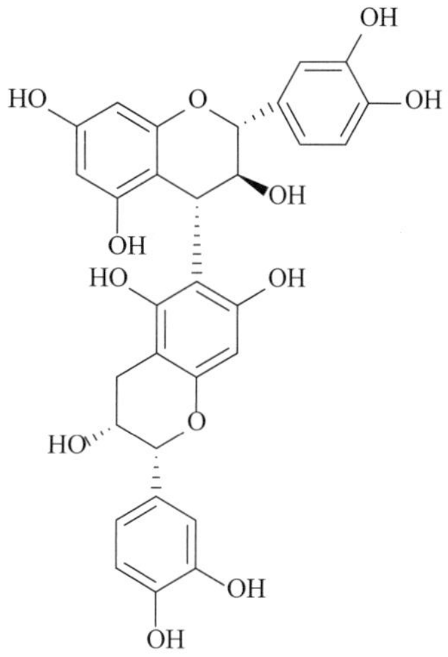

原花青素 B_8

图 4-12　原花青素 B_1 ~ B_8 的化学结构

4.2　多酚类化合物的理化性质

4.2.1　一般性状

儿茶素在常温下多为无色结晶性固体，而其他多酚类化合物大多数为无定形松散粉末，只有少数能形成晶体。由于具有较多酚羟基，多酚类化合物在空气中容易被氧化变色，有强吸湿性。通常很难获得无色单体，多呈米黄色、棕色甚至褐色。

4.2.2　酸性和溶解性

多酚类化合物因含有较多酚羟基，其水溶液显弱酸性。同时，因多个酚羟基的存在具有较强极性，多酚类化合可溶于水、乙醇、丙酮等强极性溶剂中，水溶液有涩味，也可溶于乙酸乙酯、乙醚等中等极性溶剂中，几乎不溶于石油醚、氯仿。

4.2.3 沉淀反应

4.2.3.1 多酚类化合物与蛋白质的反应

植物多酚与蛋白质的结合反应是其最重要的化学特征，二者的结合是一个复杂的可逆反应。单宁最初的定义就是来自于它具有沉淀蛋白质的能力，多酚与口腔唾液蛋白质结合，可以使人感觉到涩味，因此多酚的这个性质又称为涩性或收敛性。多酚的这种涩性可以使植物免于受到动物的嗜食和微生物的腐蚀，是植物的一种自我防御机制。

现在普遍接受的观点是植物多酚以疏水键和多点氢键与蛋白质相结合的反应理论，二者的分子结构、结合方式和复合物的稳定性是结合反应的决定因素。多酚与蛋白质的相互作用可以改变食品中蛋白质的功能特性，进而影响蛋白质的溶解度。

多酚与蛋白质的结合在某些外界因素(如氧、金属离子和酸)的影响下，可能使接近的两个分子产生共价键连接，形成不可逆结合。这种不可逆结合广泛存在于自然界，如水果和水果汁及茶叶和可可加工过程中的酶促褐变和非酶促褐变；红葡萄酒陈放过程中色泽和涩味的变化；啤酒中永久浑浊的形成等。

4.2.3.2 多酚类化合物与生物碱、多糖、花色苷的反应

多酚类化合物还可以与生物碱、多糖、花色苷及磷脂、核酸等多种天然化合物发生复合。这些反应属于分子识别的结合机制，要求多酚与各种底物(生物碱、多糖、花色苷及磷脂、核酸)在结构上互相适应和吻合，通过氢键-疏水键形成复合物，一般为可逆反应。

多酚能与多种生物碱生成不溶于水或难溶于水的沉淀，因此可作为检识生物碱的沉淀试剂。该沉淀反应也是定性鉴定多酚的一种方法，反应为可逆反应。生物碱可以与蛋白质竞争对多酚的结合，用生物碱可以解析很多蛋白质-多酚沉淀结合物，使蛋白质在保持活性的条件下再生。

多酚可以与不同的碳水化合物(如膳食纤维、果胶、纤维素等)发生相互作用，这种相互作用对多酚类化合物的生物利用度非常重要。碳水化合物捕获了多酚类化合物到自身的结构中，输送其到结肠中，在结肠里通过不同的酶和微生物的作用释放多酚类化合物，释放出来的多酚类化合物可以在结肠中被利用并且被肠道中的微生物代谢，这些代谢产物对人体有不同的积极作用。

花色苷是一种天然的色素，是花瓣具有鲜艳颜色的原因，其通常在强酸介质中才能保持稳定，但花瓣细胞正常情况下只显弱酸性，不足以保持花色苷的稳定而形成稳定的颜色。多酚通过与花色苷形成分子复合物，使花色苷稳定性提高，这种复合作用使花色苷对光的吸收在可见光区发生明显红移，吸光系数也增大，这就是多酚的辅色作用。

4.2.3.3 与金属离子的络合作用

多酚类化合物中多个邻位酚羟基可以作为一种多基配体与金属离子发生络合反应，

形成稳定的五元环螯合物。由于植物多酚配位基团多、络合能力强、络合物稳定，大部分金属离子与多酚络合后都形成沉淀，尤其是单宁，其络合能力较小分子酚高很多。上述络合沉淀反应可用于多酚类化合物的提取、分离或“除鞣”。络合后的多酚往往在颜色上有很大改变，这一特性可以用于多酚的定性、定量检测。

4.2.4　抗氧化性

酚羟基的还原性是植物多酚的共性之一。多酚的抗氧化性主要通过以下几种途径：① 多酚分子含有多个酚羟基，这些酚羟基可以作为氢供体，一是可以直接清除多种活性氧，二是对活性氧等自由基有较强的捕捉力，可以生成活性较低的多酚自由基，中止自由基氧化的链反应。② 多酚可以络合金属离子，金属离子是自由基生成及氧化链反应的催化剂，多酚通过络合金属离子，阻止了该反应的进行。③ 多酚对大多数酶有抑制性，酶是生物体内氧化过程的催化剂，多酚通过抑制酶的活性从而抑制氧化过程的发生。

现代医学证明，很多疾病如心脑血管疾病、癌症等都与生物体内过剩的自由基有关，另外，机体组织器官老化、衰老也都和生物体内自由基的增多有关。多酚类化合物通过清除自由基来限制生物体的氧化性损伤，减缓组织器官的衰老，从而达到预防相关疾病的目的。例如，葡萄(包括葡萄皮、葡萄籽)及葡萄酒中富含单宁、黄酮、花色苷类、儿茶素类等多酚类物质，其对自由基有较好的清除能力，还可以抑制低密度脂蛋白的氧化，能够降低血液中的胆固醇，抑制血小板的聚集，预防心脑血管疾病。

4.3　多酚类化合物的典型定量检测方法

多酚类化合物的各种定量方法均与其性质密切相关，大致可分为三大类：化学分析法、蛋白质结合法、物理测定法。化学分析法和蛋白质结合法是以多酚的各种化学反应，如金属络合、显色、还原、降解及蛋白质结合为基础的。本节主要介绍应用较为普遍的几种测定方法。

4.3.1　福林-酚法

福林-酚法(Folin-Ciocalteu assay，FC)是定量测定多酚含量的经典方法。在碱性溶液中多酚能够将钨钼酸还原生成蓝色化合物(使 W^{6+} 还原为 W^{5+})，其颜色的深浅与多酚含量正相关，该蓝色化合物在 760 nm 处有最大吸收。可以采用没食子酸为标准品做标准曲线。此法测定的是试样中总酚的含量，单宁、低分子多酚、简单酚、带酚羟基的氨基酸及蛋白质和抗坏血酸等易被氧化的物质均被测出。

4.3.2　普鲁士蓝法

普鲁士蓝法(Prussian blue assay，PB)在多酚含量测定中应用也比较广泛。在酸性介质中多酚类物质能将三价铁离子(Fe^{3+})还原成二价铁离子(Fe^{2+})，后者与铁氰化钾反应生成深蓝色配位化合物。该化合物在695 nm 处有最大吸收。可以采用多酚纯品或没食子酸为标准品做标准曲线。与福林-酚法相比，该方法在测定过程中非酚类物质的干扰较小，但测定的是总酚含量。

4.3.3 高锰酸钾法

此法测定是总酚的含量。酚类物质在有靛蓝及稀酸存在时以高锰酸钾溶液进行滴定，多酚被高锰酸钾氧化，到达滴定终点时，指示剂靛蓝由蓝色转变为黄色，将测得的总氧化物量换算成多酚的量。

4.3.4 酒石酸亚铁法

此法测定的是邻位酚羟基的多酚的含量。二羟基酚和三羟基酚在一定 pH 值范围内的缓冲溶液中(6.4~8.3)，能与加入的酒石酸亚铁形成蓝紫色的络合物，在 545 nm 处有最大吸收，在一定的浓度范围内，溶液的吸光度与多酚浓度呈线性关系，通常可测定20~300 mg/kg 的多酚含量。

4.3.5 锌离子络合滴定法

此法测定的是单宁的含量，因此具有较好的选择性。以过量的乙酸锌为络合沉淀剂加入到样品溶液中，在 pH 值为 10 条件下反应 30 min，溶液内多余的锌离子用 EDTA 来滴定。

4.3.6 香草醛-盐酸法

此法测定的是具有间苯三酚 A 环的黄烷醇和原花青素的含量，但不能区分单体和聚合体。其测定原理是具有 5,7-二羟基 A 环型的多酚与香草醛-盐酸溶液作用产生红色，通过比色法对其含量进行测定。

4.3.7 正丁醇-盐酸法

此法测定的是原花青素(缩合单宁)的含量。原花色素与正丁醇-盐酸(95∶5)溶液反应，生成蓝紫色物质，在 545 nm 下有最大吸收。

4.3.8 亚硝酸法

此法专门测定试样中 HHDP 的含量，其测定原理是亚硝酸钠与 HHDP 在甲醇-乙酸溶液中产生蓝色络合物，在 600 nm 处有最大吸收。

上述经典定量测定方法中，福林-酚法、普鲁士蓝法和高锰酸钾法都是利用酚类物质的还原性，对总酚含量进行测定。而福林-酚法和普鲁士蓝法都是利用分光光度法或比色法进行测定，具有灵敏、快速、和高重现性等特点，适宜于微量测定，二者所测得的数据之间具有高度的一致性。高锰酸钾法采用的是滴定方法，与福林-酚法和普鲁士蓝法相比，灵敏度较低。金属络合法对酚类物质的选择性比还原性好，蛋白质和抗坏血酸均不影响测定，但是酚的结构对金属离子与酚的反应有较大影响，灵敏度较差。香草醛-盐酸法和正丁醇-盐酸法专门用于样品中黄烷醇类多酚的定量测定，两类方法均采用分光光度法进行测定，具有灵敏、专一和简单快速等特点，可用于微量测定。由于大多数豆类、谷物、茶叶、葡萄中的多酚都以黄烷醇类为主，因此这两种方法在食品中多酚含量的测定中具有重要意义。

4.4　多酚类化合物的提取分离

4.4.1　多酚类化合物的提取

多酚类物质含有多个酚羟基，与金属离子(如铁、锡等)易生成缩合物而不易提出，故提取容器应为玻璃或不锈钢制成。多酚类物质对酸、碱及热等均不稳定，故在提取过程中应避免使用酸和碱，同时提取温度应控制在50℃以下，一般采用冷浸法提取。此外，要尽可能采用新鲜植物原料，提取前可采用短时间(2~5 min)的水蒸气加热，使样品中的多酚氧化酶失活。若要短期贮存原料，可采用快速干燥法干燥，最好是冷冻干燥。从植物原料中提取多酚通常采用溶剂提取法，同时使用超声波或微波进行辅助提取。多酚类化合物由于具有多个酚羟基，具有很强的极性，因此水是其优良的溶剂，但并非适合的提取溶剂，因为多酚在植物体内通常与蛋白质、多糖以氢键和疏水键形式形成稳定的分子复合物。提取多酚类的溶剂要求不仅具有较好的溶解性，还需要有氢键断裂作用，因此有机溶剂(占50%~70%)和水的复合体系最为适合，通常选用丙酮-水体系。

4.4.2　多酚类化合物的分离纯化

4.4.2.1　溶剂法

分离多酚的溶剂以乙酸乙酯效果较好。通常将含有多酚的水溶液先用乙醚等低极性溶剂萃取，去除低极性成分，然后再用乙酸乙酯提取得到较纯的多酚。

4.4.2.2　沉淀法

利用多酚与沉淀试剂结合生成沉淀，可以将多酚进一步分离纯化。常用的沉淀试剂主要包括乙酸铅、碳酸铅、氢氧化铜、氢氧化铝，具体方法是将沉淀试剂分批加入多酚水溶液中，弃去最初和最后的沉淀，取中间部分沉淀，用水洗涤后悬浮于水中，通入硫化氢气体，滤除金属硫化物沉淀。此外，还可以利用蛋白质与多酚相结合的性质来进行分离，可向含多酚的水溶液中分批加入明胶溶液，滤取沉淀，用丙酮回流获得多酚。

4.4.2.3　色谱法

(1)薄层色谱

薄层色谱常用于多酚化合物的检识，也可用于多酚的少量分离纯化制备。常用的薄层色谱主要包括硅胶色谱、纤维素色谱。对于简单的多酚，可使用聚酰胺色谱，但是大多数多酚可与聚酰胺形成不可逆吸附而不适用。硅胶色谱常用的展开系统为苯-乙酸乙酯-甲酸，因为多酚具有一定的酸性，所以展开剂中常加入微量的酸。分离不同类型和不同相对分子质量的多酚，展开系统的比例也不同，如分离三聚体以下的缩合单宁可用 2∶7∶1；分离三聚体以上、六聚体以下的缩合单宁可用 1∶7∶1。

(2)高效液相色谱(HPLC)

HPLC 可用于分离高聚体多酚化合物，可使用正相 HPLC 或反相 HPLC。分离多酚的正相 HPLC 柱常用 Zorbax SIL 或 TSK gel Silica 60 为填料，用正己烷-甲醇-四氢呋喃-甲酸为流动相，可将不同聚合度的多酚逐个分离开来，但不同类型的二聚体无法分开。反相 HPLC 柱常用 Nuceosil5 C18 为填料，以乙腈-水(加适量磷酸)为流动相，可用于分离不同类型的二聚体。

(3)凝胶柱色谱

凝胶柱色谱可用于分离大量的多酚类化合物，常用柱填料主要包括葡聚糖凝胶 Sephadex LH-20 和聚苯乙酰凝胶(如 MCI-gel CHP 20P)及纤维素等。MCI-gel CHP 20P 是粗分除杂常用的一种吸附剂，洗脱溶剂为甲醇-水系统。一般先用该柱将样品粗分为几个部分，然后再用 Sephadex LH-20 柱细分。Sephadex LH-20 不仅具有分子筛作用，同时还对含有酚羟基的化合物具有一定的吸附作用，根据所使用的不同洗脱剂可分为正相和反相两种类型。正相型所使用的洗脱剂常用氯仿-甲醇系统；反相型常用甲醇-水-丙酮洗脱系统。

4.5 多酚类化合物的结构鉴定

多酚类化合物种类比较多，不同的化合物其结构鉴定方法也不同，主要有紫外光谱法、红外光谱法、质谱法、核磁共振、圆二色谱法等。

4.5.1 紫外光谱(UV)

利用分子的紫外光谱特征可以推测水解单宁的结构骨架和单元。水解单宁由于存在苯环与羰基的共轭结构，所以在它们各自的紫外区域会出现较强的紫外吸收，一般主要特征吸收峰有两个，分别在波长 205~224 nm 和 260~283 nm 范围内，其中 205~224 nm 处的吸收峰为最大吸收峰。

4.5.2 红外光谱(IR)

红外光谱可以判断单宁的类型及缩合单宁的结构单元组成。单宁分子中含有芳香环、酯键、羟基，是单宁结构的三大主要特征，个别化合物含有羰基、醚键等，这些特征结构在红外光谱中都有特征吸收峰。以 KBr 压片进行测定时，羟基在 3 400 cm^{-1} 处呈现强吸收峰；芳香环在 1 620~1 420 cm^{-1} 范围内出现 3 个特征吸收峰；酯羰基在 1 740~1 710 cm^{-1} 范围呈现吸收峰，如果含有多个羰基，吸收峰变强变宽，且有分叉现象。这几组峰对于鉴别水解单宁及推测新的结构类型很有作用。

4.5.3 质谱(MS)

质谱分析可以得到单宁的分子离子峰以及一些特征碎片离子峰。单宁的质谱分析，分子离子峰一般较弱，因为水解单宁易发生酯键的断裂。快速原子轰击质谱(FAB-MS)特别适合相对分子质量在1 900以下的水解单宁和缩合单宁的鉴别，为水解单宁的相对分子质量确定提供了有效的手段。电喷雾质谱(EIS-MS)是目前用于单宁结构鉴定的常用技术，其是一种大气压电离技术，可与高效液相色谱联用。作为一种软离子化技术，电喷雾质谱可以得到准分子离子，碎片少，可以直接根据分子离子定性，主要适合相对分子质量在2 300以下的单宁的鉴别，同时非常适用于多酚类物质的检测。基质辅助激光解析串联飞行时间质谱仪(MALDI-TOF-MS)是一种新型技术，具有灵敏度高、准确度高及分辨率高等特点，其为单宁结构的鉴定也能提供很多信息，在多酚类物质分析检测中的作用也越来越重要。

质谱虽然能够提供分子组成与相对分子质量的信息，但分子结构的连接方式只能用核磁共振(NMR)来解决。

4.5.4 核磁共振(NMR)

NMR技术在单宁化学的研究中起着关键性的作用，单宁多元酚的结构和数量主要靠^{13}C-NMR谱识别，单宁中各种取代基的类型和数量主要靠^{1}H-NMR谱识别。

4.5.4.1 水解单宁

水解单宁由多元醇与酚酸两部分构成，其波谱学特征比较简单。确定水解单宁结构的重点在于确定酚酸和其衍生物的种类、数目和葡萄糖上的酰化位置及糖基的构型。

^{13}C-NMR谱可以为单宁结构的确定提供丰富的信息。酰基上羰基碳的信号一般出现在160~170之间，在143~148、135~139之间会分别出现两组信号，没食子酰基上含氢的碳出现在110左右，而六羟基联苯二甲酰基(HHDP)相应的碳出现在106~109之间，后者的“桥”碳一般出现在112~116之间。虽然没食子酰基酯化的位置对葡萄糖母核碳信号的改变各不相同，但一般的酰基化位移规律仍然很有用，即α-C信号向低场位移0.2~1.2，β-C信号向高场位移1.4~2.8，δ-C和γ-C信号几乎不受影响。葡萄糖母核的C_1与C_2之间互相影响，羟基上的取代基对C_1的化学位移有明显影响，与C_2未取代的化合物相比，C_1的化学位移向高场移动1.4~2.8。反之，当C_1上的羟基被没食子酰基酯化后，因为端基异构体(α-和β-)在空间位置不同，对C_2化学位移的影响也会明显不同。所以，可以根据C_2位化学位移的不同判断葡萄糖C_1的构型。同理，可根据C_1的化学位移及1α-C和1 β-C的差值来推测C_2的取代基类型。

^{1}H-NMR谱可以识别单宁中各种取代基的类型和数量，在^{1}H-NMR谱中，没食子酰基的双质子单峰一般出现在7.0~7.2之间的芳香区，六羟基联苯二甲酰基的质子峰一般出现在6.4~6.9之间，而酰化葡萄糖的质子峰在3.9~5.8之间的脂肪区。根据这些氢核之间的自旋偶合特征以及2DDOF-COSY谱中氢核之间的连接关系，葡萄糖单元中的各个氢的具体位置就可以得到确定。当C_1的构型为β-类时，C_1至C_5上的氢都处

于直立键，且与相邻的氢原子互成反式，因此它们之间具有较大的偶合常数(5~10 Hz)；当 C_1 的构型为 α-类时，它们之间的偶合常数一般为 0~2 Hz。现有研究表明，绝大多数水解单宁中的葡萄糖单元是以 β-吡喃环的形式存在的。

4.5.4.2 缩合单宁

常见的缩合单宁由 3 个环组成，A 环与 B 环在核磁共振谱的不饱和区，B 环在更低场，C 环在核磁共振谱的饱和区。A 环和 B 环的质子信号出现在 6.0~7.8，碳信号在 96~160 之间；C 环的质子信号和碳信号分别在 2.6~5.5 和 25~85。当两个单体连接形成二聚体时，连接在 C_6 上时，B 环上的氢信号不会发生大的位移，连接在 C_8 上时，B 环上的氢信号会移向低场。

由 H-HCOSY 谱图及偶合常数可以推断各芳环取代情况及 C 环 2,3-位的顺反构型。另外，根据位移值最高的 C_4 个数可以判断聚合度，然后以每个 C_4 为切入点进行远程相关分析，可以得出各黄烷结构单位的信号组及其连接方式。两个单位间的连接构型有一定规律，如 C_4 连接键总是与上一个单位的 C_3 羟基成反式。

4.5.5 圆二色谱技术(CD)

单宁的绝对构型需要圆二色谱测试。鞣花酸单宁由于空间位阻的关系，鞣花酸及其衍生物存在 *R*-构型和 *S*-构型；缩合单宁中黄烷醇的 4 位存在 α-构型、β-构型，确定它们构型的最有效方法就是圆二色谱分析。鞣花酸单宁为 *R*-构型时，在 235 nm 处呈现负 Cotton 峰，同时在 265 nm 处呈现正的 Cotton 峰；*S*-构型时则相反。若分子中既有 *R*-构型，又有 *S*-构型，则 Cotton 曲线基本抵消。缩合单宁如果为 4α-构型，在 210~240 nm 处有负 Cotton 峰；若为 4β-构型，则出现正峰。

4.6 多酚类化合物在食品领域中的应用

4.6.1 植物多酚对食品风味的影响

食品的风味包括口味、香味及对食品的视觉和触觉。植物多酚一般不属于挥发性物质，它对于食品风味的影响主要是通过味觉和视觉两方面起作用。这种作用存在对风味有利、有弊。

多酚是食品中主要的涩味来源，一定量的涩味对形成食品风味是必需的。涩味可以促进口腔对其他味觉的感受能力，可以促进食欲。特别是对于多种饮料，如茶、葡萄酒、啤酒、咖啡，涩味对于其产品独特口感的形成起到不可取代的作用。但是高含量的单宁会对食品风味造成不良影响，如未成熟的柿子、苹果、香蕉就因典型的涩味不受欢迎。如何使水果脱涩、如何选育低单宁含量的水果和谷物品种一直是农业科学研究的重要课题。

天然存在的植物多酚颜色通常很浅，其很容易被氧氧化，特别是在多酚氧化酶的作用下，氧化偶合成红棕色或褐色的醌类产物，成为食品色素中的一部分，令其色泽发生改变。正因为多酚的氧化反应，才得到红茶漂亮的色泽，这是对食物色泽有利的一面。

不利的一面在于多酚的氧化是食物发生褐变的一个主要原因，如切开的苹果、土豆很快发黄发黑。如果体系中有少量 Fe^{3+} 、Al^{3+} 等金属离子，多酚可与之形成有色的螯合物沉淀，对食品的色泽产生极大的损害，多见于罐头食品。

4.6.2 植物多酚与茶

茶最早起源于我国，深受广大消费者的喜爱。茶独特的风味可以分为茶香、苦味和涩味。其中的涩味主要来源于多酚。茶多酚是茶类饮品和保健食品中所含有的具有重要生理活性的物质。茶多酚在茶叶中含量很高，占茶叶干物质的 15%～30%。茶的生产过程即是多酚发生各类化学变化的过程。不同品种的茶叶、不同的加工方法使茶叶中多酚含量发生变化，从而决定茶的味感。一般来说，绿茶的多酚含量较多，涩味较重，红茶由于茶叶经过发酵后，多酚发生氧化，涩味较弱。

绿茶不经过发酵，其主要成分仍然保持鲜叶中原有的状态。绿茶的制作工艺第一阶段就是通过蒸热或锅炒进行杀青，使鲜叶中的各种酶失去活性。杀青之后，茶叶需加热干燥至水分含量 3%左右，进一步使酶失活，同时避免多酚被空气中氧所氧化。严格的操作使茶多酚结构和含量基本不发生变化。

红茶的制作过程和绿茶有显著的差别，绿茶注重防止多酚的氧化，而红茶是利用多酚的氧化反应以得到红茶所特有的红色色调和较弱的涩味，因此红茶的每一道工序都是与促进多酚的氧化相关联的。在这些加工过程中，茶叶的成分发生种种变化，新生成了茶黄素(theaflavin)和茶红素(thearubigen)为代表的多种新型多酚化合物。

茶叶除了作为广泛饮用的饮料外，还作为保健品日益受到大众的欢迎。植物多酚对于控制各种茶的生产过程、风味形成、饮用和贮存以及有目的的得到独特结构的多酚化合物等具有极为重要的意义。

4.6.3 植物多酚与葡萄酒

多酚在水果中含量丰富，是果酒和果汁饮料中重要的组成成分，这在葡萄酒尤其是红葡萄酒中得到充分的体现。红葡萄酒是同时具有苦味、涩味和甜味的酒精饮料，其苦味和涩味的产生源于多酚类物质。红葡萄酒所具有的深红色色泽，也与多酚色素密切相关。葡萄酒在陈放时，多酚的各种化学反应是葡萄酒色泽和口感变化的一个主要原因。植物多酚对葡萄酒的风味形成起到不可低估的作用，对于酒的类型和品质尤为重要。

多酚主要存在于葡萄的果梗、果皮和果核中，在果梗中占 1%～3%，在果皮中占 0.5%～2%，在果核中占 3%～7%。葡萄中的酚类物质包括花青素、黄酮、绿原酸和多酚化合物(黄烷醇的低聚体和缩合单宁为主)。红葡萄酒由带果皮的葡萄制成，含有果皮和果肉中的花青素和多酚化合物，白葡萄酒由不带色的葡萄果肉发酵制成，因此多酚化合物的含量较低。

红葡萄酒的生产过程中，多酚含量常常对其生产工序有所影响。如单宁含量过高，会导致酒味过涩，同时高含量单宁会抑制酵母的活力，阻碍发酵过程。这时可以通过捣桶使酵母获得空气，恢复发酵活力；或者选育对多酚高抵抗性的酵母菌种；或者采用蛋白质(明胶、蛋白片、酵素)下胶净化，除去一部分多酚等方式控制，应注意处理要适度，以免酒的口味变弱。白葡萄酒的下胶过程中，在加入蛋白质的同时还经常加入鞣花单宁以加强絮凝沉淀过程。

金属离子会引起多酚的色变、氧化及蛋白质等物质的沉淀，从而引起葡萄酒变质。因此，在制酒和陈放中需避免金属的污染，被金属污染过的酒应添加掩蔽剂络合或者通过离子交换除去金属离子。

4.6.4 食品添加剂

人们将多酚从植物中分离提取出来用作天然的食品添加剂，主要作为抗氧化剂和防腐剂，有目的地改善食品质量。提取的原材料多为柿子、绿茶、葡萄籽等。

4.6.4.1 抗氧化剂

目前食品工业中通常使用的BHA(叔丁基羟基茴香醚)、BHT(2,6-二叔丁基-4-甲基苯酚)等为人工合成抗氧化剂，但随着人们生活水平的不断提高，在天然产物中寻找高效无毒的天然抗氧化剂已经成为食品添加剂领域的主要研究方向。多酚类化合物是一类抗氧化和自由基清除的活性物质，因此可开发为天然食品抗氧化剂，目前一些低相对分子质量的多酚如茶多酚和没食子酸已在食品工业中得到实际应用。其中，茶多酚的抗氧化能力高于一般的非酚类或单酚羟基类抗氧化剂(如BHT、BHA等)，其在植物油中的抗氧化活性约为BHT的3倍。而且茶多酚与维生素E、抗坏血酸等天然抗氧化剂具有协同作用。此外，啤酒等饮料中黄烷醇类多酚的存在也赋予了其抗氧化的功能。

4.6.4.2 防腐剂

植物多酚在弱酸性和中性pH值条件下对于大多数微生物的生长具有普遍抑制能力，这一抑菌作用对食品防腐非常有利。在食品生产过程中，加入多酚类物质，可以起到防止食品腐败、延长保质期的作用，尤其在夏季，可以有效防止食物中毒及痢疾等肠道疾病。如茶多酚应用在饮料、罐头、蜜饯、面包、糕点等食品中作为添加剂。

4.7 葡萄果籽中一种新黄烷-3-醇的分离、纯化与鉴定

以马雯对酿酒葡萄缩合单宁的化学合成、分离与分析为例，介绍了葡萄果籽中一种新黄烷-3-醇的分离、纯化与鉴定的过程。

(1)提取

果籽样品研磨粉碎后，用快速溶剂萃取仪进行缩合单宁的提取，同时进行提取条件的优化，确定最佳提取条件：1 500 psi、40 ℃、静态时间4 min、预热时间5 min，提取溶剂丙酮-水(体积比8∶2)，每10 g样品提取8次。萃取完成后，合并有机溶剂，旋转蒸发干燥，冷冻干燥，最终得到粉末状的果籽缩合单宁粗提物。

(2)粗分离

将果籽缩合单宁粗提物用5%乙醇水溶液溶解，将溶液转移至分液漏斗，向溶液中加入氯仿溶剂洗涤除去粗提物中的油脂；向溶液中加入乙酸乙酯进行萃取分离，分别合并乙酸乙酯相和水相并进行旋转蒸发浓缩，将低聚体缩合单宁和高聚体缩合单宁分别进

行冷冻干燥处理，4 ℃冰箱保存。

(3) 目标化合物的分离

优化离心分离色谱技术(CPC)溶剂体系，用涡旋振荡仪充分振荡，静置待分离。取一定量待分离样品于试管中，用移液枪分别移取 1 mL 已准备好的上、下两相溶剂并加入试管中，用涡旋振荡仪充分振荡，静置分离；再次用移液枪分别从上、下两相中取一定量样品溶液，在完全干燥后溶于 1 mL 体积比为 1∶1 的甲醇-水溶液中，注射入超高效液相色谱联用四级杆与飞行时间串联质谱 UHPLC-Q-TOF-MS 中。缩合单宁由乙酸乙酯-乙醇-水(6∶1∶5)的两相溶剂体系进行分离。每一次注射时，都先用粗提物溶于两相混合溶液中(50∶50)并用 0.45μm 滤膜过滤。自动收集器进行样品收集后用离心蒸发仪干燥，并溶于 1 mL 体积比为 1∶1 的甲醇水溶液中，注射入 UHPLC-Q-TOF-MS。根据仪器总离子流图结果，锁定目标化合物为某黄烷-3-醇单体，进行分离纯化及进一步鉴定。运用离心色谱分离合并提取液，旋转蒸发干，加入少量水冷冻干燥。

(4) 目标化合物的纯化

将上一步离心干燥后样品完全溶解于甲醇中，注入制备液相色谱进一步纯化。色谱条件如下：色谱柱：Luna HILIC column（21.2 mm×250 mm，5μm，Phenomenex）；流动相 A：含有 0.025%三氟乙酸的乙腈溶液；流动相 B：含有 0.025%三氟乙酸和 5%超纯水的甲醇溶液；流速为 22 mL/min。最后恢复初始条件准备下一次进样。紫外检测波长：254 nm 及 280 nm。连续进样若干次，分别合并组分溶液，真空旋转蒸发，冷冻干燥为粉末，低温保存待用。根据色谱图分离出目标组分溶液，旋转蒸发，再次注入超高效液相色谱联用四级杆与飞行时间串联质谱中进行检测，确定为单一色谱峰，纯度达到 99.5%。经旋转蒸发，冷冻干燥为粉末，-20 ℃冷冻保存待用。

(5) 目标化合物的结构鉴定

样品溶解于甲醇-水(1∶1)中，注入 UHPLC-Q-TOF-MS，同时将样品溶解于氘带丙酮试剂进行 ^{1}H-NMR 谱检测。二者结合确定该目标化合物的结构，为表儿茶素 3-*O*-(3″-*O*-甲基)没食子酸酯。

参考文献

阚建全，2016. 食品化学[M]. 北京：中国农业大学出版社.

李炳奇，廉宜君，2012. 天然产物化学实验技术[M]. 北京：化学工业出版社.

刘湘，汪秋安，2010. 天然产物化学[M]. 北京：化学工业出版社.

马雯，2016. 酿酒葡萄缩合单宁的化学合成、分离与分析[D]. 杨凌：西北农林科技大学.

石碧，狄莹，2000. 植物多酚[M]. 北京：科学出版社.

孙圣伟，何健，刘美娟，等，2020. 对比福林酚法和高效液相色谱法测定酒神菊属蜂胶和国产蜂胶中酚酸类化合物含量[J]. 食品安全质量检测学报，11(01)：269-274.

王烨军，徐奕鼎，黄建琴，等，2010. 酒石酸亚铁比色法和高锰酸钾滴定法测定茶多酚的比较[J]. 茶叶通报，32(02)：61-63.

王振宇，卢卫红，2012. 天然产物分离技术[M]. 北京：中国轻工业出版社.

王振宇，赵海田，2018. 生物活性成分分离技术[M]. 哈尔滨：哈尔滨工业大学出版社.

温鹏飞，2012. 葡萄多酚[M]. 北京：中国农业科学技术出版社.

吴继洲，孔令义，2008. 天然药物化学[M]. 北京：中国医药科技出版社.

徐任生，叶阳，赵维民，2006. 天然产物化学导论[M]. 北京：科学出版社.
袁勇，张素芳，南彩凤，等，2007. 电位滴定法测定茶叶中茶多酚的含量[J]. 雁北师范学院学报，23（02）：29-31.
张东明，2009. 酚酸化学[M]. 北京：化学工业出版社.
张毛莉，罗仓学，2011. 石榴皮中总酚含量测定方法的比较[J]. 食品工业科技，32(05)：383-384，388.
赵晓丹，2015. 食物抗营养因子[M]. 北京：中国农业大学出版社.

第 5 章　糖及糖苷类化合物

糖类是多羟基醛或多羟基酮及其缩聚物和某些衍生物的总称。大多数糖类由碳、氢与氧 3 种元素组成，具有 $C_x(H_2O)_y$ 的通式，其中 $x>3$，因此又称为碳水化合物(carbohydrates)。但是后来发现许多糖类并不符合上述分子通式，如鼠李糖($C_6H_{12}O_5$)、脱氧核糖($C_5H_{10}O_4$)、葡糖胺($C_6H_{13}O_5N$)等，而有些物质虽然在化学组成上符合上述分子通式但不是糖类，如甲醛(CH_2O)、乙酸($C_2H_4O_2$)等，因此碳水化合物这一命名并不准确。但由于碳水化合物一词表达了绝大部分这类化合物的化学组成特征，且沿用已久，故目前仍然被广泛使用。糖类是绿色植物光合作用的产物，广泛分布于动物、植物和微生物体内，其中以植物体内最多，占其干重的 50%以上。糖类为人体的三大营养素之一，它们在生命活动过程中起着重要的作用，是一切生命体维持生命活动所需能量的主要来源，如多糖可以当作贮存养分的物质(如动物体中的糖原和植物体中的淀粉)或当作结构物质(如动物体中的甲壳素和植物体中的纤维素)；五碳糖中的核糖、脱氧核糖是遗传物质分子的主要成分(如 RNA 和 DNA)。

糖苷是由糖或糖的衍生物如糖醛酸、氨基糖等与非糖物质通过糖的端基原子以糖苷键连接而成的化合物，其中非糖部分称为苷元或配基。苷类涉及范围较广，苷元的结构类型差别很大，几乎各种类型的天然成分都可以与糖结合成苷，且其性质和生物活性各异，在植物中的分布情况也不同，如黄酮苷、氰苷、强心苷等是自然界中常见的糖苷类化合物。

5.1　糖的结构与分类

糖类可以分为单糖、低聚糖和多糖三大类。单糖是最简单的糖类，是组成低聚糖和多糖及其衍生物的基本单元。常见的单糖有葡萄糖、果糖、半乳糖和木糖等。低聚糖是指两个或几个单糖分子经糖苷键聚合而成，通过水解反应又能生成单糖的化合物，也称为寡糖，如蔗糖、麦芽糖和棉子糖等。多糖一般是指由 10 个以上单糖分子经糖苷键聚合而成的高分子化合物。自然界中存在的多糖分子通常由几百甚至几千个单糖组成，如淀粉和纤维素等。

单糖在水溶液中可以链状和半缩醛的环状两种结构形式存在，但是主要以环状结构形式存在。处于链状结构时可用 Fisher 式表示，处于环状结构时可用 Haworth 式表示。单糖成环后新形成的一个不对称碳原子称为端基碳，生成的一对差向异构体有 α、β 两种构型，从 Haworth 式看半缩醛羟基与决定构型的羟基处于环异侧的为 α 型，同侧的为 β 型(图 5-1)。

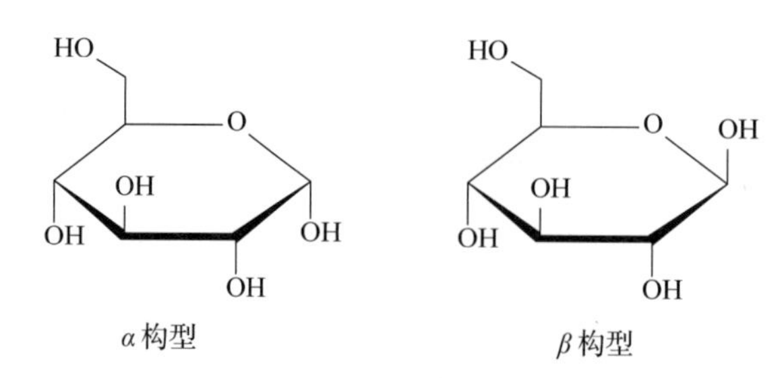

图 5-1　单糖成环后的构型

5.2　糖苷的结构与分类

5.2.1　糖苷的结构

大多数糖苷类化合物是由单糖的半缩醛羟基或半缩酮羟基与苷元上的羟基、羧基、氨基、巯基或活泼氢原子等不同基团脱水缩合而成。糖苷中糖基与苷元之间的化学键称为苷键，苷元与糖基连接的原子称为苷原子，常含氧、氮、硫、碳等不同的原子。单糖的立体结构分 α 型和 β 型，因此糖苷也含有 α 型和 β 型两种。天然糖苷主要存在于植物的种子、叶以及皮中，大多为 β 型。成苷的糖可以是单糖，也可以是低聚糖，糖基既可以连接到苷元的一个位置上，即单链糖苷，也可以连接到苷元的多个部位形成多链糖苷。

5.2.2　糖苷的分类

糖苷的分类方法有很多，根据配基的化学结构，天然糖苷可分为醇苷、醛苷、酚苷、固醇苷、黄酮苷、蒽酮苷、氰苷、香豆素苷、木质素苷等；根据糖苷的特性或生理作用可分为皂苷、强心苷等；根据分子中糖基的不同可分为木糖苷、葡萄糖苷、半乳糖苷和芸香糖苷等；根据连接单糖基的数目又可将糖苷分为单糖苷、双糖苷和叁糖苷等。按照糖苷类在植物体内的存在状况不同可分为原生苷和次生苷，原生苷是指原存在于植物体内的苷，水解后失去一部分糖的称为次生苷。此外，还可根据苷原子的类型进行分类，包括氧苷、硫苷、氮苷、碳苷等，这是最常见的糖苷类的分类方法。

5.2.2.1　氧苷

苷元通过氧原子与糖相连接而成的糖苷称为氧苷，它是数量最多、最常见的苷类。根据苷元羟基类型的不同，氧苷又可分为醇苷、酚苷、酯苷、氰苷、吲哚苷等，其中以醇苷和酚苷居多。

(1)醇苷

醇苷是指苷元上的醇羟基与糖基的半缩醛或半缩酮羟基脱水缩合后形成的苷，如毛茛苷、红景天苷等(图 5-2)。

(2)酚苷

酚苷是指苷元上的酚羟基与糖基的半缩醛或半缩酮羟基脱水缩合后形成的苷，苯酚

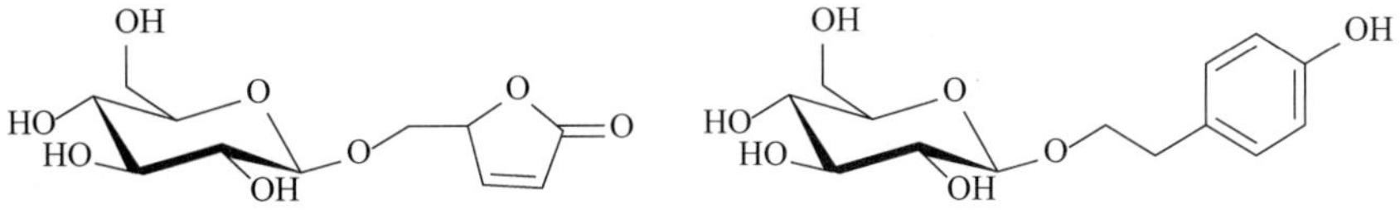

图 5-2　毛茛苷(左)和红景天苷(右)化学结构

苷、萘酚苷、蒽醌苷、香豆素苷、黄酮苷、木脂素苷等均属于酚苷，如天麻中具有安神镇静作用的天麻苷(图 5-3)等。

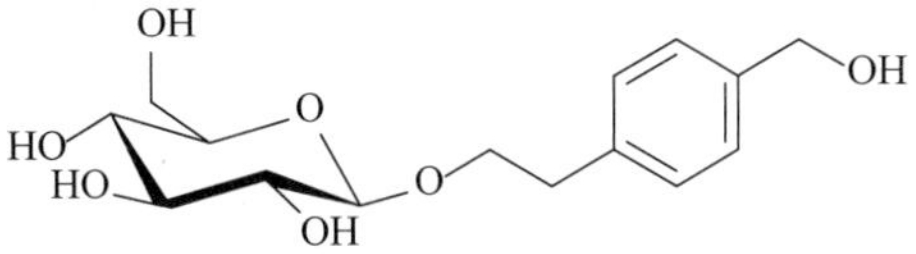

图 5-3　天麻苷化学结构

(3)酯苷

酯苷是指苷元上的羧基与糖基的半缩醛或半缩酮羟基脱水缩合后形成的苷，这类苷既有缩醛性质又有酯的性质，易被稀酸和稀碱水解，如百合科植物郁金香花叶中的抗菌成分山慈菇 A 和山慈菇 B(图 5-4)等。

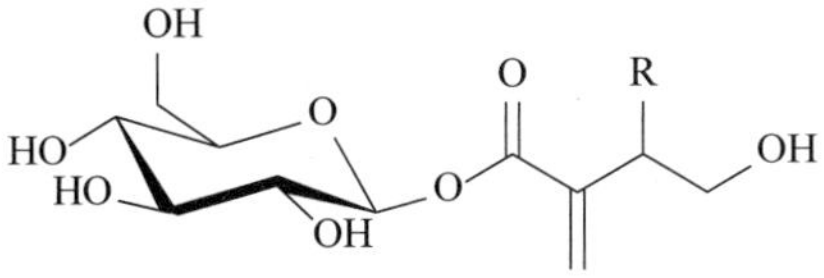

山慈菇 A　R=H
山慈菇 B　R=OH

图 5-4　山慈菇化学结构

(4)氰苷

氰苷主要指具有 α-羟基腈的苷。这种苷在不同条件下易被稀酸和酶催化水解，水解后生成的 α-羟腈苷元很不稳定，立即分解为醛(酮)和氢氰酸，氢氰酸是该类化合物起止咳作用的成分，也是引起人和动物中毒的成分。在浓酸作用下，苷元中的—CN 基易氧化成—COOH 基，并产生 NH_4^+；在碱性条件下，苷元不易水解，而容易发生异构化生成 α-羟基羧酸盐。常见的氰苷有苦杏仁中的苦杏仁苷(图 5-5)、亚麻氰苷、百脉根苷、垂盆草苷等。

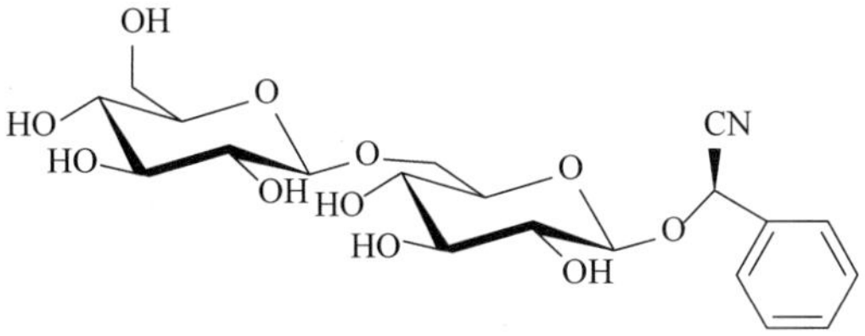

图 5-5　苦杏仁苷化学结构

5.2.2.2　硫苷

苷元通过硫原子与糖相连接而成的糖苷称为硫苷，这类苷数量不多，常见于十字花科植物中，如白介子苷、独行菜苷、萝卜苷(图 5-6)等。硫苷水解后得到的苷元常不含有巯基，而多为异硫氰酸的酯类，一般都有特殊的气味。

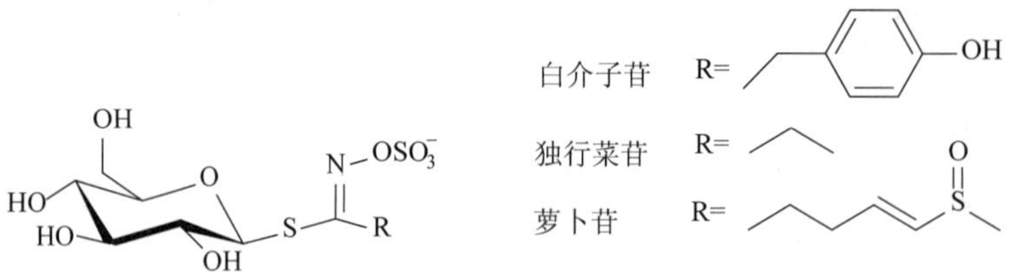

图 5-6 白介子苷、独行菜苷和萝卜苷的化学结构

5.2.2.3 氮苷

氮苷是指糖基端碳与苷元上的氮原子相连而形成的苷。最重要的一类氮苷就是核苷，它是由核糖或 2-脱氧核糖与嘧啶或嘌呤脱水而成，包括腺苷、鸟苷、胞苷和尿苷等，豆科巴豆中的巴豆苷(图 5-7)也属于氮苷。

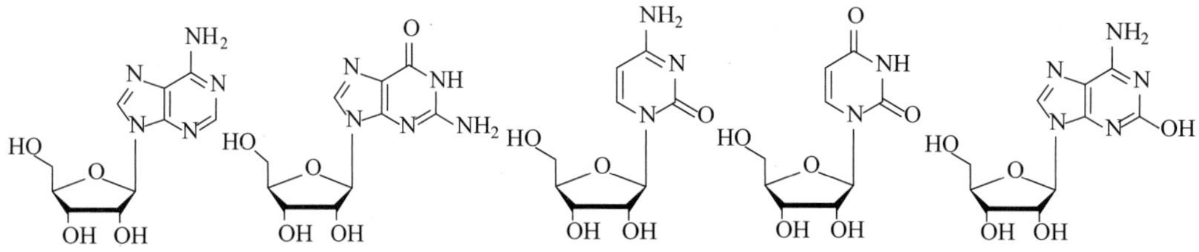

腺苷 鸟苷 胞苷 尿苷 巴豆苷

图 5-7 腺苷、鸟苷、胞苷、尿苷和巴豆苷的化学结构

5.2.2.4 碳苷

碳苷是指糖基以碳原子与苷元上的碳原子相连接形成的苷类。碳苷常与氧苷共存，组成碳苷的苷元多为黄酮、查耳酮、色酮、蒽酮、蒽醌以及酚酸等。尤以黄酮碳苷最为多见。碳苷的形成是由苷元上的酚羟基所活化的邻位或对位的氢与糖基端羟基脱水缩合而成的，因此在糖苷分子中糖基总是连接在邻位或对位有酚羟基的芳香环碳上，如黄酮碳苷中的牡荆毒素、焦土霉素(图 5-8)等。

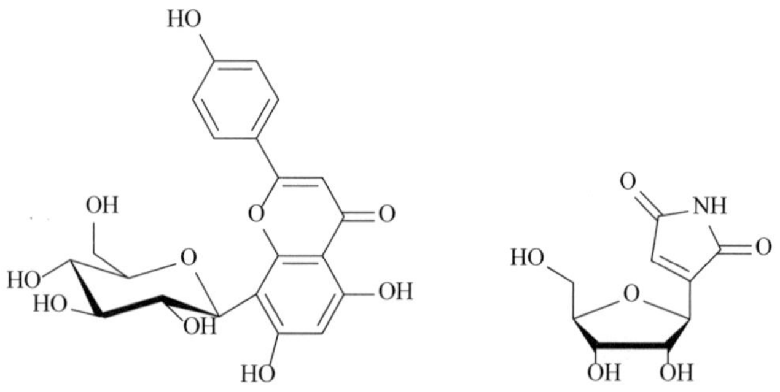

牡荆毒素 焦土霉素

图 5-8 牡荆毒素和焦土霉素的化学结构

5.3 糖苷的物理化学性质

5.3.1 糖苷的物理性质

糖苷类化合物一般以固体形式存在，其中糖基含量少的糖苷可以形成晶体，而糖基含量多的糖苷则以无定形粉末形式存在。糖苷一般无味，也有呈苦味和甜味的，如人参皂苷有苦味，而从甜叶菊的叶子中提取的甜菊糖苷比蔗糖甜 200~300 倍，可作为天然的食品甜味剂。糖苷类的亲水性与所含糖基的数目有密切关系，其亲水性一般随着糖基的增多而增大，而大分子的单糖苷只溶于极性较小的有机溶剂中，因此用不同极性溶剂依次提取糖苷类时，在各提取步骤中都有可能含有糖苷。大多数糖苷呈左旋光性，但水解后，由于生成的糖一般为右旋，因此通过比较水解前后体系旋光性的变化，可初步判断糖苷的存在。

5.3.2 糖苷的化学性质

糖和糖苷的基础化学性质在有机化学中已有详细的论述。下面介绍一些主要与糖和糖苷的分离与结构测定密切相关的化学反应。

5.3.2.1 氧化反应

单糖的分子结构中有醛(酮)、伯醇、仲醇和邻二醇等官能团，由于这些官能团的稳定性不同，所以用不同氧化剂氧化，所得产物不同。

(1) 弱氧化剂氧化

Ag^+、Cu^{2+}以及溴水可将醛基氧化成羧基，硝酸可使醛糖氧化成糖二酸(图 5-9)。

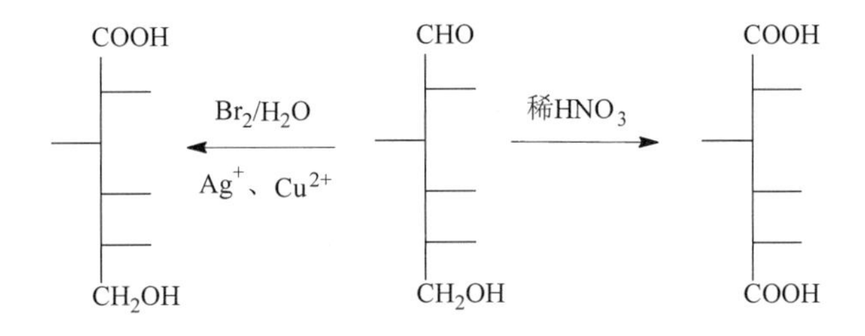

图 5-9 弱氧化剂氧化反应

一般来说，糖上羟基被氧化的难易顺序为：仲羟基<伯羟基<半缩醛羟基。

(2) 过碘酸氧化

过碘酸氧化是糖、糖苷和多元醇结构研究中一个最常用的反应。该反应的特点是：

第一，不仅能氧化邻二醇，而且对于 α-氨基醇、α-羟基醛(酮)、α-羟基酸、邻二酮、酮酸和某些活性次甲基均可氧化(图 5-10)。

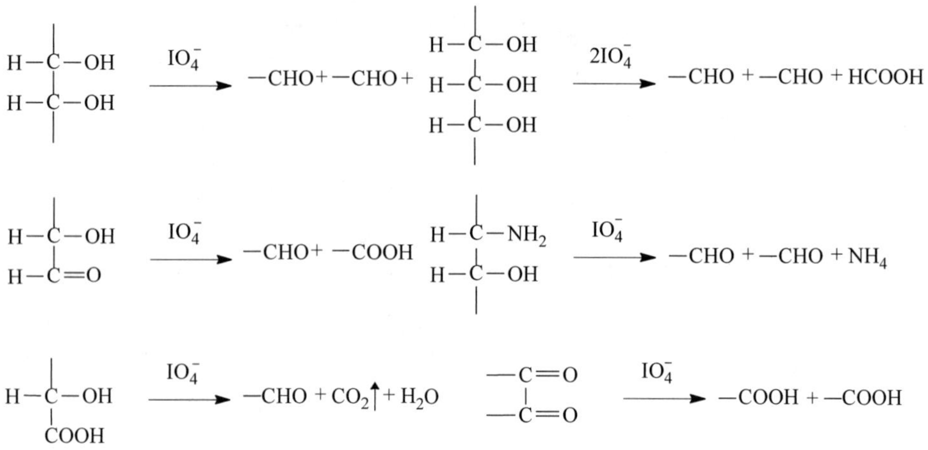

$$\begin{matrix}\text{H—C—OH}\\ \text{H—C—OH}\end{matrix}\xrightarrow{IO_4^-}\text{—CHO}+\text{—CHO}+\begin{matrix}\text{H—C—OH}\\ \text{H—C—OH}\\ \text{H—C—OH}\end{matrix}\xrightarrow{2IO_4^-}\text{—CHO}+\text{—CHO}+\text{HCOOH}$$

$$\begin{matrix}\text{H—C—OH}\\ \text{H—C=O}\end{matrix}\xrightarrow{IO_4^-}\text{—CHO}+\text{—COOH}\qquad\begin{matrix}\text{H—C—NH}_2\\ \text{H—C—OH}\end{matrix}\xrightarrow{IO_4^-}\text{—CHO}+\text{—CHO}+\text{NH}_4$$

$$\begin{matrix}\text{H—C—OH}\\ \text{COOH}\end{matrix}\xrightarrow{IO_4^-}\text{—CHO}+CO_2\uparrow+H_2O\qquad\begin{matrix}\text{—C=O}\\ \text{—C=O}\end{matrix}\xrightarrow{IO_4^-}\text{—COOH}+\text{—COOH}$$

图 5-10 过碘酸氧化反应

第二，在中性或弱酸性条件下，对顺式邻二醇羟基的氧化速率比反式邻二醇快得多，如对 α-D-甘露吡喃糖甲苷(图 5-11)的反应速率大大快于 β-D-甘露糖吡喃糖甲苷(图 5-11)。

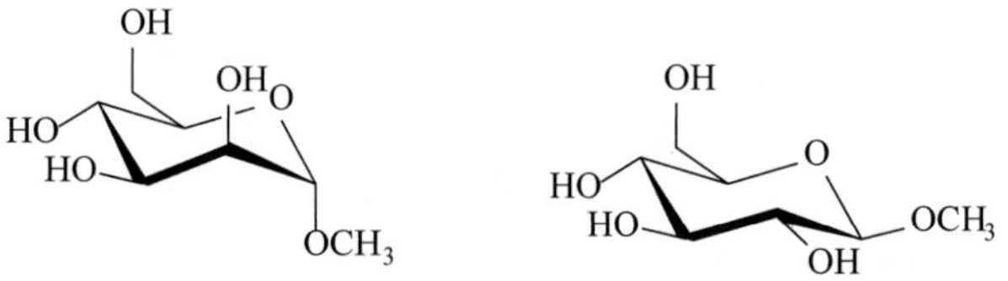

α-D-甘露吡喃糖甲苷　　β-D-葡萄吡喃糖甲苷

图 5-11 α-D-甘露吡喃糖甲苷和 β-D-葡萄吡喃糖甲苷的化学结构

第三，对固定在环的异边并无扭曲余地的反式邻二醇羟基不反应，如过碘酸不与 1, 6-β-葡萄呋喃糖酐、1, 6-α-D-半乳呋喃糖酐(图 5-12)等反应。

图 5-12 1, 6-β-D-葡萄呋喃糖酐和 1, 6-α-D-半乳呋喃糖酐的化学结构

第四，反应需在水溶液或含水溶剂中进行。

第五，对开裂邻二醇羟基的反应几乎是定量进行的，生成的 HIO_3 可以被滴定，最终的降解产物(如甲醛、甲酸等)也比较稳定(图 5-13)。

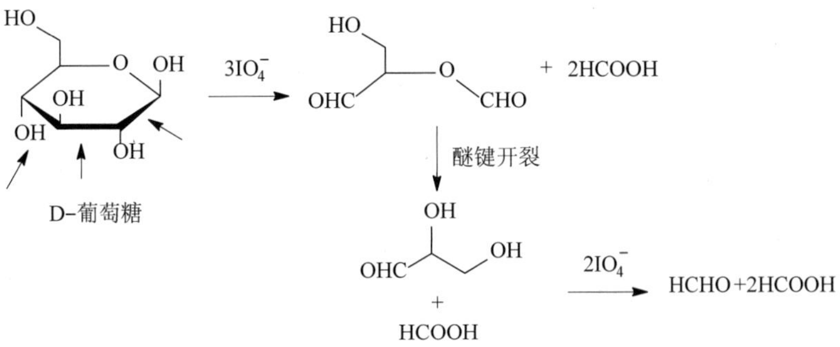

图 5-13　反应流程

通过测定 HIO_4 的消耗量以及最终的降解产物，可推测糖的种类、糖的氧环的大小、糖与糖的连接位置、分子中邻二醇羟基的数目、低聚糖和多聚糖的聚合度以及碳的构型等(图 5-14)。

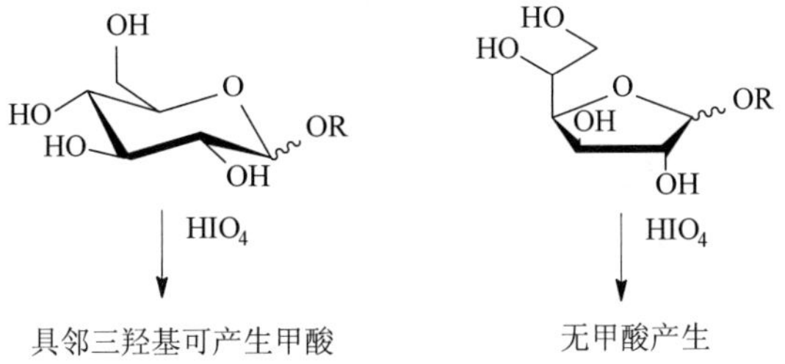

图 5-14　吡喃糖或呋喃糖与 HIO_4 反应示意

(3) 糖醛形成反应

单糖在浓酸(4～10 mol/L)加热作用下，脱去三分子水，生成具有呋喃环结构的糖醛衍生物(图 5-15)。多糖和糖苷类化合物在浓酸(如 10% HCl)的作用下首先水解成单糖，然后再脱水形成相应的糖醛产物。

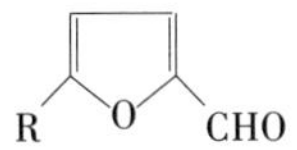

五碳糖　R=H　糠醛　沸点 161 ℃

甲基五碳糖　R=CH_3　5-甲基糠醛　沸点 187 ℃

六碳糖　R=CH_2OH　5-羟甲基糠醛　沸点 114～116 ℃/1mmHg

六碳糖醛酸　R=COOH　5-羧基糠醛

图 5-15　呋喃环结构的糖醛衍生物

糠醛和糠醛衍生物可以和酚类、芳胺，以及具有活性次甲基基团的化合物缩合生成有色的化合物。

由于不同的糖与糠醛及其衍生物反应生成的缩合产物是不同的，不同的缩合产物的颜色也是不同的，因此可利用糠醛反应形成的不同颜色来区别五碳糖、六碳酮糖、六碳醛糖以及糖醛酸等。

糠醛反应中常用的无机酸试剂有硫酸、磷酸等，有机酸有三氯乙酸、邻苯二甲酸、草酸等，其中中强度酸具有水解糖苷键的作用；常用的酚类有苯酚、间苯二酚、α-萘酚、β-萘酚等；常用的胺则有苯胺、二苯胺、氨基酚、联苯胺等；常用的具有活性次甲基的化合物有蒽酮等。

例如，Molish 试剂的主要成分是浓硫酸和 α-萘酚，可用于糖和糖苷的检测。

5.3.2.2 羟基反应

糖及糖苷的羟基反应包括醚化、酯化、缩醛(缩酮)化以及与硼酸的络合反应等。在糖及糖苷的羟基中最活泼的是半缩醛羟基，其次是伯羟基，再次是连接在 C_2 上的仲羟基。这是因为伯醇羟基处于末端，在空间上较为有利，而 C_2—OH 受羰基诱导效应的影响，酸性有所增强所致。例如，在对 α-D-葡萄吡喃糖进行对甲苯磺酸酸化反应中，优先生成 6-*O*-对甲苯磺酸酯和 2,6-二-*O*-对甲苯磺酸酯。在环状结构中，平伏键羟基比直立键羟基更活泼。

(1)醚化反应(甲基化)

最常用的糖及糖苷醚化反应有甲醚化、三甲基硅醚化和三苯甲醚化等。

糖及其糖苷常用的甲醚化反应方法有 Haworth 法、Purdic 法、Hakomori 法等。

Haworth 法是以硫酸二甲酯为试剂，在浓氢氧化钠溶液中进行：

$$\text{含糖样品}+(CH_3)_2SO_4+30\%\ NaOH \longrightarrow \text{醇羟基全甲基化}$$

该法的缺点是要获得全甲醚化产物需反复多次进行，如果控制试剂用量即试剂与反应物的物质的量比为 1∶1 时，则可获得糖的甲苷。

Purdic 法是以碘甲烷为试剂，氧化银为催化剂：

$$\text{含糖样品}+CH_3I \xrightarrow{Ag_2O} \text{醇羟基全甲基化}$$

该法较 Haworth 法甲醚化能力更强，但也需反复进行，并且因在反应过程中使用催化剂氧化银有氧化作用，可以使 C_1—OH 氧化，故只能用于苷的甲醚化，不宜用于还原糖(即有 C_1—OH 的糖)。

Hakomori 法是以 NaH 和 CH_3I 为试剂，在非水溶剂二甲基亚砜(DMSO)溶液中进行：

$$\text{含糖样品}+DMSO+NaH+CH_3I \longrightarrow \text{醇羟基全甲基化(一次即可)}$$

该法的甲醚化能力最强，一次反应即可获得全甲醚化物，后处理也相对简单，是最常用的甲醚化方法。但在 Hakomori 法中由于能产生的初生氢会使某些基团还原，所以在实际应用中应引起注意。

如果要制备糖及糖苷的部分醚化物，则可利用后述的酯化、缩醛(酮)化反应，将不需醚化的羟基先进行保护，待醚化反应完成后再将保护基脱除。例如，糖和三苯氯甲烷在吡啶溶液中反应制备三苯甲醚，伯醇羟基的反应速率数倍于仲醇基，可以利用该反应对 C_6 或 C_5 羟基(伯羟基)进行保护。在溴氢酸的乙酸溶液中室温放置即可很方便地将该保护基脱去。

(2)酰化反应

最常用的糖及糖苷的酰化反应是乙酰化反应。常用的乙酰化试剂多为乙酸酐，催化剂多为吡啶(对碱不稳定的苷元，不宜用吡啶作催化剂)、氯化锌、乙酸钠等。通常在室温下放置即可获得全乙酰化物，糖及糖苷结构中羟基活性与醚化反应相同，即 C_1—OH 最易酰化，C_6—OH 次之，C_3—OH 最难酰化。

该反应主要用于糖和糖苷的分离、鉴定与合成，以及判断糖上羟基数目、保护羟基等。

(3) 缩酮和缩醛化反应

醛或酮在脱水剂的作用下容易与具有适当空间的 1,3-二醇羟基或邻二醇羟基生成环状的缩醛(acetal)或缩酮(ketal)，常用的脱水剂有无机酸、无水氯化锌、无水硫酸铜等。

通常，酮容易与顺邻二醇羟基生成五元环状缩酮。丙酮与糖生成的缩酮称为异丙叉衍生物，也称为丙酮加成物。

当吡喃糖结构中无顺式邻位羟基时，易转变为呋喃糖结构后缩合。

醛容易与 1,3-二醇羟基生成六元环状物。苯甲醛与糖生成的缩醛称为苯甲叉衍生物。苯甲叉衍生物根据缩合位置又可分为顺式和反式。

缩醛和缩酮衍生物与糖苷一样，对碱稳定对酸不稳定，可以利用缩醛、缩酮反应保护某些羟基，也可以利用该反应来推测结构中有无顺位邻位二醇羟基或 1,3-二醇羟基。对于特定的糖还可推测其氧环的大小。也可用以确定苷元与糖、糖与糖之间的连接位置，如将糖进行羟基保护后，经水解，再通过光谱分析，游离羟基为糖与糖或糖与苷元的连接位置。

(4) 硼酸的络合反应

糖及其他许多具有邻二羟基的化合物可与硼酸(钼酸、铜氨、碱土金属等)生成络合物，借生成络合物的某些物理常数的改变，可以有助于糖的分离、鉴定和构型推定。

反应中，呋喃糖苷的络合能力最强，单糖次之，吡喃糖苷最弱；五碳醛糖比六碳醛糖易络合。对于不能自由旋转的邻二羟基，顺式反应，反式不反应，如五元、六元酯环上的顺式邻二羟基可络合，反式邻二羟基则不作用，借此可区别顺反异构体。

糖、糖苷形成的络合产物具有酸性，可采用中和滴定的方法进行含量测定；可在混有硼砂缓冲液的硅胶薄层上层析；可用离子交换法、电泳法进行分离和鉴定。糖自动分析仪的工作原理就是制成硼酸络合物后进行离子交换色谱分离、检测。

5.4　糖苷键的裂解

在鉴定糖苷结构时，首先需要对糖苷键进行裂解，主要目的是分析鉴定苷元结构、所连接的糖的种类和组成、苷元与糖以及糖与糖连接方式等。糖苷键的裂解通常使用的方法有酸、碱催化等化学法以及酶和微生物等生物学方法。本节主要介绍裂解糖苷键的常用方法。

5.4.1　酸催化水解

糖苷键属于缩醛(酮)结构，对酸不稳定，对碱较为稳定，易被酸催化水解。酸催化水解常用的溶剂是水或稀醇，常用的催化剂是稀盐酸、稀硫酸、乙酸、甲酸等。苷键水解的机理是苷键原子首先质子化，因此苷键原子电子云密度及其空间环境是影响苷键水解难易的结构因素，凡使苷键电子云密度增加的因素均有利于苷键的酸水解。一般水解难易规律如下(由难到易排序)：碳苷>硫苷>氧苷>氮苷；呋喃糖苷>吡喃糖苷；酮糖苷>醛糖苷；五碳糖苷>甲基五碳糖苷>六碳糖苷>糖醛酸苷；2-去氧糖苷>2-羟基糖苷>2-氨基糖苷。

5.4.2 酸催化甲醇解

用其他方法进行苷键裂解时，得到的糖的部分大多为游离糖或糖的碎片，很难保证原来糖环的结构，因此难于通过苷键裂解的方法来确定存在于苷中的糖是呋喃型还是吡喃型糖。在酸的甲醇溶液中进行甲醇解，聚糖或苷可生成一对保持原环形的甲醇糖苷的异构体，由于呋喃糖甲苷和吡喃糖甲苷的色谱行为不同，可通过酸催化甲醇解的方法确定苷或聚糖中糖的氧环类型(呋喃糖或吡喃糖)。酸催化甲醇解的反应机理与酸催化相似，以葡萄糖苷为例说明(图 5-16)。

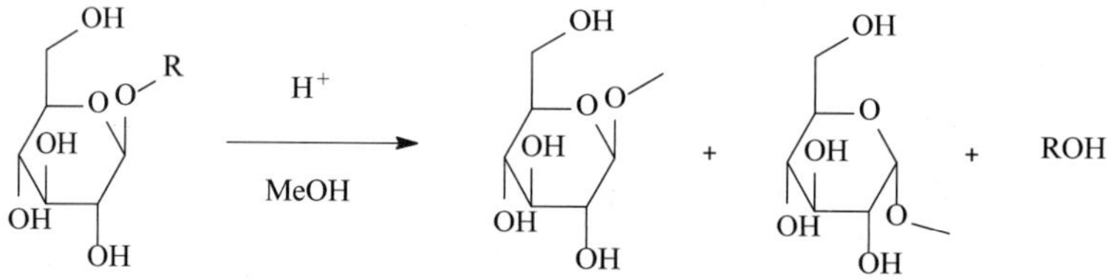

图 5-16 酸催化甲醇解反应

5.4.3 碱催化水解

若苷元中成苷羟基的β位有吸电子取代基时，苷键仍具有一定的酯的性质，因此能被碱催化水解，适用于酯苷、酚苷、烯醇苷等。如 4-羟基香豆素苷、水杨苷、蜀黍苷、海韭菜苷、藏红花苦苷(图 5-17)等能够在碱性条件下被水解。

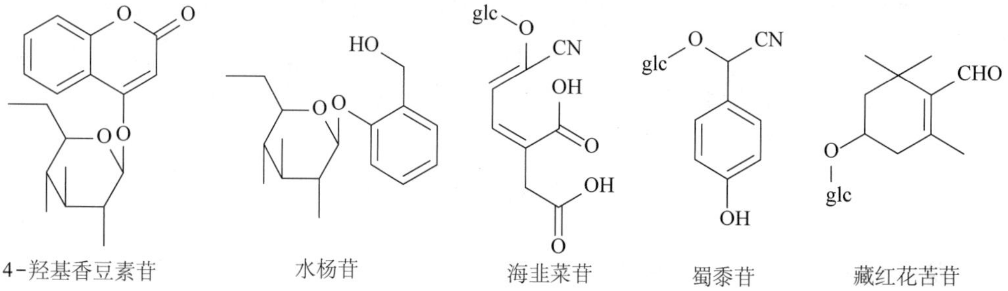

4-羟基香豆素苷　水杨苷　海韭菜苷　蜀黍苷　藏红花苦苷

图 5-17 4-羟基香豆素苷、水杨苷、蜀黍苷和藏红花苦苷的化学结构

5.4.4 酶催化水解

由于酸碱催化水解反应比较剧烈，糖和苷元部分均有可能发生进一步变化，而且无法区别苷键的构型。相比之下，酶催化水解反应条件温和，特异性高，可保持苷元结构不变，并可获得保留部分苷键的次级苷或低聚糖。同时根据所用酶的特点可确定苷键构型。常用苷键水解的酶主要有转化糖酶(水解β-果糖苷键)、麦芽糖酶(水解α-D-葡萄糖苷键)及纤维素酶(水解β-D-葡萄糖苷键)等。

5.4.5　乙酰解反应

乙酰解反应可以开裂一部分苷键而保留另一部分苷键，得到乙酰化的单糖和低聚糖水解产物，同时也可以保护苷元中的部分羟基使其乙酰化，增加了反应产物的脂溶性，有利于后续的分离和鉴定。乙酰解所用的试剂是酸酐和酸的组合，常用的酸包括硫酸、高氯酸等。

5.4.6　过碘酸裂解反应

该反应又称为 Smith 裂解，适用于难水解的碳苷或苷元结构容易改变的糖苷，以避免使用剧烈的酸水解，可获得完整的苷元，同时从降解得到的多元醇，可以确定苷中糖的类型，如连有葡萄糖、甘露糖、半乳糖或果糖的碳苷，降解产物中含有丙三醇。过碘酸裂解反应所用的试剂是高碘酸钠($NaIO_4$)和硼氢化钠($NaBH_4$)，首先将样品溶于水或稀醇溶液中，加入高碘酸钠，在室温下将糖氧化成二醛，然后用硼氢化钠将醛还原成伯醇，以防醛与醇进一步缩合而使水解困难，然后将溶液的 pH 值调至 2 左右，室温放置即可发生水解。由于这种醇的中间体具有真正的缩醛结构，比糖苷的环状缩醛更易被稀酸水解，因此水解条件非常温和。在对人参、柴胡、远志中的皂苷进行结构研究时，用此方法获得了真正的皂苷元。但对于苷元中具有 1,2-二醇结构的糖苷不宜采用过碘酸裂解反应进行水解(图 5-18)。

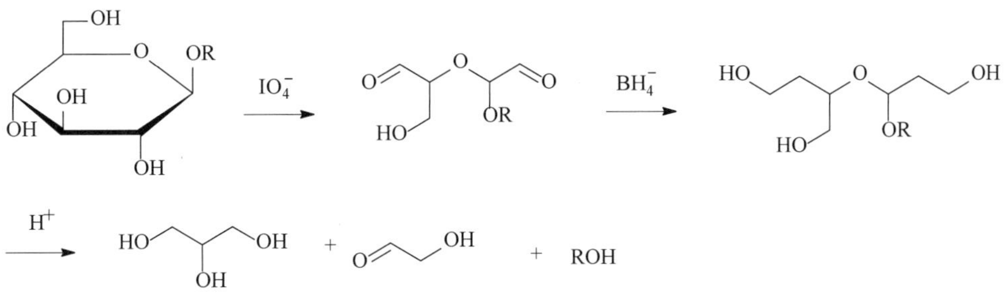

OH O OR OH OH OH IO_4^- O O O OR HO BH_4^- HO O OH HO OR

H^+ HO OH OH + O OH + ROH

图 5-18　过碘酸裂解反应

5.5　糖苷类化合物的提取分离及结构鉴定

5.5.1　糖苷的提取分离

糖苷类常与水解苷的酶共存于不同的植物细胞中，在提取时需要明确提取的目的与要求。若要求提取的是原生苷，提取时应设法抑制酶的活性，可加入一定的碳酸钙，或者采用甲醇、乙醇、沸水提取。同时在提取过程中应注意尽量不要与酸和碱接触，以免苷类被酸和碱水解成为次苷或苷元。若要提取次生苷、苷元，可利用酶的活性，加酸或碱水解，在 30~40 ℃下采用有机溶剂(醇、苯、氯仿、石油醚)提取。

苷类的亲水性与糖基的数目和苷元的性质、极性有密切的关系，大分子苷元如甾醇等的单糖苷可以溶于低极性的有机溶剂，而糖基的增多往往能提高亲水性，在水中的溶解度也就增加。各种苷类分子中由于苷元结构的不同，所连接糖的数目和种类也不一样，因此极性不同的溶剂按照极性由小到大的次序进行提取，则在每一提取部分都可能有苷的存在。通常是先将原料的醇提取物用石油醚脱脂，以乙醚或氯仿抽提苷元，以乙酸乙酯抽提出单糖或双糖苷，再用正丁醇提取寡糖苷及多糖苷。也可将原料的醇提取物溶于水，直接进行大孔树脂柱色谱，先用水洗去糖类(主要为单糖和低聚糖)，继而用不同比例的甲醇和水洗脱，从而得到不同极性的苷类。提取糖苷类化合物的通用流程如图 5-19 所示。

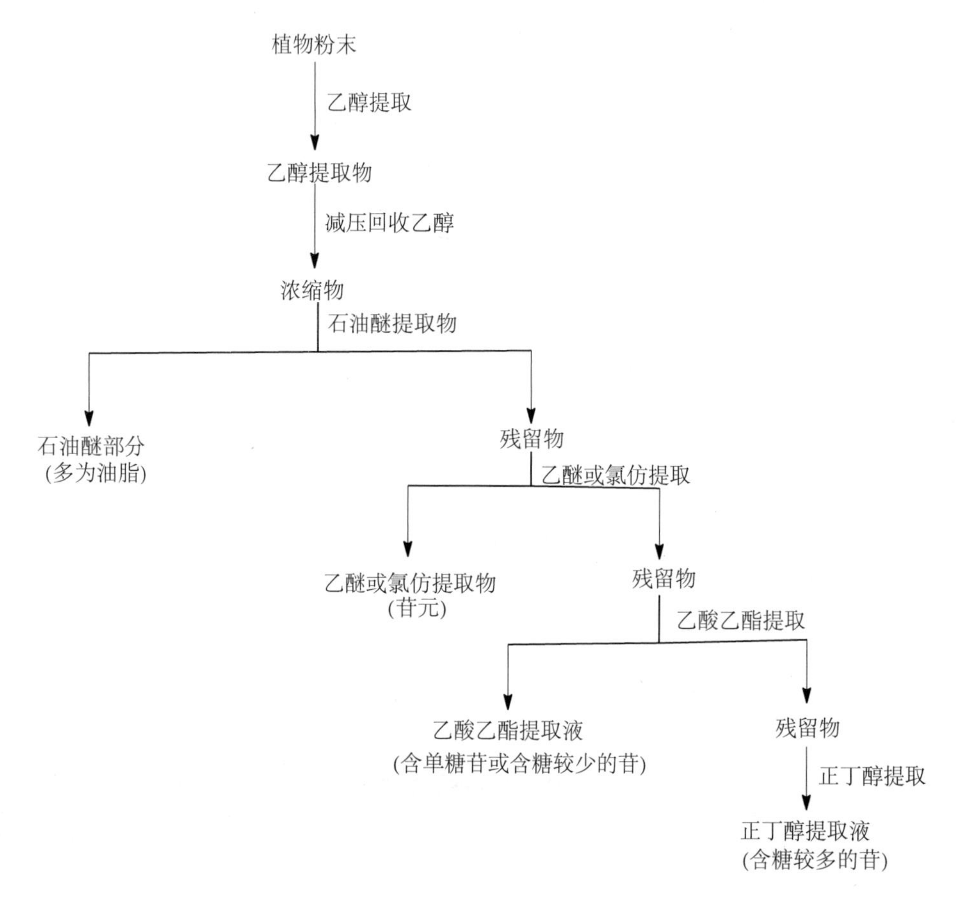

图 5-19 提取糖苷类化合物的通用流程

5.5.2 糖苷的结构鉴定

几乎所有类型的天然产物都可与糖形成苷，苷元的结构各不相同，因此苷元的谱学性质及结构测定方法有很大区别。而苷的共性是糖的部分，因此本节主要介绍糖苷中糖基部分的结构鉴定。糖基部分的结构鉴定主要包括糖的种类和比例的测定、糖的连接位置的测定、糖的连接顺序的测定、苷键构型的测定，常用的结构鉴定方法见表 5-1 所列。

表 5-1　糖苷类结构鉴定的常用方法

测定指标	研究方法
纯度	旋光测定法、超离心法、高压电泳法、凝胶过滤法、纸层析法、高压液相法等
相对分子质量	凝胶过滤法、渗透压法、质谱法、蒸气压法、黏度法、质谱法、超滤法等
单糖组成和比例	部分酸水解、完全酸水解、高效液相色谱、气相色谱、气相色谱-质谱联用、纸色谱、薄层色谱等
单糖之间的连接顺序	选择性酸水解、糖苷键顺序水解、核磁共振等
羟基被取代情况	甲基化分析-气相色谱、高碘酸氧化、Smith 降解、质谱法、核磁共振等
单糖残基类型和糖苷键的连接位点	甲基化反应、Smith 降解、高碘酸氧化、核磁共振、气相色谱-质谱联用、离子淌度-质谱联用等
糖苷的糖环形式(吡喃环或呋喃环)	红外光谱等
α-或 β-异头异构形式	糖苷酶水解、核磁共振、红外光谱、拉曼光谱等
苷键构型	核磁共振、酶催化水解法、红外光谱法、分子旋光差法等

5.5.2.1　单糖的种类和比例的测定

苷在糖及糖链测定之前首先要了解其含有哪些单糖，各单糖之间的比例是多少。一般是将糖苷键全部水解(如使用稀硫酸水解)，水解液滤去难溶的苷元，滤液再用氢氧化钡中和，滤除硫酸钡沉淀，滤液经适当浓缩后可进行后续试验。可通过纸色谱或薄层色谱的方法检出各个单糖的种类，经显色后用薄层扫描的方法测定出各糖之间的分子比。也可采用气相色谱或高效液相色谱对各单糖进行定性、定量分析。

糖类的纸色谱常用的展开剂大多为含水的溶剂系统，如正丁醇-乙酸-水(4∶1∶5，上层)、乙酸乙酯-吡啶-水(2∶1∶2)等。糖的比移值与溶剂的含水量有关，因此配置展开剂时要注意这个问题，并需用标准品同时点样作为对照。糖类的薄层色谱常选用硅胶薄层，由于糖的极性强，因此在硅胶薄层上进行色谱时，一般点样量不能大于 5 μg，但是如果用硼酸或一些无机盐的水溶液(如磷酸氢二钠或磷酸二氢钠水溶液)代替水调制吸附剂进行铺板，就能显著提高点样量。糖类硅胶薄层色谱常用的展开剂为正丁醇-丙酮-水、正丁醇-乙酸-水、正丁醇-吡啶-水等。糖的纸色谱或薄层色谱所用的显色剂常见的有苯胺邻苯二甲酸试剂、三苯四氮盐试剂、间苯二酚-盐酸试剂、双甲酮-磷酸试剂等，这些试剂对不同的糖往往显不同的颜色，可对单糖的种类进行定性鉴定。在此基础上，可进一步采用光密度扫描法测定各单糖斑点的含量，计算出各单糖的分子比，以推测组成糖苷中糖的数目。

气相色谱和高效液相色谱也常用于糖的定性和定量测定。气相色谱测定时通常将糖的样品制成三甲硅醚衍生物，并与单糖标准品的三甲硅醚衍生物的保留值 t_R 进行对比，以确定糖的种类，利用峰面积值进行定量，以测定各糖的比例。也可利用气相色谱-质谱联用来鉴定糖苷中糖的种类和比例。

5.5.2.2　单糖之间连接位置的确定

单糖之间连接位置的确定的两种方法是：苷全甲基化甲醇解和 ^{13}C-NMR 苷化位移。

将苷全甲基化，用6%～9%盐酸的甲醇溶液水解苷键，可得到未完全甲醚化的各种单糖。这些单糖游离端基羟基在甲醇解过程中同时被甲醚化，而未甲醚化的羟基即是另一个分子糖连接的位置。另外连接在糖链末端的糖，经甲醇解后得到的一定是全甲基化的单糖甲苷。根据这些甲醚化单糖甲苷中游离羟基的位置即可对单糖之间连接位置进行判断。甲醚化单糖甲苷的鉴定常用薄层色谱和气相色谱-质谱联用法进行鉴定。水解要尽可能温和，否则会发生去甲基化反应和降解反应。另外，甲基化反应的关键是要确定苷的甲基化是否完全，常采用红外光谱法在 3 500 cm^{-1} 来测定甲基化后的糖苷是否含有游离羟基。糖苷的甲基化物甲醇解可通过以下实例(图 5-20)加以具体阐述。上述反应表明，水解产物除苷元的全甲基化物外，所得到的两种甲基化单糖中，2,3,4-三-*O*-甲基吡喃木糖甲苷是全甲基化的木糖，可推断它处于糖链的末端，而 2,4,6-三-*O*-甲基吡喃葡萄糖甲苷是未完全甲基化的葡萄糖，其 3 位上有一羟基，由此可推断它不仅与苷元相连，并在 3 位上与木糖相连。

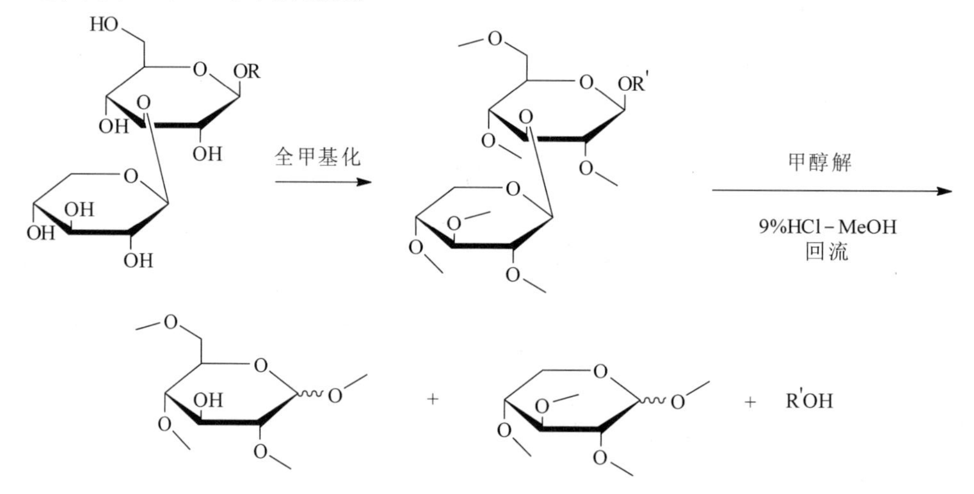

图 5-20 糖苷的全甲基化甲醇解反应

糖与苷元成苷后，苷元的 α-碳、β-碳和糖的端基碳的化学位移值都会发生改变，这种改变成为苷化位移。苷化位移值与苷元结构有关，与糖的种类关系不大。苷化位移在推测糖与苷元、某些苷元被苷化后碳的绝对构型和碳氢信号归属上具有重要作用。尽管糖与糖通过苷键相连并不称为苷，但在解决它们之间的连接位置时，苷化位移仍然适用。用苷化位移确定糖与糖之间的连接位置，关键是要将糖中碳的信号正确归属。在被苷化的糖中，通常 α-碳的位移较大，β-碳稍有影响，其他碳则影响不大。对于双糖苷在确定了苷中糖的基础上，可参考该糖甲苷的化学位移值归属末端糖中碳的信号，然后再根据内侧甲苷的化学位移值归属内侧糖的碳信号，最后根据苷化位移规律确定糖与糖的连接位置。对于三糖以上的苷，糖中碳信号的归属往往困难，需要借助二维碳核磁共振谱进行正确归属。

5. 5. 2. 3 糖链连接顺序的确定

早期决定糖连接顺序的方法主要是缓和酸水解法(低浓度的无机酸或有机酸水解)、酶解、乙酰解、碱水解等方法，将部分苷键裂解产生单糖或小分子低聚糖，然后通过薄层色谱等方法对产物进行鉴定，从而确定糖与糖之间的连接顺序。Smith 裂解法也广泛用于糖连接顺序的确定，只是分析碎片的工作比较烦琐。近年来，质谱分析也已用于糖链连接顺序的研究。在快原子轰击质谱(FAB-MS)中有时会出现苷分子中依次脱去末端糖的碎片离子峰。如果单糖的质量不同，可由此确定糖的连接顺序。

5.5.2.4　苷键构型的测定

苷键构型主要通过酶水解法、分子旋光法(Klyne 法)和核磁共振法来进行测定。

利用酶水解专属性高、立体选择性强的特点，使用能够水解特定苷键构型的专属糖苷酶进行水解，通过分析酶解产物来推断糖苷的苷键构型。能被 α 苷键水解酶水解的苷必然是 α 苷键构型，能被 β 苷键水解酶水解的苷必然是 β 苷键构型。

分子旋光法通过分别测定未知苷键构型的苷和其水解所得苷元的旋光度，再计算得到苷及苷元的分子比旋度，用苷的分子比旋度减去苷元的分子比旋度，求得其差值，将此差值与形成该苷的单糖的一对甲苷的分子比旋度进行比较，其数值相近的就是此种单糖的苷键构型。

利用核磁共振谱中糖的端基质子的偶合常数及 α 苷键和 β 苷键端基碳的化学位移差别来判断苷键的构型是目前最常用的方法。

5.6　糖和糖苷类化合物在食品领域中的应用

5.6.1　糖类

基于糖类的多种理化性质和生理功能，已被广泛应用于食品、医药、化妆品、农业等多个领域。在食品工业中，糖类一般作为食品生产的重要配料，起着改善或稳定食品品质、增强食品风味等多种作用；利用其多种生理活性开发功能性食品，可以满足普通消费群体及特殊人群对于天然、营养和健康的追求；许多糖类具有的低热值、低甜度的特性也使得其替代蔗糖成为功能性甜味剂的理想选择；基于多糖的来源广、低成本及良好的生物相容性，将其开发作为可食性包装材料应用于产品的贮藏、保鲜或流通等方面也引起了人们极大的兴趣。

5.6.1.1　食品生产辅料

(1)低聚糖

基于低聚糖的高保水能力、良好的水溶性和稳定性，以及很好的抗淀粉老化作用，防止蛋白质在不利条件如冷冻、高温或干燥条件下的变性，抑制脂类物质的酸败以及水产品的腥臭味的特性，使得低聚糖在食品中被广泛用作保湿剂、乳化剂、品质改良剂、保鲜剂及防腐剂，可以改善或保持食品的品质与性能，是食品生产加工过程中的重要辅料。

例如，海藻糖的抗淀粉老化作用在低温或冷冻条件下效果更加显著，用于米面制品中能保持其良好的口感和品质，再加上抑制鱼腥味的产生和蛋白质的变性等作用，海藻糖已经应用于烘焙食品、植物蛋白饮料以及一些冷冻肉制品的加工中。水苏糖有良好的化学稳定性和热稳定性，不会与食品原料或添加剂发生反应，可作为饮料、糖果和方便食品等生产用的优质食品基料。低聚果糖对酸奶冰淇淋中的嗜酸乳杆菌具有增菌和保护效果，能增加产品中的活菌数，其良好的保湿作用添加在面包中，能延缓淀粉老化，使产品松软可口，防止其变硬，可有效延长货架期。低聚异麦芽糖在食品和饮料加工中表现出高度的稳定性、适度的甜味、高保湿性、较低的水分活度并且不被酵母消化，应用于面包、糕点的生产能增加产品的保湿性，使其松软具有弹性；添加于冰淇淋中有利于其质构和口感的改善；利用其不发酵的特性添加到啤酒中不被酵母分解利用，可以促进双歧杆菌的生长繁殖。低聚木糖作为保湿剂和持水剂添加到焙烤食品中可以改变面团的流变特性，控制最适水分效果，有助于延长食品货架期。乳酮糖(又叫异构化乳糖或乳果糖)作为食品基料，耐高温，耐酸，具有高稳定性和良好的水溶性，热量值低，能增强食品的风味且不引起龋齿。乳酮糖在我国批准使用并可以添加到乳粉、婴幼儿配方乳粉、饼干和饮料的生产中，在孕妇奶粉和老年人奶粉中也能添加。应用于酸奶的加工中能强化酸奶的功能特性，添加到冰淇淋和炼乳奶制品中能减少沙粒感。

(2)多糖

植物性多糖如淀粉在许多食品加工中可作为增稠剂、胶体生成剂、黏合剂等，也可以用来制造粉丝、粉条、粉皮等食品。果胶在果酱、果冻的生产中可作为胶凝剂，赋予产品弹性和韧性；在冰淇淋中作为乳化剂起乳化稳定的作用；在酸奶、乳酸饮料及果汁饮料中作为稳定剂和增稠剂，同时延长制品的保存期。树胶如阿拉伯胶添加在糖果点心中能防止蔗糖结晶及脂肪从表面析出形成“白霜”，还可作为啤酒中的泡沫稳定剂、冰淇淋中防止冰晶析出的稳定剂。从海藻中提取的海藻多糖(如海藻酸盐、卡拉胶、琼胶等)是重要的海藻源食品配料，广泛应用于饮料、肉制品、奶制品等的生产中。基于红藻多糖的凝胶性、乳化性及稳定性，添加在糖果、果冻、冰淇淋等食品中，能改善和稳定产品的质构和品质。一些微生物多糖如黄原胶、结冷胶等在食品工业中通常用作增稠剂、稳定剂和持水剂。

5.6.1.2 功能性食品有效成分

一些具有许多生理活性的糖类可被广泛应用于生产营养、保健功能性食品，如低聚异麦芽糖、低聚果糖、低聚半乳糖、大豆低聚糖等功能性低聚糖和植物多糖、真菌多糖和海洋生物多糖等生物活性多糖。

(1)功能性低聚糖

功能性低聚糖是典型的益生元，除了具有与糖醇类似的预防龋齿和控制血糖等作用，还具有调节肠道有益菌群、降低血脂及胆固醇、提高机体免疫力、预防肿瘤等功效，可作为有效成分用于开发各种功能性食品，如婴幼儿食品、糖尿病患者食品、调节肠道功能保健食品、减肥食品及膳食补充剂。如利用低聚果糖能量低、甜度低的特点可生产低糖食品和减肥食品，其水溶性膳食纤维的特性可用于生产新型功能性保健品以及改善便秘症状的功能性食品，将其作为保健品服用还能防止面疱、雀斑、老年斑等的形成，使皮肤保持亮丽。此外，通常还将低聚果糖和低聚半乳糖以复合益生元的形式添加到婴幼儿配方食品中，有利于婴幼儿肠道微环境的调节。低聚异麦芽糖对人体肠道的双歧杆菌有极强的增殖效果，在很多方面与膳食纤维的作用相似，具有净化肠道、防止便秘、增强机体免疫力的特殊功效及显著的抗龋齿、调节血脂水平的作用，多作为功能性食品配料或特殊保健食品配料添加在保健品、乳制品、饮品、糖果等多种食品中。

(2) 多糖

多糖主要包括植物多糖(枸杞、黄芪、芦荟、大枣、魔芋等)、真菌多糖(猴头菇、香菇、灵芝、金针菇等)、海洋生物多糖(海藻类、甲壳动物、鱼类等)的生物活性多糖具有降低血糖与血脂、延缓衰老、抗肿瘤、提高机体免疫力、抗病毒、抗炎等生理活性，可用于功能性食品或特殊用途食品的开发。枸杞多糖作为一种备受欢迎的功能性食品添加剂已用于许多保健食品的开发，如枸杞多糖口服液、枸杞保健饮料、枸杞粉等。一些真菌多糖如灵芝多糖、茶树菇多糖可添加于发酵乳中用于研发新型功能性乳制品。香菇多糖能提高细胞免疫力，促进细胞修复，可以作为增强剂和调节剂来提高体液免疫和细胞免疫能力，利用其抗逆转录病毒活性，可用于开发抗流感保健食品。以海藻胶、岩藻多糖等为代表的海藻多糖具有改善胃肠道系统、抗氧化等保健功效，再加上其凝胶、增稠、乳化和成膜的理化特性，在海洋功能性食品的开发中具有很高的应用价值，是一类重要的海洋功能性食品配料。有些动物多糖如透明质酸在食品中也可以应用于美容类保健食品的开发，口服后经过消化、吸收，能增加内源性透明质酸的含量，使皮肤保持持久滋润，富有弹性和光泽；壳聚糖能改善消化吸收、降低脂肪及胆固醇的摄取，因而被广泛用于瘦身健康食品。

5.6.1.3　功能性蔗糖替代品

(1) 糖醇类化合物

糖醇类化合物如木糖醇、麦芽糖醇、乳糖醇、山梨醇、甘露醇等具有与蔗糖相似或低于蔗糖的甜度以及一些特殊的生理功能，热值低，在食品工业中可作为功能性甜味剂替代蔗糖发挥多种作用。木糖醇和蔗糖甜度、外形都类似，具有某些食糖的属性，且能量和甜度要高于其他糖醇，具有防龋齿、改善肝功能等特殊的生理功能，是食品工业中理想的功能性甜味剂。麦芽糖经过氢化还原得到的麦芽糖醇可以作为一种低热量的填充型甜味剂，其甜度约为蔗糖的一半，可作为食品加工中的甜味剂、保湿剂、增稠剂、乳化剂和品质改良剂，用于生产糖果、低热量巧克力、饼干、蛋糕、奶制品、无糖食品和脂肪替代品等。乳糖经还原反应制得的乳糖醇也可以作为一种低热量的甜味剂，还具有预防龋齿、增殖肠道有益菌群、通便、降低脂肪积累、保护肝脏等保健功能，在食品工业中可用于低糖糖果(硬糖、软糖、口香糖、压片糖)、低糖焙烤食品、低糖饮料、巧克力及冰淇淋等的生产。此外，赤藓糖醇与上述功能性糖醇相比，具有溶液渗透压高、低吸湿性等特点，同时又由于其热量低、甜味协调性好、溶解时吸热多、且对酸及热的稳定性高等诸多优良特性，近年来广泛应用于食品工业，如低糖低热量型饮料以及糖果、口香糖、巧克力等甜食中经常会使用赤藓糖醇，以满足消费者对健康的追求。

(2) 低聚糖

低聚糖的甜度为蔗糖的 0.3~0.6 倍，这种低甜度的特性在食品配方中被用作蔗糖的替代品，生产低糖或无糖产品。乳糖、海藻糖、水苏糖等低聚糖都可以作为甜味剂替代蔗糖添加在食品中，广泛应用于糖果、饮料、面包糕点、冰淇淋等中。功能性低聚糖类如大豆低聚糖，保温性、吸湿性比蔗糖小，又优于果葡糖浆，作为甜味剂可用于清凉饮料和焙烤食品中。同时，大豆低聚糖较高的渗透压使其可以替代蔗糖用于食品的保藏。低聚果糖作为独特的低热值、难消化的功能性甜味剂，可替代部分蔗糖用于生产各种糖果、果冻、巧克力等甜食制品，其添加在焙烤食品中对产品的着色效果也要优于蔗糖。

5.6.1.4 食品可食性包装材料

一些多糖类大分子物质具有良好的成膜性、生物相容性和生物可降解性，可以用来制备食品可食性包装膜材料，用于食品加工及包装保鲜领域。多糖基可食性包装膜一般具有良好的物理性能，膜透明、无毒且可以食用；阻水阻气性好，可以延缓食品中的水和其他成分向外部的迁移与扩散，调节气体组成；还可以作为食品中营养和抗菌物质等的载体。淀粉、藻酸盐、纤维素、壳聚糖、普鲁兰多糖等都具有良好的涂层形成性能，可用作可食性包装膜材料的构建。

淀粉是开发及应用最早的成膜材料，淀粉基可食膜能抑制果蔬的呼吸作用，减少肉制品的微生物污染，降低油脂的氧化酸败以及缓解食品的失水吸潮现象，广泛应用于果蔬、肉类、油炸食品、焙烤食品的保藏以及食品包装等方面。壳聚糖的成膜性和抗菌性使得其在食品工业中常用于食品包装，可制成壳聚糖涂膜或可食用抗菌膜，能有效地保护食品不被外源微生物污染，提高产品质量。在壳聚糖成膜溶液中添加其他天然抑菌剂和抗氧化剂(如植物精油、绿茶提取物等)可以进一步提高膜的抗菌、抗氧化性，开发环保的活性食品包装材料；将绿球藻多糖作为天然活性物质与壳聚糖复合制备的可食活性膜具有良好的阻湿性能及抗氧化性能，有利于其保鲜性能的提升。普鲁兰多糖水溶液形成的涂膜透明、高度不透氧，具有优异的机械性能，还可以荷载其他色素、香料、营养或抗菌添加剂，用于新鲜果蔬、海产品或鸡蛋等食品的保鲜，以延长货架期。此外，多糖基复合膜的开发利用也十分广泛，如魔芋葡甘聚糖-壳聚糖-羧甲基纤维素钠复合制备的可食性速溶共混保鲜膜、海藻酸钠与阿拉伯树胶为主要成膜物质制备的复合可食性包装膜、马铃薯淀粉/海藻酸钠复合交联可食膜等。

5.6.2 糖苷类化合物

糖苷类化合物在自然界中分布十分广泛，目前发现的糖苷类化合物种类繁多且结构不一，生理活性也比较多样，基于其在心血管系统、呼吸系统、消化系统、神经系统以及抗菌抗炎、免疫功能调节、抗肿瘤等方面不同的生理活性，在资源利用方面一般将其开发作为药物中的有效成分。而在食品领域中，糖苷类化合物主要是作为甜味剂取代部分蔗糖以及基于其多种生理功能作用来开发生产功能性食品。

5.6.2.1 萜类苷

二萜类甜菊糖苷(以甜菊醇作为苷元)是一类从甜叶菊叶子中提取的高甜度、低热值的甜味剂，其甜度是蔗糖甜度的200~350倍，而热量仅为蔗糖的1/300。与三氯蔗糖、阿巴斯甜等人工合成的高倍甜味剂相比，是一种性能优良的天然甜味剂和非常理想的蔗糖替代品，且不会引起龋齿，可以添加于食品和饮料中，满足健康人群、肥胖患者以及糖尿病人对于甜味的需求，同时还具有辅助治疗糖尿病的作用。此外，甜菊糖苷可发展作为一种新型的表面活性剂，如与大豆蛋白形成的复合体系具有作为天然起泡剂、乳化剂、悬浮液稳定剂等食品配料的能力。

甘草提取物中的功能性成分之一甘草酸(甘草甜素)是一种三萜皂苷，是甘草产生甜味的主要成分，其甜度为蔗糖的50~100倍。甘草酸作为一种天然甜味剂，具有良好的味感，利用其乳化作用可使食品组分混合均匀，稳定和改善食品品质；利用其起泡作用添加于啤酒中，能增加泡沫体积并保持泡沫的稳定性；利用其低热值的特性及抗病毒、抗氧化、降血脂和免疫调节的生理功能作用，可用于开发生产天然的低热值保健食品，满足特殊人群的需求。目前已在饮料、面包、酥饼、蛋糕、肉松等食品中得到广泛应用。

5.6.2.2　黄酮类苷

槲皮素糖苷衍生物(以槲皮素作为苷元)是一种在植物分布广泛的生物活性物质，有降血糖、降血脂的功效，具备开发作为可供糖尿病患者、肥胖患者及相关代谢疾病患者使用的功能性食品和治疗药物的潜力。

花色苷是花青素糖苷类化合物，作为一种天然色素，安全无毒、色彩鲜艳、气味芳香、资源丰富，还具有非常强的抗氧化活性和抗炎、调节血糖血脂、增强学习记忆能力等多种生理保健功能。在食品领域中被列为天然色素类食品添加剂，是集着色、增香、保健作用于一体的新一代功能性食品配料，广泛应用于果酱、果汁、糖果、葡萄酒、乳制品、焙烤食品及多种保健食品中。

5.7　糖和糖苷类化合物提取分离和结构鉴定实例

5.7.1　松露多糖的提取分离与结构鉴定

以四川会东松露为原料，首先将新鲜松露洗净后切片，放置在60 ℃烘箱中烘干，打粉并过40目筛以备用。

(1)松露多糖的提取

称取松露干粉，按一定比例加入蒸馏水，边加热边搅拌，收集上清液；用体积分数为80%的乙醇进行醇沉，在温度4 ℃条件下过夜；离心收集沉淀后经冷冻干燥得到松露粗多糖。

采用苯酚-硫酸法测定粗多糖含量，以多糖得率为评价指标，优化松露粗多糖的最佳提取工艺为：提取时间2 h、料液比1∶40(g/mL)和提取温度80 ℃，此条件下的多糖提取量最高为9.83%。

(2)松露多糖的纯化

将提取得到的粗松露多糖进行分离纯化，首先采用Sevag法脱除去蛋白。然后采用DEAE-52纤维素柱层析进行松露多糖的分级分离，具体方法如下：准确称取400 mg松露多糖，用6 mL去离子水进行溶解，过滤膜后加入到纤维素层析柱(2.6 cm×50 cm)中，分别使用去离子水、0.1、0.2、0.3、0.4、0.5 mol/L的NaCl溶液进行梯度洗脱。

从洗脱曲线可以看出，松露多糖有两个洗脱峰，分别出现在 0.2 mol/L 和 0.3 mol/L NaCl 洗脱液中，分别命名为 TPS - A 和 TPS - B(量少)。将组分适当浓缩后装入 3 000 kDa 透析袋中，置于 4 ℃超纯水中透析 48 h，6~8 h 更换一次超纯水，达到除去 NaCl 的目的，透析结束后冻干。

(3)单糖组成的测定

主要介绍 TPS-A 组分组成的测定。取 2 mg 多糖与 1 mL 的 2 mol/L 三氟乙酸混合，在 120 ℃条件下水解 90 min，水解结束后使用旋转蒸发仪蒸干。残基加入 2 mL 双蒸水和 100 mg 硼氢化钠还原，再加入冰醋酸中和、旋蒸，110 ℃烘箱烘干，然后加入 1 mL 乙酸酐在 100 ℃下进行乙酰化反应 1 h，冷却，加入 3 mL 甲苯，减压浓缩蒸干，重复 4~5 次以除去多余的醋酐。将乙酰化后的产物用 3 mL 氯仿溶解后转移至分液漏斗中，加入少量蒸馏水充分振荡以除去上层水溶液，重复 5 次。而后氯仿层以适量的无水 $NaSO_4$ 干燥，定容至 10 mL，采用 GC-MS 测定乙酰化产物样品。

将多糖与 KBr 研磨均匀后进行压片，在 4 000~400 cm^{-1}波长范围内进行傅里叶红外光谱分析(FTIR)。

将 TPS-A 与样品载物台紧密贴合，使其均匀分布于表面，随后喷金，用扫描电镜(SEM)直接观察。

综上结果推测 TPS-A 的主要单糖组成为甘露糖、葡萄糖、鼠李糖，是含有 β 糖苷键的吡喃型多糖。

5.7.2 芝麻素酚三糖苷的提分离与结构鉴定

以芝麻粕为原料，在 50 ℃下真空干燥 16 h 后冷却至室温，粉碎，过 60 目筛。称取一定量处理后的芝麻粕粉，按质量(g)：体积(mL)= 1：10 加入正己烷，室温搅拌 8 h 进脱脂处理，重复脱脂处理 3 次后过滤，滤渣备用。

(1)芝麻素酚三糖苷的提取

准确称取 5.0 g 脱脂芝麻粕置于 250 mL 装有冷凝管的三口圆底烧瓶中，按一定料液比加入不同体积分数的乙醇溶液，在一定温度下搅拌回流一定时间，冷却后过滤，滤渣重复提取几次。合并提取液减压浓缩至 5.0 mL，用等体积的正己烷萃取 3 次，合并萃余液后真空冷冻干燥后即得芝麻素酚三糖苷粗提物。

优化芝麻素酚三糖苷的最佳提取工艺条件为：料液比为 1：20，乙醇体积分数为 75%，提取温度为 25 ℃，提取时间为 10 h，提取次数为 2 次。在最佳提取工艺条件下得到芝麻素酚三糖苷粗提物得率约为 19.4%。

(2)芝麻素酚三糖苷的分离与纯化

采用 HPLC 对芝麻素酚三糖苷进行分离，UV 检测器进行检测，基本操作如下：用 5.0 mL 去离子水溶解样品，取相同体积的样品溶液和一定质量浓度的内标溶液(用 50% 甲醇配制成 800 μg/mL 的柚皮素内标溶液)混合，过 0.45 μm 滤膜后用 HPLC 检测。HPLC 条件为：Phenomenex（C_{18}，4.6 mm×150 mm，5 μm）色谱柱；柱温 30 ℃；进样量为 20 μL；流动相 A 为甲醇，流动相 B 为水；洗脱条件为 30%~60%甲醇线性梯度洗脱 45 min；流速 1.0 mL /min；UV 检测器检测波长为 290 nm。

结果表明芝麻素酚三糖苷粗提物的保留时间大约为24.7 min，内标在其附近出峰(t_R= 31.8 min)。经过聚酰胺柱层析法分离纯化，纯度可达86.53%。

(3)芝麻素酚三糖苷的结构鉴定

为了进一步鉴定所提目标物，使用LC-MS对芝麻素酚三糖苷粗提物进行进一步的结构分析。LC条件为：Waters ACQUITY UPLC色谱仪；检测器Waters ACQUITY PDA；分析柱为CSH (C_{18}，2.1 mm×100 mm，1.7 μm)；柱温45 ℃；进样量5 μL；流动相A为乙腈，流动相B为0.1%的甲酸；洗脱条件为0~6 min(5% A)，6~8 min(60%A)；流速0.3 mL/min。MS条件为：离子方式ESI；毛细管电压3.0 kV；锥孔电压30 V；离子源温度100 ℃；脱溶剂气温度400 ℃；脱溶剂气流速500 L/ h；锥孔气流速50 L/ h；碰撞能量(eV)6 V；质量范围(*m/z*)100~1 500；检测器电压1 800 V。

LC-MS结果表明，碎片*m/z* 855是$[M-H]^-$离子(相对分子质量为856)，$[M+Cl-]^-$离子碎片为*m/z* 891和*m/z* 892，*m/z* 693和*m/z* 369离子碎片分别是芝麻素酚二糖苷(相对分子质量694)和芝麻素酚(相对分子质量370)，碎片*m/z* 179和*m/z* 485分别来自$[C_6H_{12}O_6-H]^-$和3个葡萄糖残基，表明提取物结构式中至少有3分子葡萄糖残基。由此可以确定该物质为芝麻素酚三糖苷。

参考文献

毕云枫，徐琳琳，姜珊，等，2017. 低聚糖在功能性食品中的应用及研究进展[J]. 粮食与油脂，30(01)：5-8.

陈光静，2019. 方竹笋的加工废笋渣中多糖的分离纯化和结构解析及其生物活性研究[D]. 重庆：西南大学.

陈建国，王茵，梅松，等，2003. 茶多糖降血糖，改善糖尿病症状作用的研究[J]. 营养学报，25(03)：253-255.

陈云龙，何国庆，张铭，等，2003. 细茎石斛多糖的降血糖活性作用[J]. 浙江大学学报（理学版），43(07)：693-696.

董权锋，于荣，2009. 寡糖研究新进展[J]. 食品与药品，11(07)：63-66.

董晓萌，2015. 海藻酸钠基可食包装膜的性能研究[D]. 无锡：江南大学.

冯优，王凤山，张天民，等，2008. 多糖类药物的研究进展[J]. 中国生化药物杂志，29(02)：129-133.

冯源，2019. 发酵工程在功能性食品中的应用研究[J]. 生物化工，5(02)：140-142.

幸红梅，蒙义文，蒲蔷，2003. 黄精多糖的抗单纯疱疹病毒作用[J]. 应用与环境生物学报，9(01)：21-23.

韩叙，郭月红，赖晓英，等，2005. 功能性低聚异麦芽糖及其在食品中的应用[J]. 中国食品添加剂(03)：96-100.

何兰，姜志宏，2008. 天然产物资源化学[M]. 北京：科学出版社.

黄伟志，钟先锋，彭家伟，等，2018. 水苏糖生产、功能及其应用简述[J]. 食品工业科技，39(01)：327-332.

金征宇，2008. 碳水化合物化学：原理与应用[M]. 北京：化学工业出版社.

李丹，尚红，姜拥军，2004. 香菇多糖体外抗HIV的免疫调节作用的实验研究[J]. 中国免疫学杂志，20(04)：253-255.

李丹丹，宋烨，吴茂玉，等，2013. 植物多糖的水解及水解物结构的研究进展[J]. 食品与发酵工业，

39(07)：165-170.
李俊霖，郭传庄，王松江，等，2019. 赤藓糖醇的特性及其应用研究进展[J]. 中国食品添加剂，30(10)：169-172.
李美凤，袁明昊，邹仕赟，等，2020. 松露多糖的提取、分离纯化和结构鉴定[J]. 食品与发酵工业，46(16)：196-200.
李树芳，2018. 玛咖叶多糖的分离纯化、结构鉴定和生物活性研究[D]. 郑州：郑州大学.
廖梅蓉，刘典英，2012. 希明婷片治疗围绝经期抑郁症 30 例[J]. 中国老年学杂志，32(18)：4043-4044.
刘红梅，2013. 海藻糖的加工性能及在食品行业中的应用[J]. 轻工科技，29(08)：14-15.
刘花兰，姜竹茂，刘云国，等，2015. 功能性低聚糖的制备、功能及应用研究进展[J]. 中国食品添加剂(12)：158-166.
刘淑贞，周文果，叶伟建，等，2017. 活性多糖的生物活性及构效关系研究进展[J]. 食品研究与开发，38(18)：211-218.
刘湘，汪秋安，2010. 天然产物化学[M]. 北京：化学工业出版社.
卢未琴，高群玉，吴磊，2008. 麦芽糖醇在食品工业中的应用[J]. 中国酿造(14)：1-4.
缪月秋，顾龚平，吴国荣，2005. 植物多糖水解及其产物的研究进展[J]. 中国野生植物资源，24(02)：4-7.
彭珍，孟庆然，陈璐，等，2016. 芝麻粕中芝麻素酚三糖苷的提取、纯化与结构鉴定[J]. 中国油脂，41(01)：68-71.
秦益民，2019. 海藻活性物质在功能食品中的应用[J]. 食品科学技术学报，37(04)：18-23.
任丽丽，李海雷，2010. 花色苷在食品中的应用研究进展[J]. 山东食品发酵(04)：11-13.
石任兵，2012. 中药化学[M]. 北京：人民卫生出版社.
孙华，张彦昊，张翔，等，2019. 普鲁兰多糖在食品保鲜和生物医学中的应用综述[J]. 江苏农业科学，47(20)：48-52.
孙启泉，左爱侠，张婷婷，2017. 升麻属植物化学成分，生物活性及临床应用研究进展[J]. 中草药，48(14)：3005-3016.
孙彦峰，2019. 绿球藻多糖的提取优化和壳聚糖/绿球藻多糖复合膜的制备及性能研究[D]. 太原：山西大学.
台一鸿，石良，2019. 功能性低聚糖的生理功能及应用研究进展[J]. 食品安全导刊(12)：175-177，183.
滕超，查沛娜，曲玲玉，等，2014. 功能性寡糖研究及其在食品中的应用进展[J]. 食品安全质量检测学报，5(01)：123-130.
万会达，李丹，夏咏梅，2015. 甜菊糖苷类物质的功能性研究进展[J]. 食品科学，36(17)：264-269.
万芝力，2016. 大豆蛋白-甜菊糖苷相互作用及对界面主导食品体系的调控研究[D]. 广州：华南理工大学.
王丹蕊，石阶平，2003. 几种植物多糖对链脲菌素致糖尿病大鼠的调节作用及机理探讨[J]. 成都中医药大学学报，26(03)：20-22.
王凤仙，刘博亚，2015. 异构化乳糖的生理功能及在食品工业中的应用[J]. 中国食品添加剂(05)：179-183.
王静，王睛，向文胜，2001. 色谱法在糖类化合物分析中的应用[J]. 分析化学，29(02)：222-227.
王钦茂，洪浩，赵帜平，等，2002. 丹皮多糖-2b 对 2 型糖尿病大鼠模型的作用及其降糖作用机制[J]. 中国药理学通报，18(04)：456-459.
王岳五，张海波，史玉荣，等，2001. 甘草多糖 GPS 对病毒的抑制作用[J]. 南开大学学报(自然科学版)，34(02)：126-128.
王振宇，赵海天，2015. 生物活性成分分离技术[M]. 哈尔滨：哈尔滨工业大学出版社.
吴继洲，孔令义，2008. 天然药物化学[M]. 北京：中国医药科技出版社.
吴建芬，冯磊，张春飞，等，2003. 茶多糖降血糖机制研究[J]. 浙江预防医学，15(09)：10-11.
吴晓霞，李建科，余朝舟，2008. 魔芋葡甘聚糖-壳聚糖-羧甲基纤维素钠复合可食性保鲜膜研究[J]. 食品工业科技(02)：236-238，242.
谢明勇，殷军艺，聂少平，2017. 天然产物来源多糖结构解析研究进展[J]. 中国食品学报，17(03)：1-19.
徐怀德，2009. 天然产物提取工艺学[M]. 北京：中国轻工业出版社.
徐玉洁，王俊儒，2019. 紫珠草多糖类物质的初步表征及抗补体活性研究[J]. 西北林学院学报(02)：29.
闫淑霞，李鲜，孙崇德，等，2015. 槲皮素及其糖苷衍生物降糖降脂活性研究进展[J]. 中国中药杂志，40(23)：4560-4567.
杨刚，高健，2000. 低分子肝素预防人工髋、膝关节置换术后下肢深静脉血栓形成的研究[J]. 中华外科杂志，38(01)：25-27.
杨杰，李迎秋，2017. 香菇多糖的提取、分离及应用研究综述[J]. 江苏调味副食品(02)：6-9.
杨明，崔志勇，1992. 人参多糖对动物正常血糖及各种实验性高血糖的影响[J]. 中国中药杂志，17(08)：500-501.
杨小莹，陈杰，杨新明，等，2007. 抗抑郁药物及其研究方法的进展[J]. 中国中药杂志，32(09)：770-774.
殷涌光，韩玉珠，丁宏伟，2006. 动物多糖的研究进展[J]. 食品科学，27(03)：256-262.
尤新，2004. 木糖醇作为食糖替代品的特性和应用[J]. 中国食品添加剂(02)：1-5.
张安强，张劲松，潘迎捷，2005. 食药用菌多糖的提取、分离纯化与结构分析[J]. 食用菌学报，12(02)：62-68.
张高红，郑永唐，2004. 多糖化合物抗 HIV 活性及应用[J]. 中国生物工程杂志，24(01)：6-10.
张慧娜，林志彬，2003. 灵芝多糖对大鼠胰岛细胞分泌胰岛素功能的影响[J]. 中国临床药理学与治疗学，8(03)：265-268.
张力田，2013. 碳水化合物化学[M]. 北京：中国轻工业出版社.
张倩，孔青，续飞，等，2019. 淀粉基可食膜在食品工业中的应用研究进展[J]. 现代食品 (06)：93-95.
张宇，2016. 中药多糖提取分离鉴定技术及应用[M]. 北京：化学工业出版社.
赵克力，黄纯翠，武红梅，等，2017. 基于质谱技术的糖链结构解析研究进展[J]. 生物化学与生物物理进展，44(10)：848-856.
赵伟伟，刘孟安，王斌胜，2018. 单味中药免疫增强作用的研究进展[J]. 中西医结合心血管病电子杂志(03)：10.
郑炯，黄明发，张甫生，2007. 甘草甜素的生理功能及其在食品工业中的应用[J]. 中国食品添加剂(02)：165-168.
朱桂兰，童群义，2012. 微生物多糖研究进展[J]. 食品工业科技，33(06)：444-448.
邹宇晓，王思远，刘凡，等，2016. 花色苷基于分子辅色机制的稳态化制备与应用技术研究进展[J]. 现代食品科技，32(06)：328-339.
左绍远，万顺康，2000. 钝顶螺旋藻多糖降血糖调血脂实验研究[J]. 中国生化药物杂志，21(06)：289-291.
左绍远，2005. 植物多糖类生物学活性研究进展[J]. 大理学院学报(综合版)，4(03)：73-76.

LI J X, KADOTA S, LI H Y, et al, 1997. Effects of Cimicifugae rhizoma on serum calcium and phosphate levels in low calcium dietary rats and on bone mineral density in ovariectomized rats[J]. Phytomedicine, 3(04): 379-385.

PATEL S, GOYAL A, 2010. Functional oligosaccharides: production, properties and applications[J]. World Journal of Microbiology and Biotechnology, 27(05): 1119-1128.

第6章　萜类化合物

萜类化合物是广泛存在于自然界天然产物中的一类非常重要的烃类化合物，其结构特点是它们的碳骨架都可以看作是由异戊二烯的聚合体及其含氧的饱和程度不等的衍生物组成。萜类化合物除了可以在自然界中单独存在外，还可以同其他类型的化合物相缩合。它们在自然界中分布广泛，已经成为各种天然产物中种类最多的一类化合物。

萜类化合物广泛存在于自然界中的高等植物、真菌、微生物、某些昆虫和海洋生物中。作为中草药中一类相当重要的化合物，萜类化合物在治疗各种疾病中有着非常重要的作用，如梓醇是地黄降血糖的主要成分，而月桂烯是治疗痰多和咳嗽的有效物质，中药青蒿中的青蒿素对恶性疟疾有速效。同时，它们也是非常重要的天然香料，是食品工业不可或缺的原料，如姜烯、α-姜黄烯、β-麝子油烯和水芹烯等萜类化合物都是常用的食品调味料。

自然界中形形色色的萜类化合物，大部分以游离态的形式存在于生物体中，部分以糖苷和酯或内酯的形式存在于生物体中。另外，在生物体中有的萜类以单体的形式存在，有的以二聚、三聚甚至多聚的形式存在，有的萜类与其他类型的天然产物，如香豆素、黄酮、蒽醌、生物碱、氨基酸等类化合物以聚合物或结合物的形式存在。

早期，对于萜类化合物的研究是和挥发油联系在一起的，因此单萜以及倍半萜的发展比较快。由于科学技术的进步、分离手段的多样性，使原来不能分离或得到纯化合物比较困难的萜类化合物现在几乎都可以得到分离纯化；另外，由于结构研究手段更加先进，更趋微量化，从而使一些比较难于分离鉴定的二萜、三萜甚至四萜的研究取得了更大的发展。

6.1　萜类化合物的概念

萜类化合物是一类重要的天然产物。虽然萜类化合物数量多、类型多、结构复杂，但在众多复杂的结构中有基本的规律可循，正是这些规律的存在也为萜类化合物的划分和定义奠定了基础。目前，萜类化合物的定义主要有两种：从生物代谢的途径看，凡由甲戊二羟酸衍生，且分子式符合$(C_5H_8)_n$($n\geqslant2$)通式的衍生物均称为萜类化合物；从化学结构特征看，萜类化合物是异戊二烯的聚合物及其衍生物，其基本碳骨架通常具有5个碳的异戊二烯结构单元。

异戊二烯是一个五碳单元，化学名称为2-甲基-1,3-丁二烯。根据利奥波德·鲁兹卡(Leopold Ruzicka)提出的异戊二烯规则，萜类化合物是由异戊二烯单元的头尾连接而形成的。碳1为头，碳4为尾。例如，月桂烯是由两个异戊二烯单元的头尾结合形成的简单的含10个碳的萜类化合物，如图6-1所示。

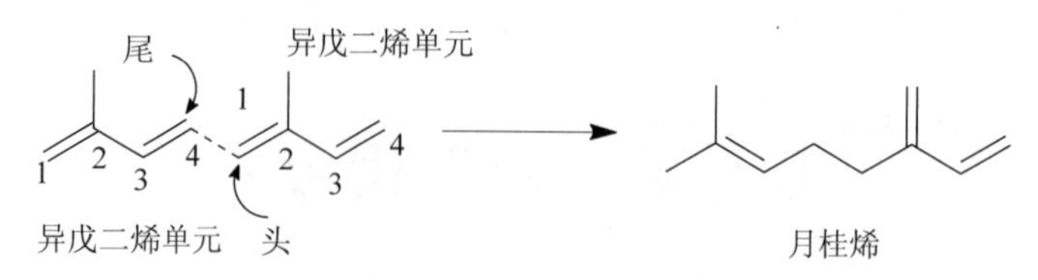

图 6-1 由异戊二烯单元连接形成的月桂烯

6.2 萜类化合物的分类

萜类化合物的分类方法有很多种，最常见的就是按照其分子中所含有的异戊二烯数量进行分类，见表 6-1。

表 6-1 萜类化合物的分类与分布

类别	通式$(C_5H_8)_n$	碳原子数	存在	含氧衍生物
半萜	$n=1$	5	植物叶	醇、醛、酸等
单萜	$n=2$	10	挥发油	醇、醛、酮、醚等
倍半萜	$n=3$	15	挥发油、树脂	醇、醛、酮、醚、内酯等
二萜类	$n=4$	20	树脂	植物醇、树脂酸、内酯等
二倍半萜	$n=5$	25	植物病菌、昆虫代谢物	醛、酮、酸等
三萜	$n=6$	30	树脂、皂苷	醇、酸等
四萜	$n=8$	40	色素	色素等
多萜	$n>10$	>40	橡胶	—

此外，还可以按照成环的数目对萜类化合物进行分类，如链状单萜、单环单萜、双环单萜、三环单萜等；链状倍半萜、单环倍半萜、双环倍半萜、三环倍半萜等；链状二萜、单环二萜、双环二萜、三环二萜、四环二萜等；链状三萜、三环三萜、四环三萜、五环三萜等。

还可以按照碳环的骨架加以分类，如单萜中的月桂烷、蓝桉烷、蒎烷、香芹樟烷等；倍半萜中的金合欢烷、榄香烷、吉马烷、芹子烷、藿香烷、伊鲁烷等；二萜中西松烷、塔三烷、松香烷、贝壳杉烷等；三萜中龙涎香烷、原萜烷、达玛烷、羊毛甾烷、齐墩果烷、乌苏烷、羽扇豆烷、蒲公英烷等。

如果按照功能基团来划分，则有倍半萜内酯、二萜内酯、三萜酸等。

下面就按照最常见的分类方法——按照其分子中所含有的异戊二烯数量进行分类来介绍重要的萜类物质。

6.3 萜类化合物的化学结构

6.3.1 单萜

单萜含 10 个碳原子，由两个异戊二烯单元组成，在植物中大量存在。许多单萜是植物挥发油或精油的主要组成成分。这些化合物作为调味剂在制药、糖果和香水产品中特别重要。然而，许多单萜类化合物具有不同类型的生物活性，并被用于药物制剂。例如，樟脑用于治疗风湿痛，薄荷醇用于软膏，亚麻剂用于止痒，苦橙皮用于芳香苦味补剂，百里香酚和卡维多酚用于杀菌制剂。

6.3.1.1　无环单萜类

无环单萜类可看作是饱和烃2，6-二甲基辛烷的衍生物。在无环单萜烯类中，以异亚丙基形式存在的称为β-异构体，以异丙烯基形式存在的称为α-异构体。

罗勒烯主要存在于罗勒、天文草和万寿菊属的一些植物中，是重要的香料，也有祛痰和镇咳的作用。结构式如图6-2所示。

香叶醇是淡黄色液体，具有似玫瑰的香气，是香叶油、玫瑰油、香茅油等的主要成分，是重要的玫瑰香系香料。结构式如图6-3所示。

橙花醇存在于橙花油、柠檬油和其他多种植物的挥发油中，具有玫瑰香气，是玫瑰系香料必不可少的成分，是重要的玫瑰香系香料。结构式如图6-4所示。

香茅醇是淡黄色液体，具有光学活性，存在于香茅油、玫瑰油等植物挥发油中，是重要的玫瑰香系香料。结构式如图6-5所示。

柠檬醛是淡黄色液体，存在于百合科植物大蒜的挥发油中，具有杀虫、驱虫，抑真菌、杀真菌和防腐的功能。分为α-柠檬醛和β-柠檬醛。其中，α-柠檬醛又称香叶醛，β-柠檬醛又称橙花醛。结构式如图6-6所示。

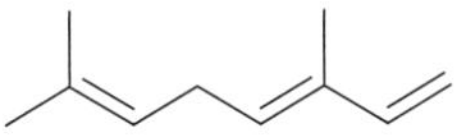

OH　OH　OH

图6-2　罗勒烯 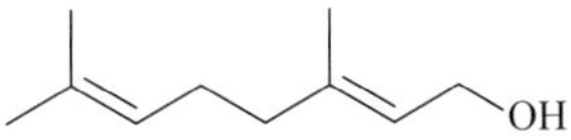　**图6-3　香叶醇** 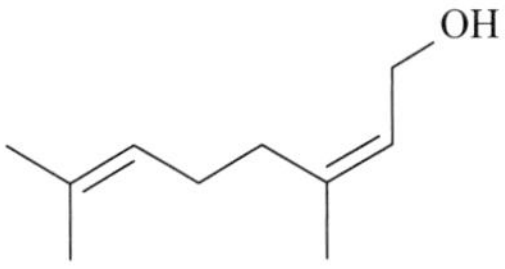　**图6-4　橙花醇** 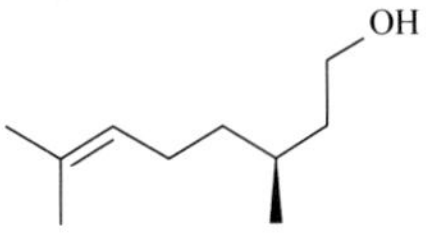　**图6-5　香茅醇**

O　O

α-柠檬醛 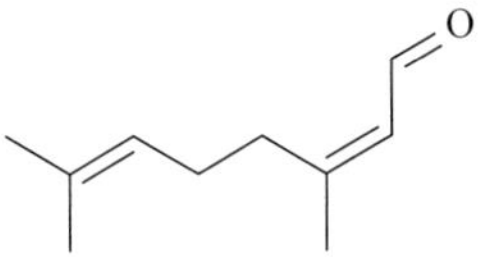　β-柠檬醛

图6-6　柠檬醛

紫罗兰酮存在于千屈菜科指甲花挥发油中，由柠檬醛缩合产生，包括α和β两种异构体，α-紫罗兰酮可用于配置高级香料，β-紫罗兰酮可作为维生素A的原料。结构式如图6-7所示。

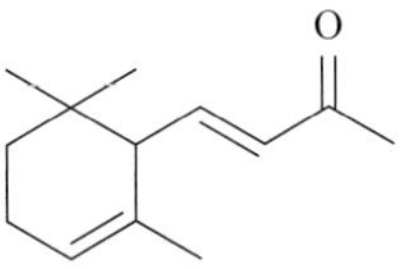

O　O

α-紫罗兰酮 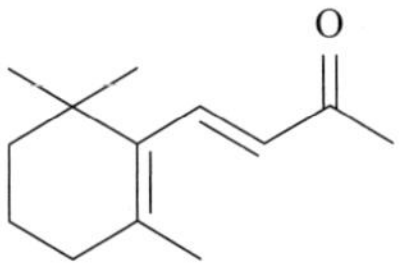　β-紫罗兰酮

图6-7　紫罗兰酮

6.3.1.2 单环单萜类

单环单萜类化合物的种类很多，其基本碳骨架类型超过10种，此处简要介绍薄荷醇、柠檬烯、紫苏醛、对伞花烃、香芹酚、麝香草酚和松油醇的结构。

薄荷醇又称3-萜醇，有薄荷香味，微溶于水，存在于薄荷油中，是二萜的重要来源，用作清凉剂、祛风剂、防腐剂，是清凉油、人丹等的主要成分。结构式如图6-8所示。

柠檬烯又称1,8-萜二烯，左旋体和外消旋体存在于松科植物白皮松的松针油和松节油中，右旋体存在于芸香科植物柠檬、柑橘、佛手等的油和杜鹃科植物黄花杜鹃的挥发油中。结构式如图6-9所示。

紫苏醛主要来源于唇形科紫苏中，具有抗炎、抑制真菌、镇静作用，也具有幼虫作用和皮肤刺激性。结构式如图6-10所示。

对伞花烃为淡黄色液体，主要来源于菊科千叶蓍的挥发油中，具有抑制、杀灭昆虫和杀灭真菌的作用。结构式如图6-11所示。

香芹酚刺激性强，易吸收，可引起呕吐、腹泻等。结构式如图6-12所示。

麝香草酚主要来源于唇形科植物中，如百里香的全草，具有祛痰、抗菌和杀菌作用，也具有抗真菌和杀螨虫作用等。结构式如图6-13所示。

松油醇主要来源于菊科艾蒿的叶、新疆一支蒿和松科植物长叶松等中草药和天然植物中，具有平喘和杀菌作用，但也具有一定的毒性。结构式如图6-14所示。

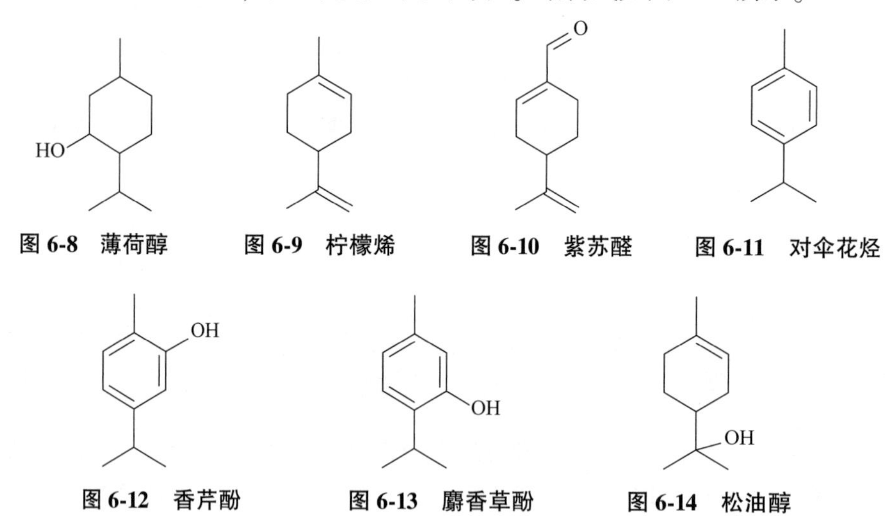

图6-8 薄荷醇 **图6-9 柠檬烯** **图6-10 紫苏醛** **图6-11 对伞花烃**

图6-12 香芹酚 **图6-13 麝香草酚** **图6-14 松油醇**

6.3.1.3 双环单萜类

双环单萜类化合物的种类非常多，其基本碳骨架类型超过15种，常见的有10多种。

α-松节烯和β-松节烯是松节油的主要成分，广泛存在于柠檬、百里香、茴香、薄荷、橙花等物质的挥发油中，具有局部止痛作用。结构式如图6-15所示。

2-樟酮又称樟脑，主要存在于樟树的挥发油中，可以用于身体局部擦拭来增加微血管循环。结构式如图 6-16 所示。

2-樟醇又称龙脑，自然界有左、右旋体，左旋体存在于海南省产艾纳香和野菊花的花蕾挥发油中，右旋体存在于龙脑香树树干空洞内的渗出物中。结构式如图 6-17 所示。

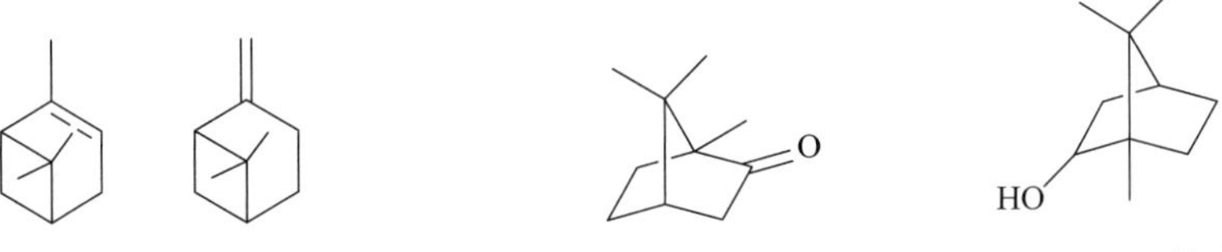

图 6-15　α-松节烯(左)和 β-松节烯(右)　　图 6-16　2-樟酮　　图 6-17　2-樟醇

6.3.1.4　单萜多聚体类

单萜二聚体类化合物报道的比较少，具有代表性的是瓜菊酯Ⅰ和瓜菊酯Ⅱ，其结构如图 6-18 和图 6-19 所示。

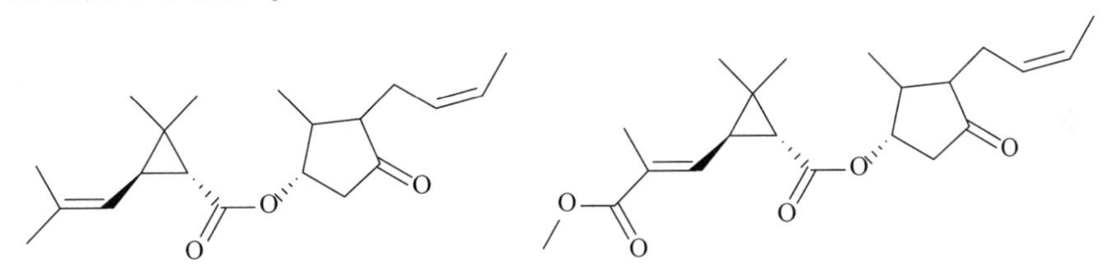

图 6-18　瓜菊酯Ⅰ　　图 6-19　瓜菊酯Ⅱ

6.3.1.5　其他单萜类

其他单萜类主要包括不符合异戊二烯规则单萜类化合物，如紫牡丹内酯，其结构如图 6-20 所示。

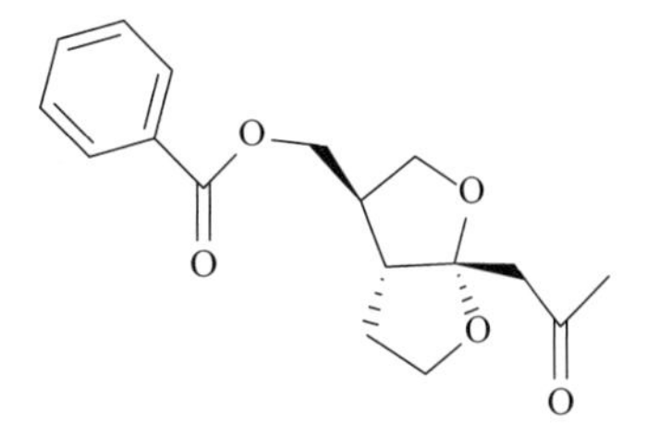

图 6-20　紫牡丹内酯

6.3.2　环烯醚萜类

环烯醚萜类化合物为臭蚁二醛的缩醛衍生物，含有取代环戊烷环烯醚萜和环戊烷开裂的裂环环烯醚萜两种基本碳架。环烯醚贴及其苷类广泛分布于唇形科、茜草科、龙胆科等植物。

环烯醚萜苷和裂环环烯醚萜苷大多数为白色结晶体或粉末，多具有旋光性，味苦。环烯醚萜苷类易溶于水和甲醇，可溶于乙醇、丙酮和正丁醇，难溶于氯仿、乙醚和苯等亲脂性有机溶剂。

栀子苷和京尼平苷属于环烯醚萜苷类，其结构如图 6-21 和图 6-22 所示。

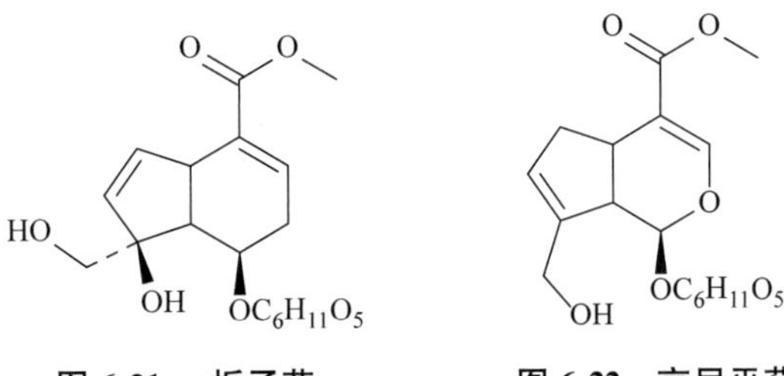

图 6-21　栀子苷　　图 6-22　京尼平苷

梓醇属于4-去甲环烯醚萜苷类，其结构如图6-23所示。

当药苦苷属于裂环环烯醚萜苷类，其结构如图6-24所示。

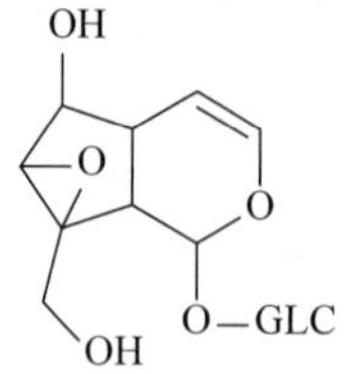

图6-23　梓醇

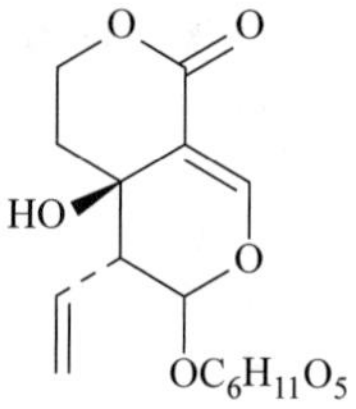

图6-24　当药苦苷

6.3.3　倍半萜

倍半萜是一种含有15个碳的萜类化合物，由3个异戊二烯单元组成，在植物中含量丰富。

金合欢醇广泛存在于各种花的挥发油中，其结构如图6-25所示。

杜鹃酮存在于杜鹃花科植物兴安杜鹃叶以及满山红的挥发油中，其结构如图6-26所示。

愈伤木蕈存在于桑科无花果根皮、兴安杜鹃叶的挥发油中。其结构如图6-27所示。

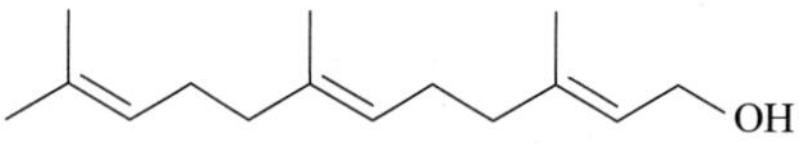

图6-25　金合欢醇

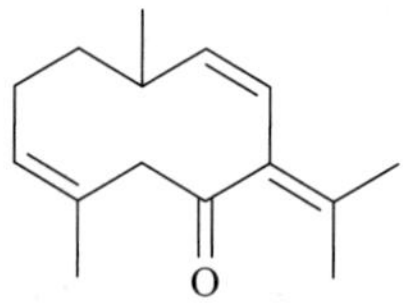

图6-26　杜鹃酮

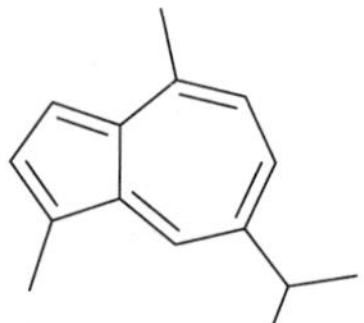

图6-27　愈伤木蕈

6.3.4　二萜

二萜类化合物是由2(E)，6(E)，10(E)-香叶基焦磷酸或其烯丙基香叶酰芳基异构体经异戊烯焦磷酸与2(E)，6(E)-法尼焦磷酸缩合而成的一大类含20个碳的化合物。二萜可分为链状二萜、双环二萜、三环二萜、四环二萜和紫杉烷二萜。

6.3.4.1　链状二萜

在二萜化合物中，链状二萜化合物在自然界存在较少，结构相对简单，即便如此，链状二萜在生物体内扮演着重要角色，具有重要的生物功能。植物醇是一个重要的链状二萜，其结构如图6-28所示。维生素A也是一种含有20个碳的化合物，可视为二萜，其结构如图6-29所示。

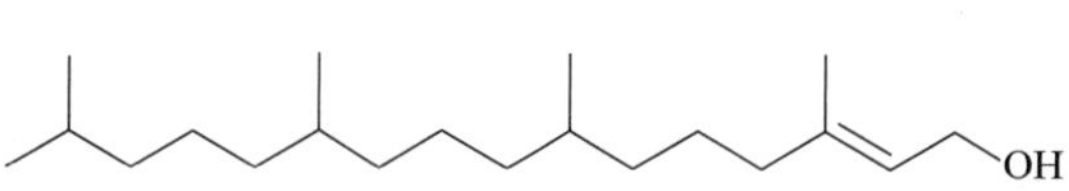

图6-28　植物醇

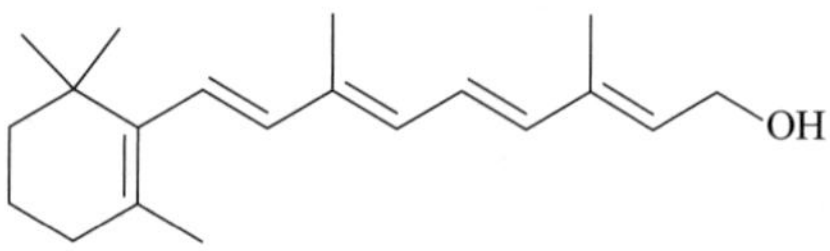

图6-29　维生素A

6.3.4.2　双环二萜

双环二萜分为半日花烷二萜和克罗烷二萜，其中半日花烷属于半日花烷二萜，大青素属于克罗烷二萜，半日花烷二萜和大青素的结构如图 6-30 和图 6-31 所示。

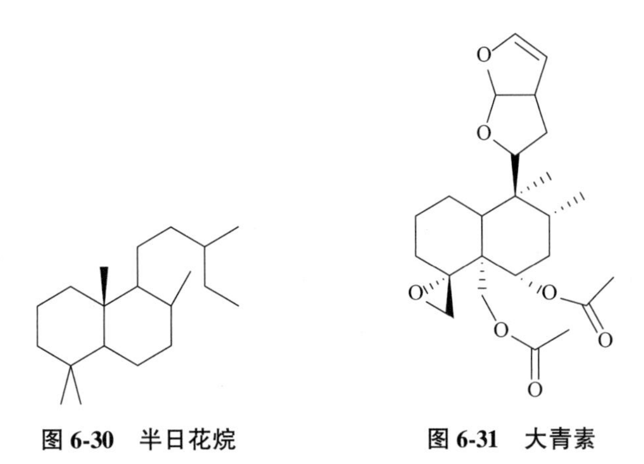

图 6-30　半日花烷　　图 6-31　大青素

6.3.4.3　三环二萜

三环二萜主要包括松香烷二萜和海松烷二萜。松香烷二萜中具有代表性的有松香酸和从唇形科植物迷迭香中分离得到的鼠尾草酸，其结构如图 6-32 和图 6-33 所示。

海松烷二萜中具有代表性的有海松酸，海松烷二萜最初也有从松香中分离出来的。其结构如图 6-34 所示。

图 6-32　松香酸　　图 6-33　鼠尾草酸　　图 6-34　海松酸

6.3.4.4　四环二萜

四环二萜主要是指生源上来源于焦磷酸劳丹烷二萜中间体且具有 4 个碳环的二萜。该类二萜根据生源关系分为 C8 成桥环的四环二萜和 C9 成桥环的四环二萜。贝壳杉烷二萜是目前报道最多的一种 C8 成桥环类型，如贝叶烯，其结构如图 6-35 所示。C9 成桥环的四环二萜有阿菲敌可林，其结构如图 6-36 所示。

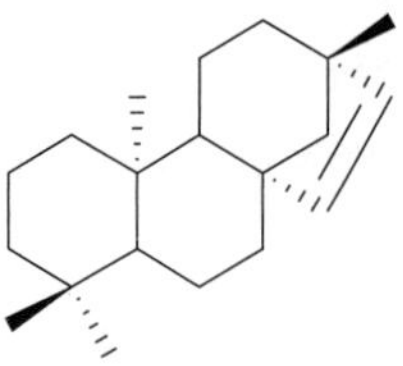

图 6-35 贝叶烯

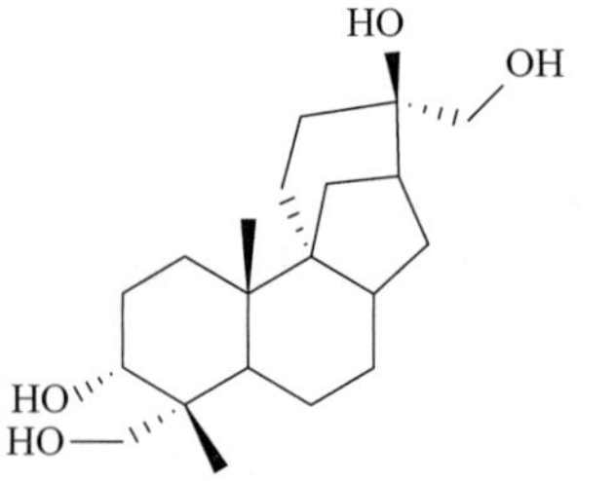

图 6-36 阿非敌可林

6.3.4.5 紫杉烷二萜

紫杉醇是非常重要的紫杉烷二萜，紫杉醇是从短叶红豆杉(红豆杉科)中分离得到的具有重要药用价值的二萜，是现代最成功的抗癌药物之一，其结构如图 6-37 所示。

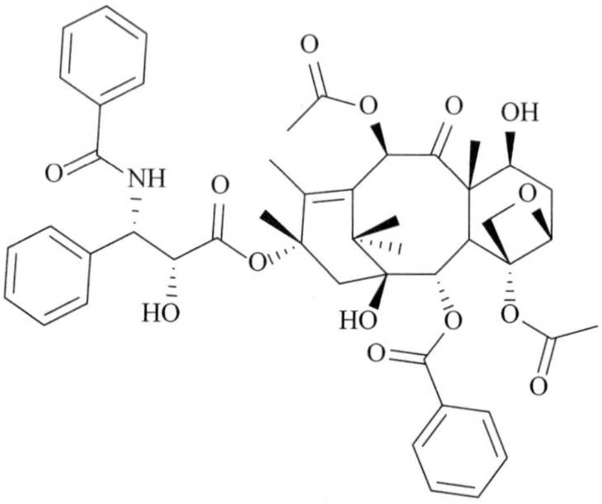

图 6-37 紫杉醇

6.3.5 三萜

三萜类化合物包括一大类不同种类的天然存在的、来自角鲨烯的含 30 个碳原子的化合物，或者对于 3β-羟基三萜类化合物，是角鲨烯 2,3-环氧化合物的 3*S* 异构体。两分子的法尼基焦磷酸从头到尾连接在一起，生成角鲨烯。当进行初始环化时，全反式角鲨烯 2,3-环氧化合物采用的构象决定了所形成的三萜类化合物中环连接的立体化学性质。具有代表性的三萜有角鲨烯和甘草次酸。角鲨烯(鲨烯)主要存在于鲨鱼肝、酵母、麦芽、橄榄油中，其结构如图 6-38 所示。甘草次酸主要存在于豆科植物甘草中，其结构如图 6-39 所示。

三萜化合物可以由直链、单环、双环、三环、四环、五环甚至更多环组成。三萜化合物可分为鲨烯、四环三萜类化合物、降四环三萜类化合物和五环三萜类化合物。

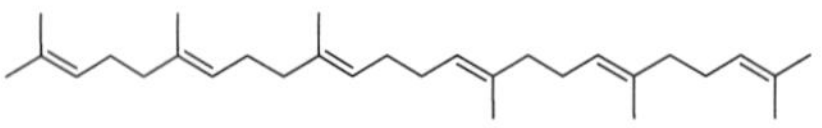

图 6-38 角鲨烯

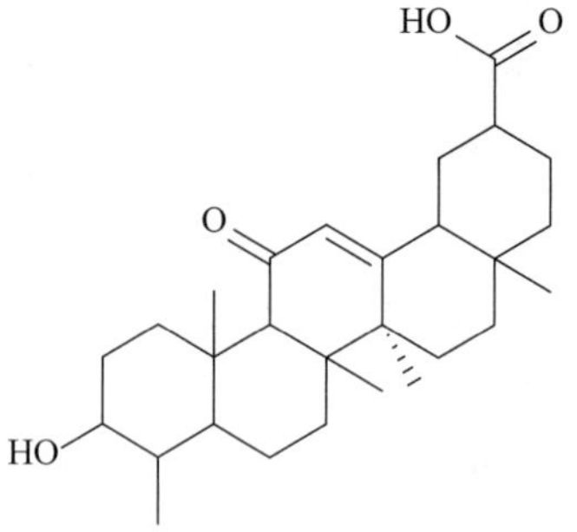

图 6-39 甘草次酸

6.3.5.1 鲨烯

鲨烯是由倍半萜金合欢醇的焦磷酸酯缩合而成，是一种具有多个双键的直链化合物，包括直链鲨烯和简单环系三萜(图 6-40)。

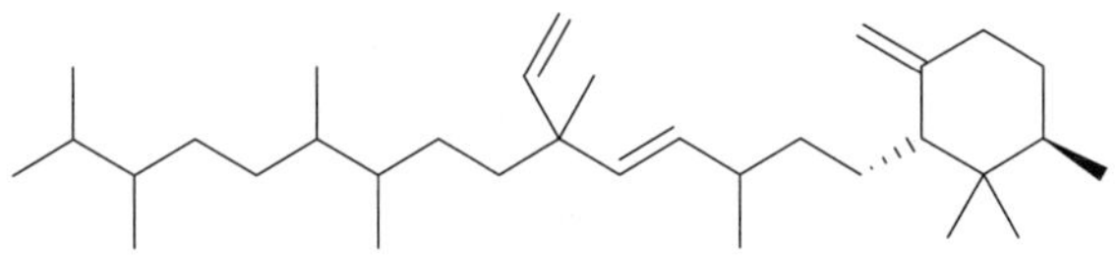

图 6-40 简单环系三萜

6.3.5.2 四环三萜类化合物

20(*S*)-原人参二醇和 20(*S*)-原人参三醇都属于四环三萜类化合物，其结构如图 6-41 和图 6-42 所示。

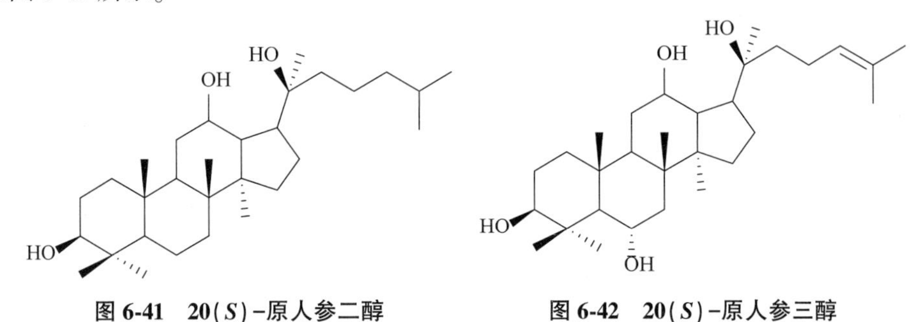

图 6-41 20(*S*)-原人参二醇　　图 6-42 20(*S*)-原人参三醇

6.3.5.3 降四环三萜类化合物

有研究在五味子属植物中共发现了60余个具有新颖骨架的三萜类化合物，包括 micrandilactone A、lancifodilactone G，其结构如图 6-43 和图 6-44 所示

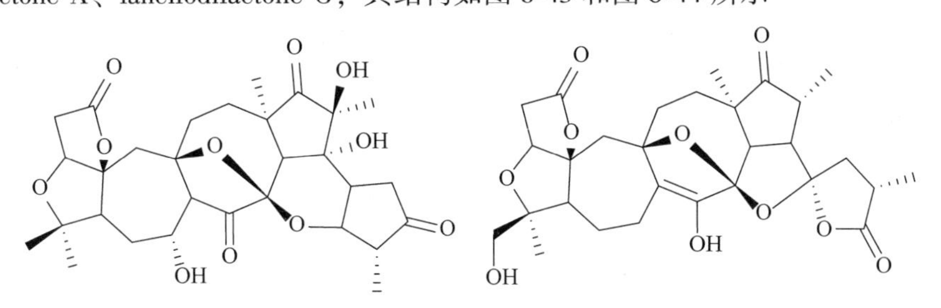

图 6-43 micrandilactone A　　图 6-44 lancifodilactone G

6.3.5.4 五环三萜类化合物

齐墩果烷型三萜，又称 *β*-香树烷型三萜，此类化合物在植物界分布广泛，一般以苷元或苷的形式存在。其结构如图 6-45 所示。

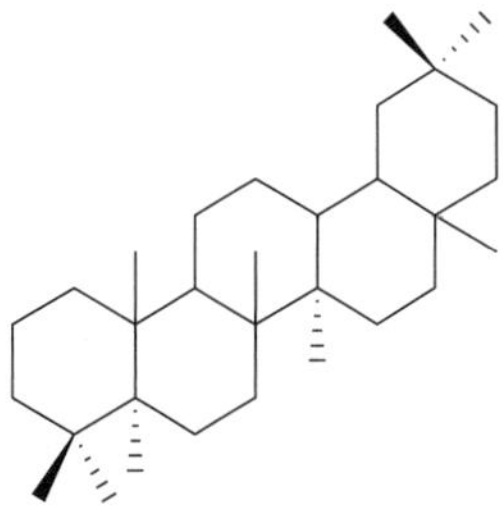

图 6-45 齐墩果烷型骨架

6.3.6 四萜

四萜通过两个香叶基焦磷酸分子的尾对尾偶联而产生。四萜类化合物以类胡萝卜素及其类似物为代表。例如，*β*-胡萝卜素，一种胡萝卜(伞形科)的橙色色素，其结构如图 6-46 所示；

番茄红素，一种成熟的番茄果实中的特征色素(茄科)，其结构如图 6-47 所示；辣椒红素，一种鲜艳的红色辣椒素(茄科)，其结构如图 6-48 所示。除此之外，α-胡萝卜素和 γ-胡萝卜素也属于四萜，其结构如图 6-49 和图 6-50 所示。

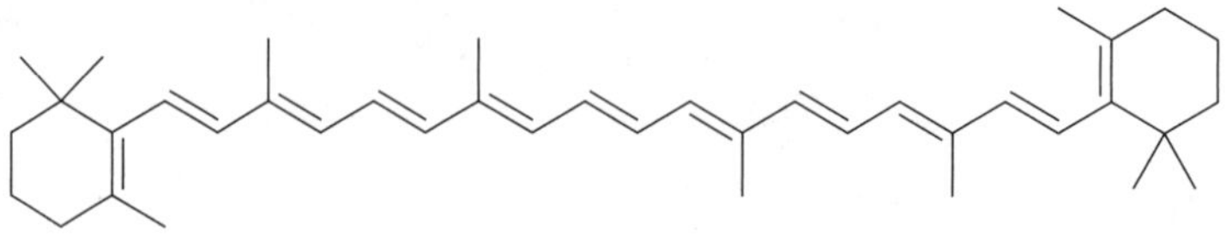

图 6-46 β-胡萝卜素

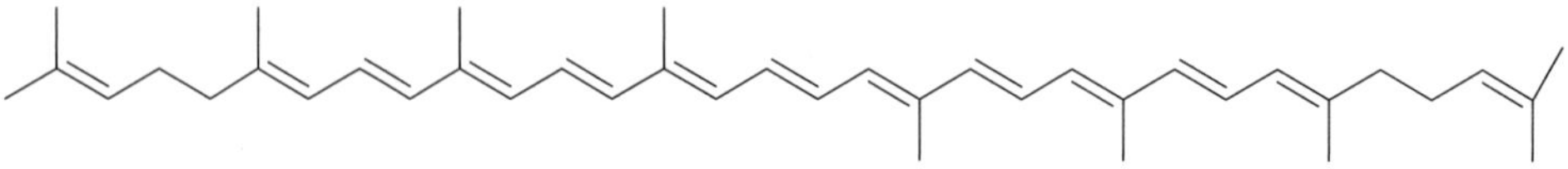

图 6-47 番茄红素

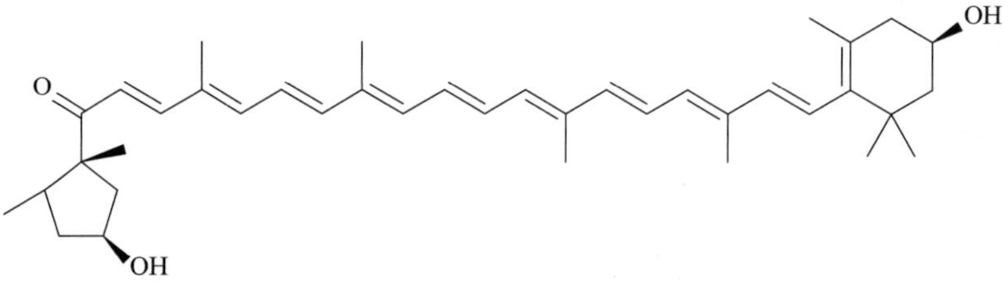

图 6-48 辣椒红素

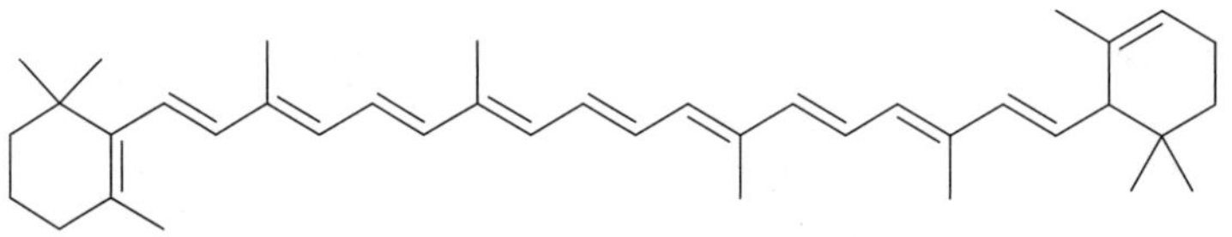

图 6-49 α-胡萝卜素

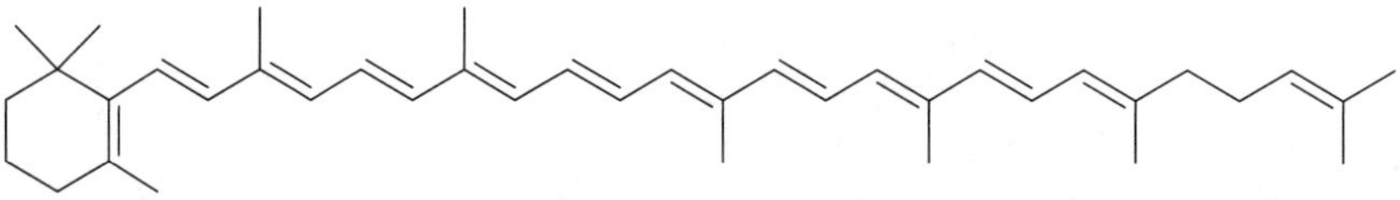

图 6-50 γ-胡萝卜素

6.4 萜类化合物的理化性质及生理活性

萜类化合物是植物中一类非常重要的次级代谢产物，在自然界中广泛存在，数量众多，结构复杂，功效多样，作用机制各异，是各类型天然产物中最多的一类化合物。性质研究是天然产物化学的重要研究内容之一，学习了解萜类化合物的理化性质是对其进行深入研究和将其应用于实际的重要前提。已有大量研究表明，萜类化合物具有多种生理活性，除了参与植物生长发育、环境应答等生理过程，还具有抗肿瘤、抗炎、抗菌、抗病毒、防治心血管疾病、降血糖等活性。

6.4.1　萜类化合物的理化性质

6.4.1.1　萜类化合物的物理性质

低分子萜类如单萜和倍半萜多为具有特殊香气的油状液体或低熔点的固体，具有挥发性，是挥发油的主要成分，也是香料的主要原料。相对分子质量较大的萜类如二萜和二倍半萜多为结晶性固体，具有良好的耐压性和韧性，是天然橡胶和胶料的主要来源。

萜类化合物多具有苦味，但有些萜类如具有对映-贝壳杉烷骨架的甜菊苷具有较强的甜味。萜类化合物常含多个手性碳原子，有多个同分异构体，具有光学活性。萜类化合物具有疏水性，易溶于醇及脂溶性有机溶剂，难溶于水，但随着含氧功能团的增加或具有苷的萜类，水溶性有所增加，具有内酯结构的萜类化合物能溶于碱性水，酸化后又从水中析出，利用这一性质可分离与纯化内酯结构萜类。萜类化合物对高温、光和酸、碱较为敏感，会发生氧化或重排反应，引起结构的变化。

(1) 单萜类和倍半萜类

单萜类是植物挥发油的主要成分，其含氧衍生物具有较强的香气，是香精香料工业的重要原料。其中，环烯醚单萜类含有半缩醛结构，性质不稳定，在植物中多形成苷类；环烯醚萜苷大多为白色结晶体或粉末，易溶于水和甲醇，难溶于氯仿等亲脂性有机溶剂，易被水解，生成具有半缩醛结构的苷元。

倍半萜类化合物的沸点较高，大多数在 250～300 ℃，也存在小部分熔点低的倍半萜类固体；倍半萜内酯类不溶于水和石油醚，易溶于甲醇、乙醇、氯仿等有机溶剂。倍半萜类是高沸点芳香精油的主要成分，也是芳香油香味差异的重要调节者，是萜类化合物中结构类型和数量最多的物质。

单萜和倍半萜是食品中常见的香气成分，大多具有自然的清香，对食品感官具有重要意义，如芳樟醇具有圆和、甜润的香味，是白兰花的主要香气成分；β-罗勒烯是甜蜜花香，β-水芹烯有薄荷、松脂气息，伞花烃表现为新鲜的柑橘气息、木香，柠檬烯具有柑橘香、药草香味。

(2) 二萜类

二萜类化合物多数为无色或淡黄色油状或胶状物，少数能形成固体或结晶状，由于分子量较大，挥发性较差，大多数不能随水蒸气蒸馏，多以树脂、内酯或苷等形式存在。通常存在一些活泼官能团，有良好的化学反应活性，可应用于结构鉴定和衍生物制备。

(3) 三萜类

三萜化合物多有较好结晶，以游离态或成苷或成酯的形式存在。游离或成酯的三萜化合物几乎不溶或难溶于水，可溶于石油醚、氯仿、苯、乙醚等常见的有机溶剂。三萜类多数是含氧的衍生物，是树脂的主要组成成分。与糖结合后形成三萜苷，具有吸湿性，且极性增大，可溶于水，易溶于热水、稀醇、热甲醇、热乙醇中，难溶于乙醚、苯等极性小的有机溶剂。

三萜化合物可与特定物质发生颜色反应，常见的显色反应包括 Liebermann-Burchard 反应(乙酐-浓硫酸反应，出现黄-红-紫-蓝，最后褪色)、Rosen-Heimer 反应(三氯乙酸反应)、Salkowski 反应(氯仿-浓硫酸反应)、Kahlenberg 反应(五氯化锑反应)、

Tschugaeff 反应(冰醋酸-乙酰氯反应)等，显色快慢与物质的分子结构有关，含有共轭双键的三萜显色快，而含有孤立双键的三萜显色反应较慢。

(4)四萜类

胡萝卜烃类是重要的四萜化合物，是胡萝卜素和叶黄素两大类色素的总称，由 8 个单位的异戊二烯组成，分子中存在一系列的共轭双键发色团，多带有黄至红的颜色，又称为多烯色素，是一类脂溶性色素。类胡萝卜素均为晶体，红紫色、暗红色的晶体占多数；稍有异味，不溶于水，溶于丙酮、氯仿。对光、热、氧、酸等环境因素不稳定，在光、氧、高温下被破坏降解，在酸中会异构化、氧化分解、水解，在弱碱中较为稳定，遇到金属离子会变色。

6.4.1.2 萜类化合物的化学性质

萜类化合物结构中常常有羟基、羰基、醛基、双键和羧基等官能团的存在，在特定条件下可与其他物质发生化学反应。

(1)加成反应

含有双键和醛、酮等羰基的萜类化合物，可与氢气、水、卤代物等物质发生加成反应，往往生成具有结晶性的产物。这一化学反应可用来识别萜类化合物分子中不饱和键的存在和不饱和程度，也可用于萜类的分离与纯化，是合成其衍生物的重要途径。

松节油中最重要的组成成分 α-蒎烯和 β-蒎烯，在结构上具有良好的化学反应活性，可以通过加成反应实现官能团的变化，生成大量的衍生化合物。如 α-蒎烯和 β-蒎烯可在一定条件下通过催化加氢生成蒎烷(图 6-51)，也可在酸催化下和水发生加成反应，生成松油醇(图 6-52)；α-蒎烯可以与氯化氢发生加成反应，经异构后生成 2-氯莰烷(图 6-53)，也可与脂肪醇发生烷氧基化反应，得到加成异构化产物 α-松油基醚(图 6-54)。

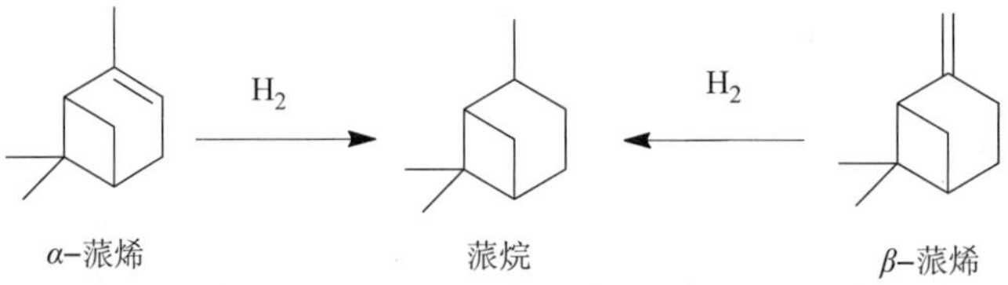

α-蒎烯 —H_2→ 蒎烷 ←H_2— β-蒎烯

图 6-51 蒎烷的合成

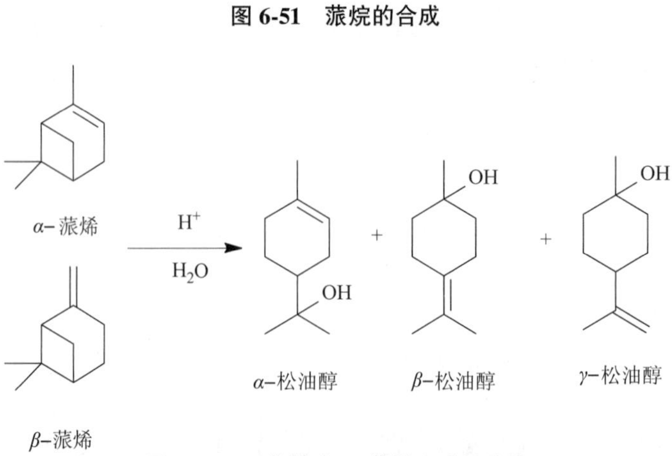

α-蒎烯、β-蒎烯 —H^+, H_2O→ α-松油醇 + β-松油醇 + γ-松油醇

图 6-52 α-蒎烯或 β-蒎烯合成松油醇

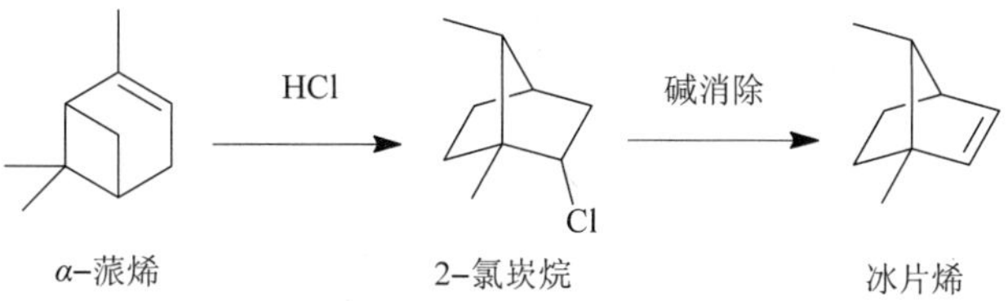

α-蒎烯 HCl 2-氯莰烷 碱消除 冰片烯

图 6-53 α-蒎烯合成冰片烯

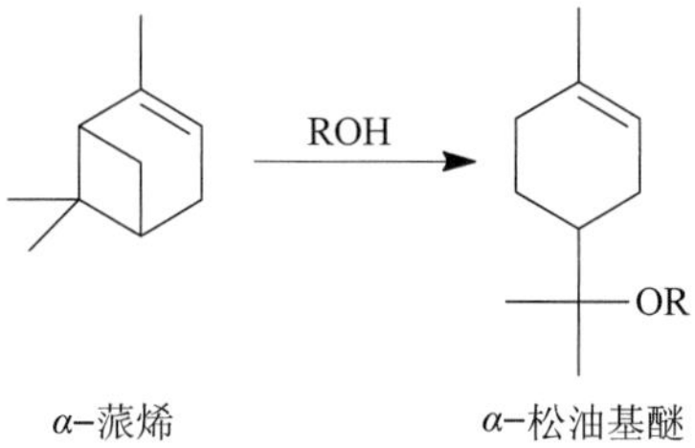

α-蒎烯 ROH α-松油基醚

图 6-54 α-蒎烯合成 α-松油基醚

(2)氧化反应

萜类化合物中的基团可在一定条件下被氧化剂所氧化，生成对应的氧化产物。常用的氧化剂有臭氧、三氧化铬、四醋酸铅、高锰酸钾和二氧化硒等，其中以臭氧的应用最为广泛，在不同的氧化剂和氧化条件下，其氧化位点、机制和产物也存在差异。

以β-蒎烯为例，分子结构中存在一个环外双键，其氧化反应主要分为双键氧化和烯丙基位氧化等。双键氧化包括：β-蒎烯被有机过氧化物氧化为2,10-环氧蒎烷(俗称迷迭香醚)(图 6-55)；在臭氧作用下β-蒎烯氧化生成诺蒎酮(图 6-56)；β-蒎烯被高锰酸钾氧化成诺蒎酸钠盐进而得到诺蒎酮(图 6-57)；或在单重态氧下光氧化合成桃金娘稀醇。β-蒎烯在二氧化硒催化氧化下可生成松香芹醇或松香芹酮或松香蒎酮(图 6-58)，表现为丙烯位氧化，产物种类与二者反应的摩尔比有关。

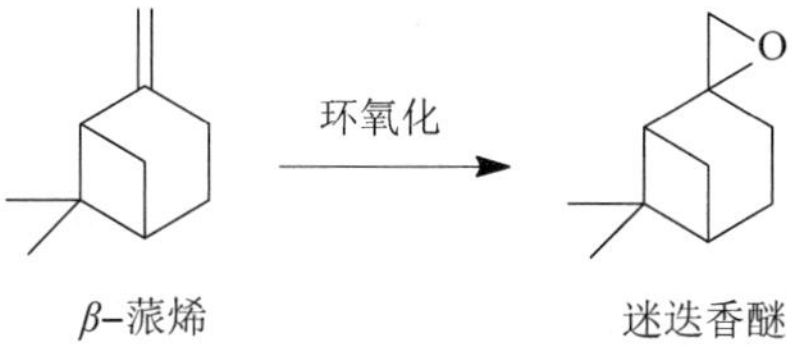

β-蒎烯 环氧化 迷迭香醚

图 6-55 β-蒎烯环氧化生成迷迭香醚

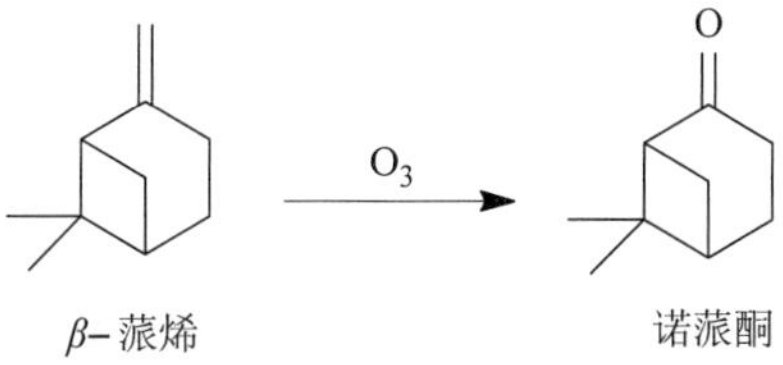

β-蒎烯 O_3 诺蒎酮

图 6-56 臭氧氧化β-蒎烯生成诺蒎酮

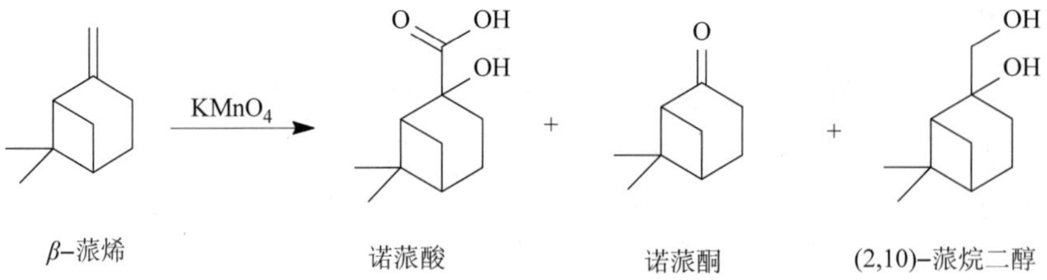

β-蒎烯 诺蒎酸 诺蒎酮 (2,10)-蒎烷二醇

图 6-57 高锰酸钾氧化 β-蒎烯反应过程

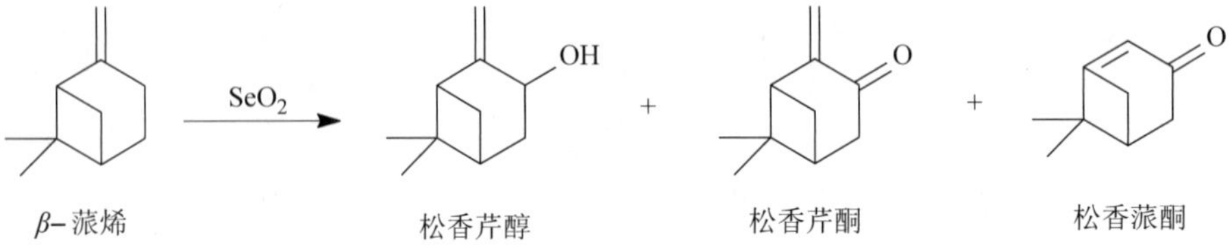

β-蒎烯 松香芹醇 松香芹酮 松香蒎酮

图 6-58 二氧化硒催化 β-蒎烯丙烯位氧化过程

(3)脱氢反应

环萜的碳架经脱氢转变为芳香烃类衍生物。脱氢反应通常在惰性气体的保护下，用铂黑或钯作催化剂，将萜类成分与硫或硒供热(200～300 ℃)而实现脱氢。有时可能导致环的裂解或环合。可以利用这一反应鉴定萜类化合物的化学结构。例如，提取自桉叶油中的 β-桉叶醇，经过脱氢反应生成芷，反应过程如图 6-59 所示。

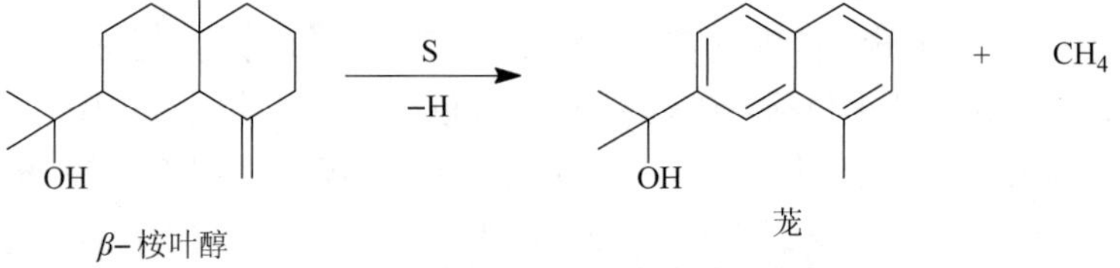

β-桉叶醇 芷

图 6-59 硫催化 β-桉叶醇脱氢反应

(4)分子重排反应

在萜类化合物中，特别是双环萜在发生加成、消除或亲核性取代反应时，常常发生碳架的改变，发生重排。

目前，工业上由 α-蒎烯合成樟脑的过程就是应用萜类化合物的重排反应再氧化制得，α-蒎烯与氯化氢加成后生成氯化蒎烯，氯化蒎烯经过 Wagner-Meerwein 重排反应后生成 2-氯莰，再经其他化学过程合成樟脑。在以 β-蒎烯为原料制备水芹醛时，首先经过氧乙酸氧化生成环氧化物，环氧化物在氯化锌的催化下进行分子内重排生成水芹醛，反应过程如图 6-60 所示。

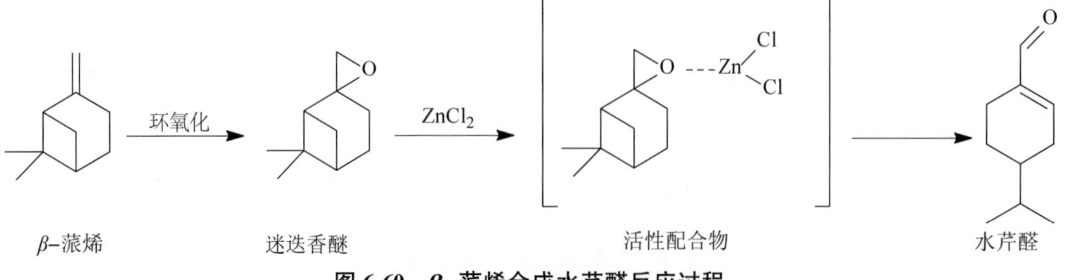

β-蒎烯 迷迭香醚 活性配合物 水芹醛

图 6-60 β-蒎烯合成水芹醛反应过程

6.4.2　萜类化合物的生理活性

萜类化合物具有多种生理活性。

(1) 抗肿瘤活性

萜类化合物具有良好的抗肿瘤活性。单萜化合物如香叶醇可以调控多种信号分子并参与多种生命活动过程，如细胞周期、细胞增殖、凋亡、自噬以及代谢，作为多靶点药物用于治疗癌症，疗效显著，而且不受适应性耐药的影响，对许多类型肿瘤细胞具抗癌活性。紫苏醇是存在于薄荷等药用植物精油中的单环单萜，具有广谱、高效、低毒的抗肿瘤特性。紫苏醇能抑制肿瘤细胞的生长，并在多种动物肿瘤模型中发挥癌症预防和治疗活性：能抑制结肠癌细胞 HT116 生长，阻滞细胞周期于 G_1 期，并增加凋亡蛋白的表达；能抑制乳腺癌细胞的增生和局部淋巴结转移，诱导肿瘤细胞凋亡；对 *N*-亚硝氨基甲苄氨(NMBA)诱导的食管癌也有抑制作用。柠檬烯也有一定的防癌抗癌作用，可降低动物乳腺癌的发生率。环烯醚萜类化合物栀子苷能抑制亚致死强度的 X 射线引起的致癌变作用，减少 X 射线对细胞的伤害及辐射导致的肿瘤发生，对诱导产生的小鼠皮肤癌也具有抑制作用。

倍半萜类化合物如黄兰根皮中的木香烯内酯能够抑制肿瘤活性，石竹烯和大根香叶烯也有抑制乳腺癌细胞增殖的作用。灵芝三萜具有细胞毒性，能诱导细胞凋亡和抑制肿瘤细胞增殖，对细胞周期具有阻滞作用，从而对肠癌、宫颈癌及肝癌有一定抗癌功效，其中灵芝酸是灵芝三萜类化合物中的重要活性成分，从灵芝发酵菌丝中分离得到的灵芝酸 Mf 和灵芝酸 S 能够抑制人体中多种癌细胞的增殖；山楂、乌梅等植物中存在的三萜化合物齐墩果酸也有治疗癌症的潜力。我国四大香型白酒中富含萜烯类化合物，也具有抗癌的活性功效。

(2) 抗炎活性

炎症是一种常见且十分重要的基本病理过程，是具有血管系统的活体组织对各种损伤因子所发生的防御反应，与多种疾病密切相关。天然活性化合物因其较低的毒副作用而成为抗炎药物的重要来源，已有大量研究证明萜类化合物具有抗炎作用。环烯醚萜化合物京尼平具有显著的抗脂质过氧化作用，是一种特殊的羟自由基清除剂，研究发现其对巴豆油诱导的小鼠耳水肿具有抑制效果，表明其具有局部抗炎活性。

从大型真菌中分离得到的许多萜类化合物可以减少细胞中的一氧化氮和其他一些炎症介质(如白细胞介素等)从而减少炎症的发生，从黑蛋巢菌的次级代谢产物中分离出的 3 种鸟巢烷型二萜化合物的抗炎功效优于阳性药氢化可的松的抗炎活性。此外，栀子苷对二甲苯、巴豆油引起的小鼠耳肿胀有显著的抑制效果；玄参苷、哈巴苷等因其良好的止痛和抗炎活性而被用于临床上疼痛性关节病、背痛及骨关节炎的治疗。人参皂苷不仅在炎症疾病动物模型体内发挥抗炎活性，在酒精、结肠炎诱导的肝炎和记忆障碍的动物模型中也具有保护作用。

(3) 抗菌活性

萜类化合物具有较强的抗菌活性。单萜类化合物具有抗细菌和抗真菌的生物学活性，如薄荷醇对金黄色葡萄球菌、肺炎链球菌等具有抑制作用，香芹酮对大肠杆菌、枯草芽孢杆菌等表现出抑制作用，艾蒿精油中的单萜醇类对细菌和真菌均有一定的抑制作用。

倍半萜类化合物广藿香醇可以有效地抑制幽门螺旋杆菌，青蒿素对枯草芽孢杆菌、铜绿假单胞菌、酿酒酵母等微生物具有较好的抑菌活性；从微生物中得到的倍半萜类化合物也具有很好的抗菌活性。来自地中海蓟种子中的蓟苦素和姜黄根茎中的吉马酮等物质也具有抗菌活性。从黑芝中分离获得的灵芝酸对金黄色葡萄球菌、枯草芽孢杆菌、大肠杆菌等均有明显的抑制作用；同为三萜化合物的齐墩果酸也对金黄色葡萄球菌和变形链球菌表现出一定的抑制作用，并可通过破坏细菌细胞膜来杀死单核细胞增生李斯特菌。

(4) 抗病毒活性

倍半萜类化合物如青蒿素的单体和衍生物对人巨细胞病毒、乙型肝炎病毒、丙型肝炎病毒等具有特异性抑制作用。三萜类化合物因其良好的抗病毒活性已被广泛应用到临床医学上，桦木酸及其结构修饰物具有抗艾滋病病毒活性；是许多中草药的主要有效成分之一；白桦脂醇具有较强的抗艾滋病病毒活性，查杷任酮也可以起到抑制艾滋病病毒活性的作用。

(5) 抗氧化活性

一些单萜类化合物具有抗氧化的作用。香茅醛有较强的抗氧化能力，能清除超氧化物和一氧化氮；香芹酚能降低 D-半乳糖胺致肝毒性大鼠血清和组织中的脂质过氧化物含量，增加超氧化物歧化酶、过氧化氢酶和谷胱甘肽过氧化物酶等抗氧化酶的活性，并提高非酶性抗氧化剂如维生素 C、维生素 E 和还原型谷胱甘肽的水平。梓醇、芍药苷、紫苏醇等也具有抗氧化作用。三萜类物质是一类重要的天然抗氧化活性物质，从西洋参中分离提取的三萜类化合物人参皂苷 Re 具有抗氧化作用，不仅能够清除心肌细胞的内、外源氧化剂，使其免受氧化损伤，也能够提高抗氧化剂的保护机制；茶薪菇三萜类物质也具有较高的抗氧化活性，能够清除 DPPH 自由基，清除率达到 70%。

(6) 其他生理活性

萜类化合物还具有降血糖、防治心血管疾病、免疫调节、神经保护、驱虫避虫等生理活性。从植物甜叶菊中提取的二萜甜菊醇糖苷对于治疗糖尿病有良好的作用；青蒿素能够促进大鼠体内胰高血糖素向胰岛素的转化，因而被视为是一种潜在的改善 I 型糖尿病的治疗药物。三萜皂苷具有防治心脑血管疾病的作用，如细柱五加总皂苷对缺血再灌导致的大鼠心律失常有明显的保护作用；环烯醚萜苷可有效抑制氧化型低密度脂蛋白的氧化，在治疗冠状动脉硬化疾病方面有很高的应用价值。单萜化合物梓醇不仅对多种实验动物模型的神经损伤具有保护作用，还能改善模型动物的学习与记忆能力；芍药苷和香芹酚也对多种原因引起的神经损伤具有保护作用。

胡椒酮、香芹酮和松油醇等单萜类化合物具有镇咳平喘的作用；倍半萜类中的青蒿素、鹰爪甲素可以治疗疟疾，苦树皮苦素能够毒杀昆虫，落叶酸可以调节植物发芽落叶，丙二烯酮对蚂蚁及其他昆虫有趋避作用。二萜类化合物海州常山苦素可以对昆虫幼虫具有拒食作用，圆瓣姜花素和大戟二萜酯具有细胞毒素的作用；维生素 A 可以促进生长发育，维持上皮组织结构完整和正常的生理功能。三萜类化合物可以使昆虫拒食，并且具有抗骨质疏松活性等。

6.5 萜类化合物提取分离及结构鉴定

6.5.1 萜类化合物提取方法

提取是将生物体中的萜类化合物抽提出来进行分析研究的第一步。萜类化合物的提取方法主要包括溶剂提取法、碱提酸沉法、吸附法、水蒸气蒸馏法等几种。

6.5.1.1 溶剂提取法

萜类化合物的提取，可根据萜类化合物极性的差异，选择适当的溶剂进行提取。单萜和中小极性的倍半萜类化合物群多存在于精油中，可选用乙酸乙酯或丙酮作溶剂；极性较大的倍半萜、二和三类化合物群可选用乙醇作溶剂，其提取率高，毒性小。萜类化合物可选用不同比例的乙醇和水的混合体系进行提取。

(1)苷类化合物的提取

环烯醚萜多以单糖苷的形式存在，苷元的分子较小，且多具有羟基，所以亲水较强，一般易溶于水、甲醇、乙醇和正丁醇等有机溶剂。可采用甲醇或乙醇为溶剂进行提取，经减压浓缩后转溶于水中，滤除水不溶性杂质，继用乙醚或石油醚萃取，除去残留的树脂类等脂溶性杂质，水液再用正丁醇萃取，减压回收正丁醇后即得粗总苷。

(2)非苷类化合物的提取

非苷形式的萜类化合物具有较强的亲脂性，一般用甲醇或乙醇为溶剂进行提取，减压回收醇液至无醇味，残留液再用乙酸乙酯萃取，回收溶剂得总萜类提取物；或用不同极性的有机溶剂按极性递增的方法依次分别萃取，得不同极性的萜类提取物，再进行分离。

6.5.1.2 碱提酸沉法

利用内酯化合物在热碱液中开环成盐而溶于水中，酸化后又闭环，析出原内酯化合物的特性来提取倍半萜类内酯化合物。但是当用酸、碱处理时，可能引起构型的改变，应加以注意。例如，倍半萜内酯类化合物容易发生结构重排，二萜类易聚合而树脂化，应尽可能避免酸、碱的处理。含苷类成分时，则要避免接触酸，以防在提取过程中发生水解。

6.5.1.3 吸附法

(1)活性炭吸附法

苷类的水提取液用活性炭吸附，经水洗除去水溶性杂质后，再选用适当的有机溶剂如稀醇、醇依次洗脱，回收溶剂，可以得到纯品，如桃叶珊瑚苷的分离。

(2)大孔树脂吸附法

将含苷的水溶液通过大孔树脂吸附，同样用水、稀醇、醇依次洗脱，然后再分别处理，也可得纯的苷类化合物，如甜叶菊苷的提取与分离。

6.5.1.4 水蒸气蒸馏法

水蒸气蒸馏法可用于提取低挥发性的萜类化合物。将被分离的物质与水一起加热，当其蒸气压和水的蒸气压相等时，液体沸腾，水蒸气将挥发性物质一并蒸出，被分离的物质与水不相混溶，经冷凝后得到水油两层，达到分离的目的。水蒸气蒸馏适于提取常压下沸点较高或在较高温度下容易分解的物质，以单萜及倍半萜提取为主，得到的挥发性成分总称为精油。

近年来，在传统提取方法基础上，出现了许多新的萜类化合物辅助提取技术。例如，超临界辅助萃取、超声波辅助提取、微波辅助提取，选择合适的提取方法不仅能提高提取效率，还能节约提取成本、提高原料的利用率。

6.5.2 萜类化合物分离纯化方法

萜类化合物的分离纯化主要采用传统分离方法(如结晶法)，以及现代分离纯化方法(如液相色谱法等)，下面分别作简要介绍。

6.5.2.1 结晶法

利用某些萜类在特定的溶剂中能析出结晶，借此特性纯化具有该性质萜类成分。

6.5.2.2 柱色谱法

色谱法是分离萜类的常用方法，主要是利用不同物质在两相(固定相和流动相)中具有不同的分配系数(或吸附系数或渗透性等)，当两相做相对运动时，这些物质在两相中进行多次反复分配而实现分离。根据不同的分离原理，色谱法主要分为以下几种。

(1)硅胶或者氧化铝吸附色谱法

分离萜类化合物多用吸附柱色谱法，常用的吸附剂有硅胶、氧化铝等，应用较多的是硅胶，几乎所有的萜类化合物都可用硅胶作吸附剂。氧化铝在色谱分离过程中可能引起萜类化合物的结构变化，故选用氧化铝作吸附剂时要慎重，一般多选用中性氧化铝。

因萜类化合物的结构中多具有双键，硅胶硝酸银色谱法也较常用，不同萜类的双键数目和位置不同，与硝酸银形成 π-络合物的难易程度和稳定性有差别，可借此达到分离。

萜类化合物的柱色谱分离一般选用非极性有机溶剂，如正己烷、石油醚、环己烷、乙醚或乙酸乙酯作洗脱剂，多选用混合溶剂梯度洗脱，如石油醚-乙酸乙酯、三氯甲烷-丙酮等，多羟基萜类可选用三氯甲烷-甲醇或三氯甲烷-甲醇-水等。

(2) 液相色谱法

液相色谱法是利用样品中各组分在两种不相混溶的液体之间的分配系数不同，随流动相流出的速度也不同，从而进行分离的方法，分为正相色谱柱和反相色谱柱。正相色谱柱是以水或亲水性溶剂为固定相(水、乙醇、缓冲液等)，以与水不相混容的有机溶剂作流动相(如氯仿、乙酸乙酯等)，其适合分离水溶性或极型较大的萜类化合物。反相色谱柱是以亲脂性有机溶剂作固定相(如液体蜂蜡、石油醚等)，以水或亲水性溶剂作流动相(如水、甲醇、乙醇等)，根据样品的极性差异进行分离，具有纯化效果好、分离纯度高等优点。通常以反相键合相硅胶 RP-18、RP-8 或 RP-2 为填充剂，常用甲醇-水或乙腈-水等为洗脱剂。反相色谱柱需用相对应的反相薄层色谱进行检识，如预制的 RP-18、RP-8 或 RP-2 等反相高效薄层板。

液相色谱中制备样品简单，可定量回收，适合于大量制备。高效液相色谱法具有高柱效、高选择性、分析速度快、灵敏度高、重复性好、应用范围广等优点，既可对目标物定性，又可以定量，该法已成为现代萜类化合物分离分析和制备的重要手段之一。

(3) 大孔吸附树脂

大孔吸附树脂在极性较大的萜类化合物的分离纯化中广泛应用，因其操作简便，而且所用溶剂主要为含水乙醇，也是工业化常用的一种分离材料。大孔树脂的吸附作用是通过表面吸附、表面电性或形成氢键等达到的。具有有机溶剂使用少，选择性好，吸附容量大，再生处理方便，吸附速度快，解析容易等优点。在萜类化合物纯化试验中大孔树脂可以重复使用，这为其投入工业化生产提供了非常有利的条件。但其有多种型号，对不同药材中萜类成分的富集纯化作用存在差异，故需要进行树脂筛选和工艺优化。

(4) 凝胶色谱法

凝胶色谱法是利用分子筛的原理来分离相对分子质量不同的化合物，在用不同浓度的甲醇、乙醇等溶剂洗脱时，各成分按相对分子质量递减顺序依次被洗脱下来，即相对分子质量大的苷类成分先被洗脱下来、相对分子质量小的苷或苷元后被洗脱下来，应用较多的是能在有机相使用的 Sephadex LH-20，它除了具有分子筛特性外，在由极性与非极性溶剂组成的混合溶剂中常常起到反相分配色谱的效果。

用色谱法分离萜类化合物通常采用多种色谱相组合的方法，即一般先通过硅胶柱色谱进行分离后，再结合低压或中压柱色谱、反相柱色谱、薄层制备色谱、高效液相色谱或凝胶色谱等方法进行进一步分离。

6.5.2.3　利用结构中特殊功能团进行分离

(1) 萜内酯

萜内酯可在碱性条件下开环，加酸后又环合，借此可与非内酯类化合分离。

(2) 含双键、羰基的萜类

含不饱和双键、羰基的萜类化合物等可采用加成的方法制备衍生物加以分离。

6.5.3　萜类的结构鉴定

6.5.3.1　萜类结构确定程序

萜类化合物是目前天然产物研究中最活跃的领域，确定萜类化合物结构的主要步骤如图 6-61 所示。

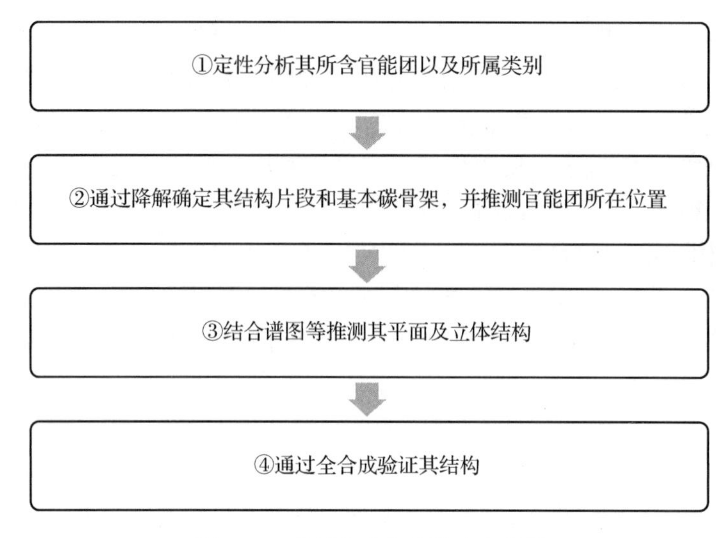

图 6-61 萜类化合物结构确定步骤

6.5.3.2 波谱法在萜类结构测定中的应用

由于现代波谱分析技术的快速发展，其在萜类化合物结构中的作用越来越重要，下面就用于萜类化合物结构鉴定中的常用波谱技术分别作简单介绍。

(1) 紫外光谱

具有共轭双烯或羰基与双键构成的共轭体系的萜类化合物，在紫外光区产生吸收，在结构鉴定中有一定的意义，其他萜类常无紫外吸收，检测时常选择蒸发光散射检测器。一般共轭双烯在 λ_{max} 215~270(ε 2 500~30 000)有最大吸收，而含有 α，β 不饱和羰基的萜类则在 λ_{max} 220~250(ε 1 000~17 500)有最大吸收。具有紫外吸收官能团的最大吸收波长取决于该共轭体系在分子结构中的化学环境。例如，链状萜类的共轭双键体系在 λ_{max} 217~228(ε 15 000~25 000)处有最大吸收；共轭双键体系在环内时，则最大吸收波长出现在 λ_{max} 256~265(ε 2 500~10 000)处；当共轭双键有一个在环内时，则最大吸收波长出现在 λ_{max} 230~240(ε 13 000~20 000)处。此外，共轭双键的碳原子上有无取代基及共轭双键的数目也会影响最大吸收波长。

(2) 红外光谱

红外光谱主要用来检测化学结构中的官能团。萜类化合物中，绝大多数具有双键、共轭双键、甲基、偕二甲基、环外亚甲基和含氧官能团等，一般都能很容易地分辨出来。尤其对于萜类内酯的存在及内酯环的种类上具有实际的意义。在 1 700~1 800 cm^{-1} 间出现的强峰为羰基的特征吸收峰，可考虑有内酯化合物存在，而内酯环大小及有无不饱和键共轭体系，使其最大吸收有较大差异。如在饱和内酯环中，随着内酯环碳原子数的减少，环的张力增大，吸收波长向高波数移动。六元环、五元环及四元环内酯羰基的吸收波长分别在 1 735 cm^{-1}、1 770 cm^{-1} 和 1 840 cm^{-1}；不饱和内酯则随着共轭双键的位置和共轭长短的不同，其羰基的吸收波长亦有较大差异。

(3) 质谱

萜类化合物结构中基本母核多，无稳定的芳香环、芳杂环及脂杂环结构系统，大多缺乏“定向”裂解基团，因而在电子轰击下能够裂解的化学键较多，重排屡屡发生，裂解方式复杂。实际上质谱的作用只是提供一个分子量而已。萜类裂解的一些规律如下：

①萜类化合物的分子离子峰除以基峰形式出现外，一般较弱。

②在环状萜类中常进行逆狄尔斯-阿德尔(Retro Diels-Alder reaction，RDA)裂解。

③在裂解过程中常伴随着分子重排裂解。

④裂解方式受功能基的影响较大，得到的裂解峰大都为失去功能基的离子碎片。

(4)核磁共振谱

对于萜类化合物的结构测定来说，核磁共振谱是波谱分析中最为有力的工具。

鉴于萜类化合物类型多、骨架复杂、结构庞杂，大量的氢谱、碳谱数据可参考相关的文献资料。

6.6　萜类化合物在食品领域中的应用

萜类化合物具有特殊的生物活性，被广泛应用于医学、食品、化妆品等领域。在食品工业中，萜类化合物扮演着传统而十分重要的角色，如作为食品调味剂、食用香料、天然食用色素、食品增稠剂、食品营养强化剂等。此外，在治疗人类疾病，如肿瘤、心脑血管疾病、艾滋病等方面也具有良好的应用和潜在价值。了解萜类物质在实际生活中的应用，有利于我们深入全面地学习和掌握萜类化合物。本节侧重于介绍萜类化合物在食品中的应用。

6.6.1　在食品添加剂中的应用

食品添加剂是现代食品工业生产必不可少的物质，由于人工合成的食品添加剂对人类健康带来的威胁，天然食品添加剂被寄予厚望，开发天然、营养、多功能的食品添加剂是食品工业的发展方向。精油是芳香和药用植物的次生代谢产物，作为抗微生物剂和食品防腐剂备受关注，它们由多种活性成分组成，其中单萜、倍半萜及其含氧衍生物是精油的重要组成成分。芳樟醇、柠檬醛、柠檬烯和薄荷醇等萜类化合物是美国食品和药物管理局报告的几种香精油成分，具有 GRAS(Generally Recognized as Safe)身份并获得批准作为调味剂或食品添加剂。植物精油在食品中主要应用在香精香料、防腐剂、乳化增稠剂等方面。如肉桂油在食品中作为天然的食用香料，可应用于软饮料、糖果、罐头食品等；无环单萜类化合物芳樟醇与丙酸酐进行酯化反应合成得到的丙酸芳樟酯是国标规定的允许使用的食用香料，可以作为食品添加剂配制菠萝、梨、香蕉等果香型食用香精；此外，在动物饲料中使用迷迭香抗氧化剂可以使肉类菜肴在不添加防腐剂的情况下保存更长时间，使用膳食迷迭香二萜类化合物可改善煮熟和冷藏的羔羊肉的氧化稳定性。

6.6.2　在食品保鲜和贮藏领域中的应用

萜类化合物在采后果蔬、预切果蔬片、肉制品、乳制品和水产品等食品保鲜和贮藏领域中有较为广泛的应用。蓝莓在采后容易发生软化和脱水，限制了新鲜蓝莓销售，而研究发现蓝莓采后表皮蜡中的熊果酸和齐墩果酸等三萜类化合物含量会影响果实贮藏后的减重和软化，对果实采后行为有一定影响。此外，在研究葡萄采后品质时发现在贮藏期间将芳樟醇、香叶醇这两种单萜类化合物汽化到葡萄采后的包装中，可以提高葡萄的品质；许多研究表明，牛至、丁香、罗勒、肉桂、百里香、薄荷、迷迭香等挥发油及丁子香酚、香芹酚、肉桂醛、柠檬醛、香叶醇等单体成分具有优良的抗食源性腐败菌和致病菌活性，通过与食品生产前处理工艺、气调包装、配方优化等手段的结合，显示出天然食品保藏剂良好的商用价值。

6.7 萜类化合物的提取、分离与结构鉴定实例

以豆科鹰嘴豆属植物鹰嘴豆的干燥成熟种子为原料，提取到一种新的二萜类化合物，命名为鹰嘴豆二萜苷 A。

(1)提取

取鹰嘴豆 20 kg，粉碎后过 14 目筛，加入 8 倍量正己烷回流提取进行脱脂，脱脂后的粉末蒸干溶剂，再加 8 倍剂量的 70%乙醇，回流提取 2 次，每次 1 h，合并两次的提取液，减压回收溶剂得提取物浸膏 2. 5 kg。

(2)分离

取提取物浸膏 2. 0 kg，溶解于双蒸水中，经 D101 大孔吸附树脂柱色谱，依次用双蒸水、30%、50%、70%和 95%的乙醇洗脱至近无色，收集洗脱液，减压回收乙醇后得到 30%乙醇洗脱部位 124 g，50%乙醇洗脱部位 56 g，70%乙醇洗脱部位 43 g 以及 95%乙醇洗脱部位 21 g。取 30%乙醇洗脱部位 100 g，加入 800 mL 双蒸水溶解，依次用 500 mL 乙酸乙酯和正丁醇振摇萃取 3 次，减压回收溶剂得乙酸乙酯分离部位 3 g 和正丁醇分离部位 13 g。取正丁醇分离部位 6 g，经 ODS 柱色谱，以甲醇-水(5∶5 和 7∶3)洗脱得到 5 个分离组分，分别为组分 1~5，其中组分 4 经制备 HPLC(甲醇-水=37∶63)得化合物 1(15. 1 mg)。

(3)结构鉴定

化合物 1 为白色粉末，Lieberman-Burchard 反应呈现绿色，三氯化锑反应呈现黄色，Molish 反应呈现紫红色，推测化合物 1 为萜苷类化合物；HR-ESI-MS 显示准分子离子峰 m/z 531$[M+H]^+$，结合 NMR 数据推测分子式为 $C_{26}H_{42}O_{11}$。采用核磁共振氢谱(^{1}H-NMR)、核磁共振碳谱(^{13}C-NHR)和二维核磁共振谱(2D-NHR)对化合物 1 进行结构鉴定，结果表明，化合物 1 是一个对映-贝壳杉烷型二萜类化合物，根据理化性质和波谱数据鉴定化合物的结构为对映-6β,7β,13β,17-四羟基-贝壳杉-19-羧酸-17-*O*-β-D-吡喃葡萄糖苷。

参考文献

曹福祥，2003. 次生代谢及其产物生产技术[M]. 长沙：国防科技大学出版社.

陈芳玲，楼雅楠，孔祥倩，等，2018. 三萜类化合物抗肿瘤及其作用机制的研究进展[J]. 中医药导报，24(17)：45-49.

董天骄，崔元璐，田俊生，等，2011. 天然环烯醚萜类化合物研究进展[J]. 中草药，42(01)：

185-194.
付佳，王洋，阎秀峰，2003. 萜类化合物的生理生态功能及经济价值[J]. 东北林业大学学报，31(06)：59-62.
高琪，王威，刘洋，等，2017. 鹰嘴豆中新二萜的分离与结构鉴定[J]. 青岛大学学报(工程技术版)，32(03)：130-133.
何兰，姜志宏，2008. 天然产物资源化学[M]. 北京：科学出版社.
金建忠，沈敏敏，2006. β-蒎烯氧化反应研究进展[J]. 广州化学，31(03)：55-60.
李兆坤，王凤寰，陈彬，等，2017. 大型真菌萜类化合物活性研究进展[J]. 天然产物研究与开发，29(02)：357-369.
廖圣良，商士斌，司红燕，等，2014. 松节油加成反应的研究进展[J]. 化工进展，33 (07)：1856-1863.
林启寿，1987. 中草药化学[M]. 北京：人民卫生出版社.
刘蒲，王国权，2018. 五环三萜类化合物的药理作用研究进展[J]. 海峡药学，30(10)：1-6.
刘湘，汪秋安，2010. 天然产物化学[M]. 北京：化学工业出版社.
罗婧文，张玉，黄威，等，2019. 食品中萜类化合物来源及功能研究进展[J]. 食品与发酵工业，45(08)：267-272.
马养民，汪洋，2010. 植物环烯醚萜类化合物生物活性研究进展[J]. 中国实验方剂学杂志，16(17)：234-243.
沈彤，田永强，刘武霞，2010. 天然药物化学 [M]. 兰州：甘肃科学技术出版社.
师彦平，2008. 单萜和倍半萜化学[M]. 北京：化学工业出版社.
谭仁祥，2002. 植物成分分析[M]. 北京：科学出版社.
谭世强，谢敬宇，郭帅，等，2012. 三萜类物质的生理活性研究概况[J]. 中国农学通报，28(36)：23-27.
陶曙红，郭丽冰，陈艳芬，等，2016. 环烯醚萜类成分提取分离与含量测定方法的研究进展[J]. 中成药，38(12)：2665-2668.
王振宇，卢卫红，2012. 天然产物分离技术[M]. 北京：中国轻工业出版社.
吴立军，2004. 天然药物化学[M]. 北京：人民卫生出版社.
杨滨，2014. 食品营养学[M]. 昆明：云南人民出版社.
杨峻山，2005. 萜类化合物[M]. 北京：化学工业出版社.
尹笃林，张剑峰，肖毅，等，1999. β-蒎烯环氧化重排制水芹醛[J]. 湖南师范大学自然科学学报，22(04)：49-52.
庾石山，2008. 三萜化学[M]. 北京：化学工业出版社.
张光杰，杜磊，袁超，等，2017. 三萜类化合物生物活性及应用研究进展[J]. 粮食与油脂，30(10)：1-5.
张建红，刘琬菁，罗红梅，2018. 药用植物萜类化合物活性研究进展[J]. 世界科学技术-中医药现代化，20(03)：419-430.
郑建仙，2005. 植物活性成分及开发[M]. 北京：中国轻工业出版社.
DI VISCONTE M S, NICOLI F, DELGIUDICE R, et al, 2017. Effect of a mixture of diosmin, coumarin glycosides, and triterpenes on bleeding, thrombosis, and pain after stapled anopexy: a prospective, randomized, placebo-controlled clinical trial[J]. International Journal of Colorectal Disease, 32(03): 425-431.
LOU J S, DIMITROVA D M, MURCHISON C, et al, 2018. *Centella asiatica* triterpenes for diabetic neuropathy: a randomized, double-blind, placebo-controlled, pilot clinical study[J]. Esperienze Dermato-

logiche, 20(2 Suppl 1): 12-22.

MOGGIA C, GRAELL J, LARA I, et al, 2016. Fruit characteristics and cuticle triterpenes as related to postharvest quality of highbush blueberries[J]. Scientia Horticulturae, 211: 449-457.

PANDEY A K, KUMAR P, SINGH P, et al, 2017. Essential oils: sources of antimicrobials and food preservatives[J]. Frontiers in Microbiology(07): 2161.

QUINTANS JS S, SHANMUGAM S, HEIMFARTH L, et al, 2019. Monoterpenes modulating cytokines-A review[J]. Food and Chemical Toxicology, 123: 233-257.

SERRANO R, ORTUNO J, BANON S, 2014. Improving the Sensory and Oxidative Stability of Cooked and Chill-Stored Lamb Using Dietary Rosemary Diterpenes[J]. Journal of Food Science, 79(09): S1805-S1810.

TYAGI K, MAOZ I, VINOKUR Y, et al, 2020. Enhancement of table grape flavor by postharvest application of monoterpenes in modified atmosphere[J]. Postharvest Biology and Technology, 159: 111018.

第 7 章　其他类型天然产物

本章主要对除黄酮类、多酚类、糖苷类及萜类化合物之外的其他类型天然产物进行简介。所介绍的其他类型天然产物主要包括：生物碱、非生物碱含氮化合物、甾体、苯丙素以及醌类。主要概述这些天然产物的分类、化学结构、理化性质、生物活性以及在食品和医药领域中的应用现状，以期对天然产物进行全面和系统的了解。

7.1　生物碱

生物碱(alkaloids)是一类重要的天然有机化合物。自 1806 年德国药剂师赛图纳(F. W. Sertiirner)从鸦片中分离出吗啡碱(morphine)后，一些新的生物碱相继被发现并开发成新药，供临床使用。生物碱广泛地分布于植物界，据统计植物源性生物碱约 1 872 个骨架、21 120 个化合物，分别约占全部天然产物的 15.6%和 32.5%。许多重要的植物药材，如鸦片、麻黄、金鸡纳、番木鳖、汉防己、莨菪、延胡素、苦参、洋金花、秋水仙、长春花、三尖杉、乌头(附子)等都主要含有生物碱成分。生物碱均为含氮的有机化合物，其生物合成途径以鸟氨酸、赖氨酸、苯丙氨酸、组氨酸、色氨酸等氨基酸为起始物，经过环合反应和 C—N 键的裂解而成。基于共同的合成机理，生物碱具有部分相似的性质，但生物碱的种类繁多，不同结构的生物碱在性质上又会有所差异。生物碱具有广泛的生物活性，由其开发的药物约占全部植物药物的 46%，这是其他天然产物不可比拟的。

7.1.1　生物碱的定义

许多学者都曾研究生物碱的定义，但至今尚无一个令人满意的表述。事实上，随着生物碱研究的不断深入，其定义的严格性总是伴随着各种新的限制(表 7-1)。

表 7-1　生物碱定义的发展过程及局限性

发展过程	碱性	杂环体系	复杂分子	生物活性	植物界分布
局限性	有例外，如秋水仙碱(colchicine)和氮氧化物等	有许多例外，如麻黄碱(ephedrine)、大麦碱(hordenine)等	分子的复杂程度因人而异	人为附加条件，意味着分类前就须药理筛选，且未考虑活性-剂量关系	未包括动物、微生物

目前，多数专著将生物碱定义为天然含氮有机化合物。显然，这不应包括低分子胺类(如甲胺、乙胺等)、非环甜菜碱类(betaines)、氨基酸、氨基糖、肽类(除肽类生物碱如麦角克碱)、蛋白模酸、核甘酸、卟啉类(porphyrins)和维生素类。佩尔蒂埃(S. W. Pelletier)在全面研究生物碱定义的基础上提出：生物碱是含负氧化态氮原子的、存在于生物有机体中的环状化合物。含负氧化态氮原子包括胺(-3)、氮氧化物(-1)、

酰胺(-3)和季铵(-3)化合物，但排除含硝基(+3)和亚硝基(+1)的化合物，如马兜铃酸(aristolic acid)等；生物有机体是从实用角度将其范围限于植物、动物和其他有机体，而排除上述简单定义中所限制的所有化合物，但同时却包括经典定义中例外的大多数化合物如秋水仙碱、胡椒碱(piperine)、苯丙氨类(如麻黄碱)和嘌呤类(如咖啡因)等；环状结构则排除了小分子的胺类、非环的多胺和酰胺。

7.1.2 生物碱存在形式及分类

7.1.2.1 生物碱的存在形式及分布

根据分子中氮原子所处的状态，生物碱的存在形式主要分为6种：①游离碱；②盐类；③酰胺类；④*N*-氧化物；⑤氮杂缩醛类；⑥其他，如亚胺(C═N)、烯胺(N—C═C)、氰基(C≡N)、N—CN、N—O—R等。

生物碱广泛分布于植物界。在植物体内，除以酰胺形式存在的生物碱外，仅少数碱性极弱的生物碱如那碎因(narceine)、麻醉碱(narcotine)等以游离碱形式存在，而绝大多数生物碱是以盐的形式存在。形成盐类生物碱的酸有草酸、柠檬酸、硫酸、盐酸、硝酸等。以酰胺形式存在的生物碱有秋水仙碱、喜树碱等。在植物体中，已发现的氮氧化物约120种，主要是吡咯里西丁类如野百合碱氮氧化物等、其他如二萜碱等。有些生物碱分子中含氮杂缩醛体系，又称*O*,*N*混合缩醛(*O*,*N*-mixed acetals)，如Keyneatine、(-)-physovenine、cycloxobuxoxazine-C和naucleonidine等。某些二萜碱则以噁唑啉环形式存在，如spiradine等，这种特殊结构的存在导致许多有趣的反应，如成盐、差向异构化、异构化等。极少数生物碱是以亚胺、烯胺(如propyleine等)、CN(如girgensohnine等)，甚至N—CN等形式存在。个别生物碱如(-)-geneserine等则以N—O键形式存在。来自于马钱科植物蓬莱葛(*Gardneria mutiflora*)中的生物碱如多花蓬莱葛胺(gardfloramine)、蓬莱葛属碱(gardneramine)等其吲哚部分则以常见的—N═C—O—形式存在，且遇酸易转变成氧化吲哚碱类。极少数生物碱如xylostostidine等则以含硫杂环形式存在。此外，少数单萜吲哚碱、单萜生物碱以及甾体生物碱等分子中又存在苷的结构。

生物碱多存在于植物的叶、茎、果实等外周部分，且据不同种类的含量多少，分为主要生物碱和次要生物碱，同种生物碱又因植物品种、生长地域及环境和生长季节不同其含量有所差别。如茶叶中主要生物碱是咖啡因(含量1%~5%)，次要生物碱有茶碱和可可碱，不同地域、季节和不同品种的茶叶生物碱的含量也有差别。

7.1.2.2 生物碱的分类

生物碱的分类(图7-1)主要有3种方法：①按来源分类，如鸦片生物碱、麦角生物碱等；②按化学结构分类，如托品烷生物碱、异喹啉生物碱等；③按生源结合化学分类，如来源于鸟氨酸的吡咯生物碱等。不同的分类方法各有利弊，但从发展趋势上看，生源结合化学分类法更为合理，该法最能反映生物碱的生源和化学本质及其相互关系。

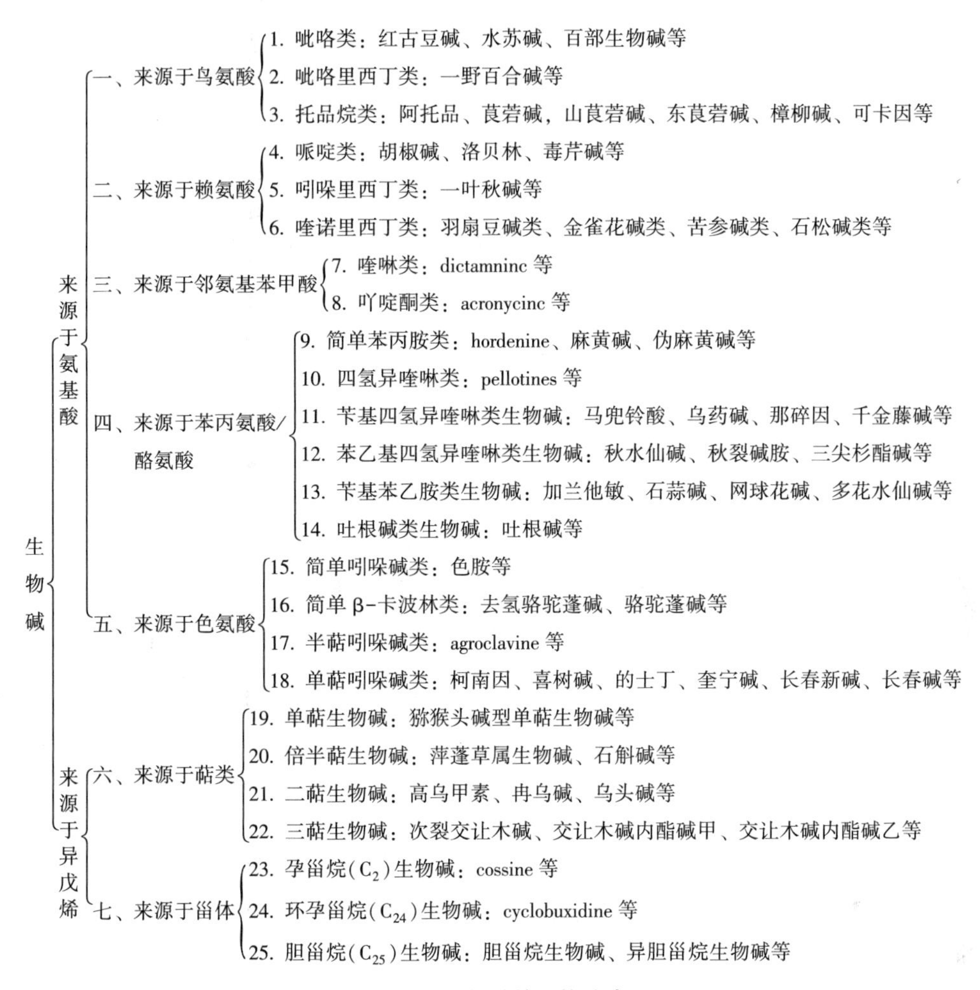

图 7-1　生物碱的结构分类

(1) 来源于鸟氨酸的生物碱

本类主要包括吡咯类（pyrrolines）、托品类（tropanes）和吡咯里西丁类（pyrrolizidines）。

① 吡咯类生物碱　百部生物碱（Stemona alkaloid）是一类结构复杂的多环生物碱。第一个分出的此类生物碱是对叶百部碱（tuberostemonines）。除百部生物碱类外，吡咯类生物碱结构简单，数目较少，如红古豆碱（cuscohygrine）、水苏碱（stachydrine）等。其生物合成的关键中间体是 *N*-甲基吡咯亚胺盐及其衍生物。吡咯环部分常接有其他杂环生物碱，如尼古丁、一叶萩碱以及吲哚里西丁类生物碱。这类生物碱分布于植物、动物和微生物中。植物界主要存在于石斛科、古柯科、胡颓子科和茄科植物中。应强调的是，并非所有的吡咯类生物碱生源上均来源于鸟氨酸，如石斛宁和松叶菊碱型生物碱。图 7-2 为一些代表性吡咯类生物碱结构式。

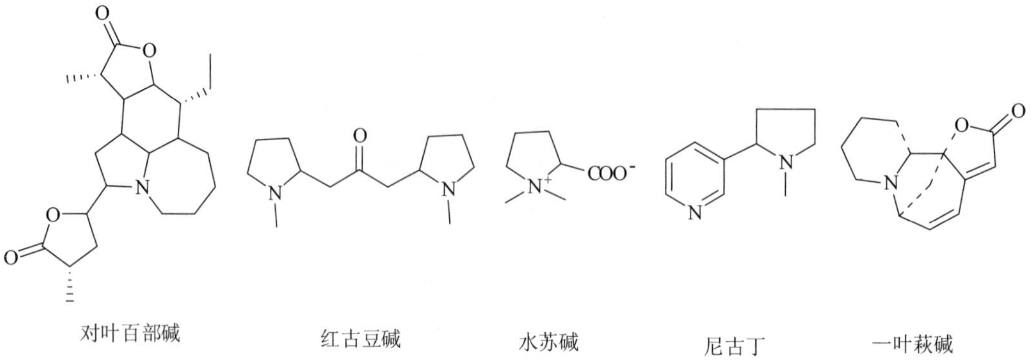

对叶百部碱
红古豆碱
水苏碱
尼古丁
一叶萩碱

图 7-2 代表性吡咯类生物碱化学结构

② 托品烷类生物碱　托品烷类生物碱结构由两部分组成：双环-1(*R*),5(*S*)-托品烷环系和有机酸，二者结合形成酯。重要化合物有阿托品（atropine）、莨菪碱(hyoscyamine)、东莨菪碱(scopolamine)、樟柳碱(anisodine)和可卡因(cocaine)(图 7-3)等。生源上关键中间体也是 *N*-甲基吡咯亚胺盐及其衍生物。主要分布于茄科颠茄属(*Atropa*)、天仙子属(*Hyoscyamus*)、曼陀罗属(*Datura*)、莨菪属(*Scopolia*)植物中。

阿托品
莨菪碱
东莨菪碱
樟柳碱
可卡因

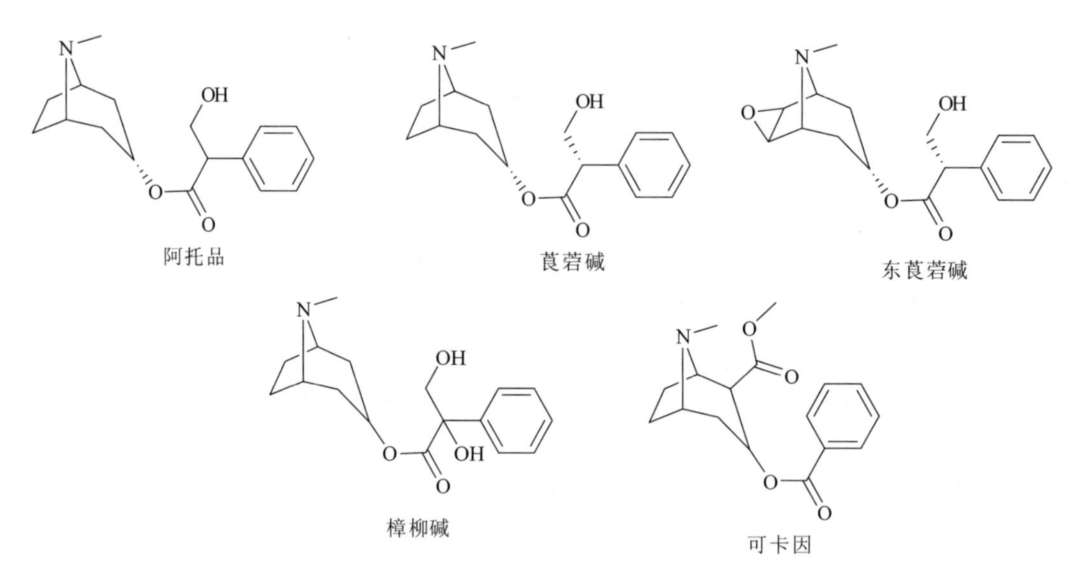

图 7-3 代表性托品烷类生物碱化学结构

③ 吡咯里西丁类生物碱　吡咯里西丁类生物碱结构由胺醇(necine)和酸(necinic acid)两部分缩合形成，二者多以 11 或 12 元双内酯形式结合，少数以单酯存在，代表性化合物主要有：野百合碱(monocrotaline)、宁德洛菲碱(lindelofine)、florosenine(图 7-4)等。本类生物碱主要分布于菊科千里光属(*Senecio*)和 *Crotalaria* 属植物中。

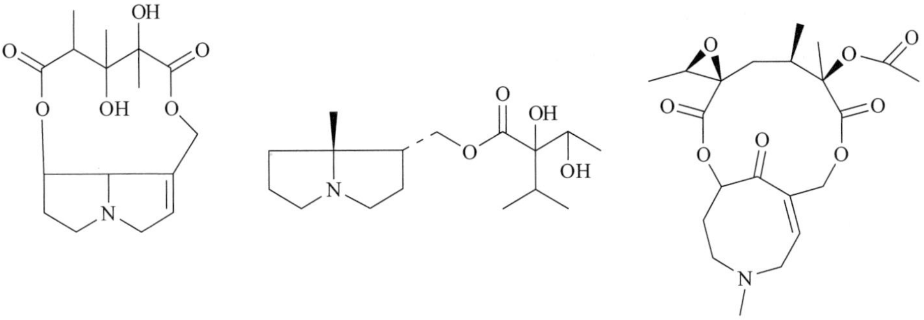

野百合碱 宁德洛菲碱 florosenine

图7-4 代表性吡咯里西丁类生物碱化学结构

(2)来源于赖氨酸的生物碱

本类包括哌啶类(piperidines)、吲哚里西丁类(indolizidines)和喹诺里西丁类(quinolizidines)。

① 哌啶类生物碱 哌啶类生物碱结构比较简单，生源上主要有赖氨酸和乙酸酯两种途径。由赖氨酸生物合成的哌啶类生物碱的代表性化合物有：胡椒碱(piperine)和洛贝林(iobeline)等，生源上最重要的前体物是 Δ^1-哌啶亚胺类。由乙酸生物合成的哌啶类生物碱的代表性化合物有：毒芹碱(coniine)(图7-5)等。哌啶类生物碱在植物界分布较广，主要有胡椒科、豆科、大戟科、Chenoppdiaceae 科，伞形科以及 Mimosareae 科植物中。动物及微生物也可产生一定的哌啶类生物碱。

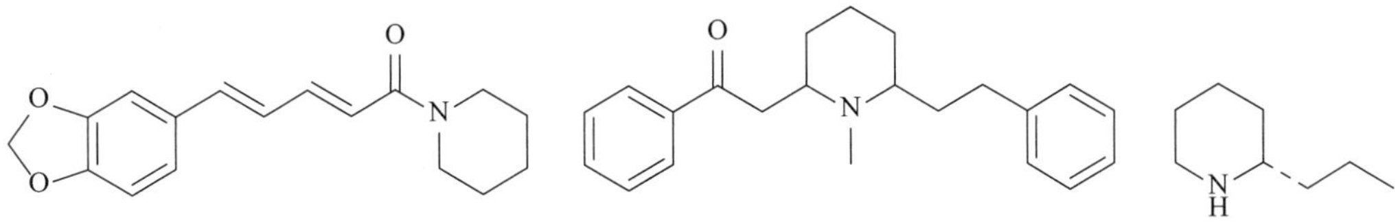

胡椒碱 洛贝林 毒芹碱

图7-5 代表性哌啶类生物碱化学结构

② 吲哚里西丁类生物碱 吲哚里西丁类生物碱较小，包括较简单的类型如 dendroprimine 等和较为复杂的类型如一叶萩碱(securinine)等。前者分布较为分散，后者则主要分布于大戟科一叶萩属植物中(图7-6)。

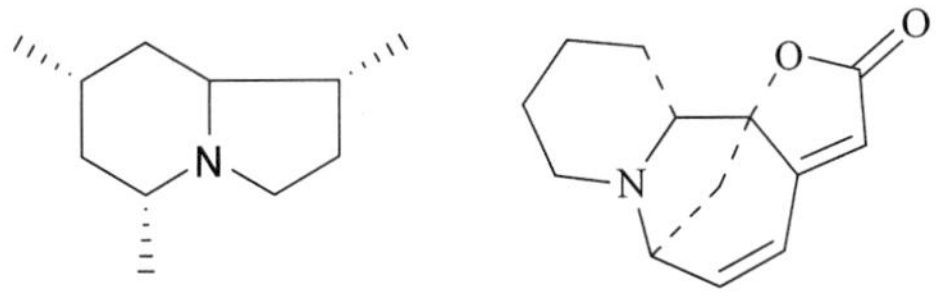

dendroprimine 一叶萩碱

图7-6 代表性吲哚里西丁类生物碱化学结构

③ 喹诺里西丁类生物碱 喹诺里西丁类生物碱主要有：羽扇豆碱类、金雀花碱类、苦参碱类和石松碱类。代表化合物有：羽扇豆碱(lupine)、金雀花碱(sparteine)、苦参碱(matrine)、石松碱(lycopodine)(图7-7)。赖氨酸衍生物戊二胺和石榴碱(pelletierine)

是两个关键的前体物质。羽扇豆碱类、金雀花碱类、苦参碱类主要分布于豆科植物中。石松碱类仅分布于石松科石松属植物中。

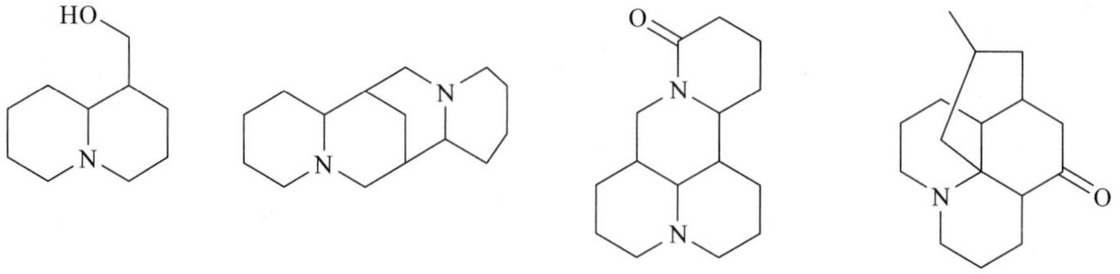

羽扇豆碱　　金雀花碱　　苦参碱　　石松碱

图 7-7　代表性喹诺里西丁类生物碱化学结构

(3) 来源于邻氨基苯甲酸的生物碱

本类主要包括简单邻氨基苯甲酸衍生物、benzodiazepine 类、喹啉类、吖啶酮类。生源上由邻氨基苯甲酸和乙酸或苯丙氨酸生物合成而来。简单邻氨基苯甲酸类分布较分散，benzodiazepine 类则仅限于细菌类，喹啉类集中分布于芸香科，吖啶酮类约 40 多个生物碱，也主要分布于芸香科植物中。代表性化合物有：白鲜碱(dictamnine)、三油柑碱(acronycine)等。此外，喹唑啉类生物碱(约 60 多种)也来源于邻氨基苯甲酸，如 aborine 等(图 7-8)。

白鲜碱　　三油柑碱　　aborine

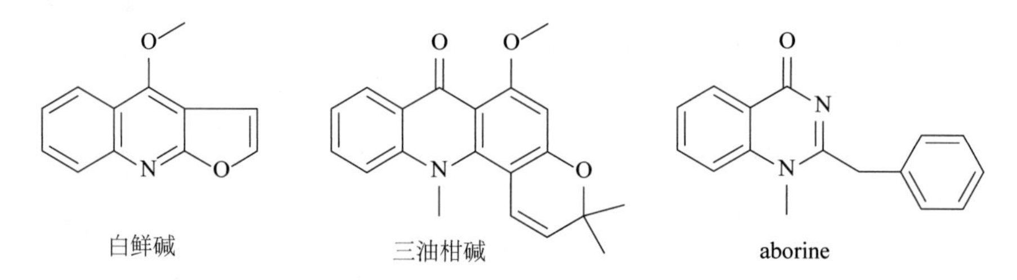

图 7-8　代表性来源于邻氨基苯甲酸的生物碱化学结构

(4) 来源于苯丙氨酸和酪氨酸的生物碱

本类生物碱数量多(约 1 000 种)、分布广、药用价值大、结构类型复杂。根据生源上关键前体物的骨架初步分为 6 类：苯丙胺类、四氢异喹啉类、苄基四氢异喹啉类、苯乙基四氢异喹啉类、苄基苯乙胺类和吐根碱类。

① 苯丙胺类生物碱　苯丙胺类(phenylaakylamines)生物碱较少，其代表性化合物有：麻黄碱、伪麻黄碱(图 7-9)等。

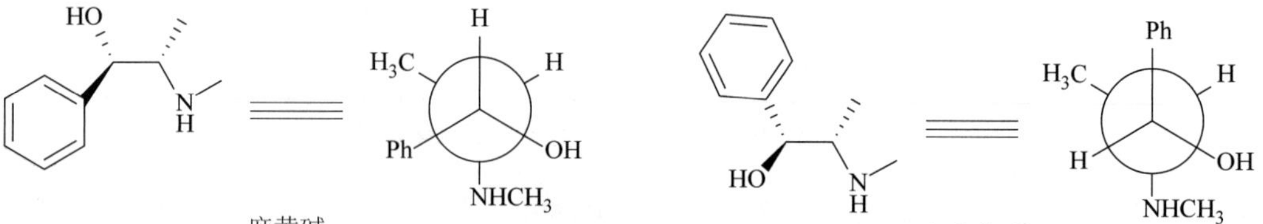

麻黄碱　　伪麻黄碱

图 7-9　代表性苯丙胺类生物碱化学结构

② 四氢异喹啉类生物碱 四氢异喹啉类(tetrahydroisoquinolines)生物碱很少，分布分散，具体化合物如 pellotines(图7-10)等。

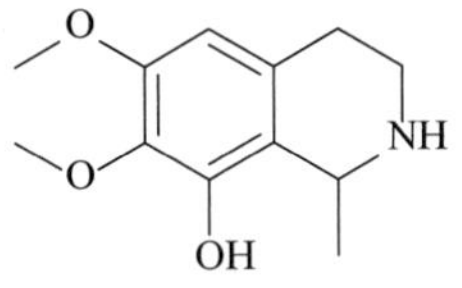

pellotines

图7-10 代表性四氢异喹啉类生物碱化学结构

③ 苄基四氢异喹啉类生物碱 苄基四氢异喹啉类(benzyltetrahydroisoquinolines)生物碱是一类很重要的生物碱，数量多、结构类型复杂。代表性化合物有：乌药碱(conlaurine)、那碎因(narceine)、千金藤碱(stephanine)、马兜铃酸(aristolochic acid)、枯拉灵(cularine)、蓟粟碱(munitagine)、吗啡烷类(morphinanes)生物碱、莲花宁碱(hasubanonine)、原千金藤碱(protostephanine)、小檗碱类(berberine)生物碱、普罗托品类(protopines)生物碱、那可汀(narcotine)(图7-11)等。

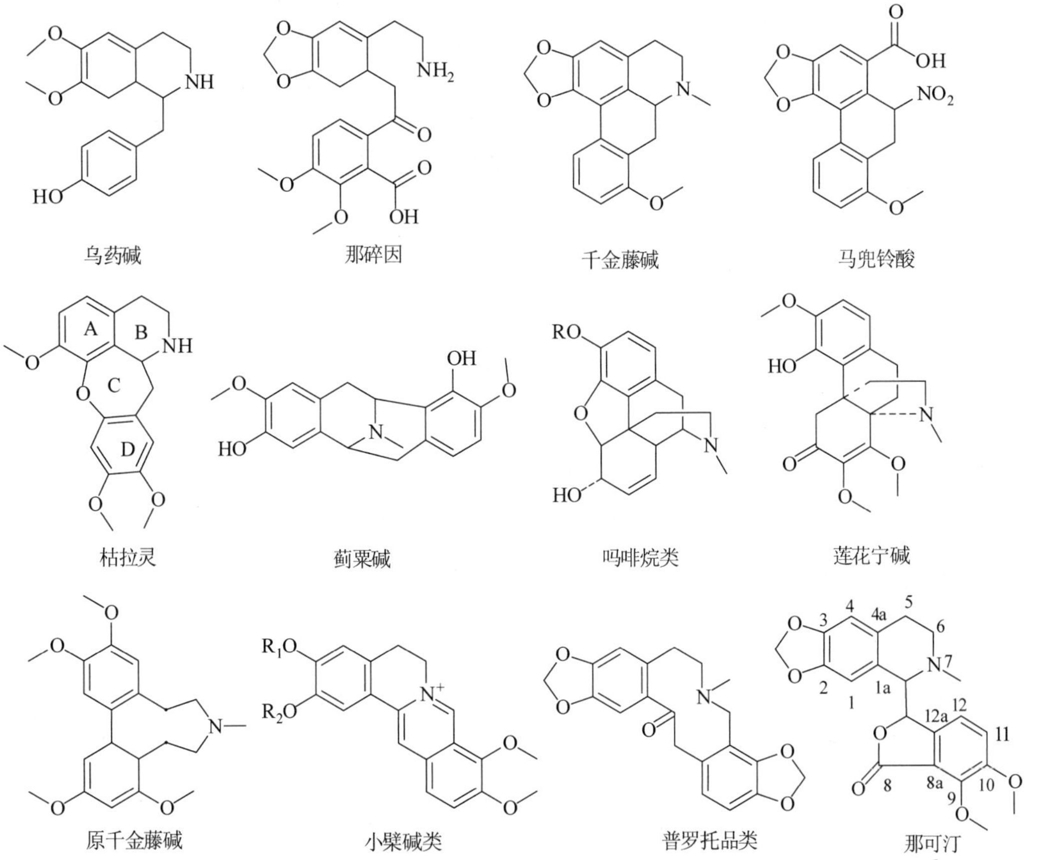

乌药碱 那碎因 千金藤碱 马兜铃酸

枯拉灵 蓟粟碱 吗啡烷类 莲花宁碱

原千金藤碱 小檗碱类 普罗托品类 那可汀

图7-11 代表性苄基四氢异喹啉类生物碱化学结构

④ 苯乙基四氢异喹啉类生物碱 苯乙基四氢异喹啉类(phenylethyl tetrahydroisoquinolines)生物碱根据化学分类可以分为 9 类：简单苯乙基四氢异喹啉类、双苯乙基异喹啉类、高原阿朴菲类、高阿朴菲类、吗啡二烯酮类、秋水仙碱类、高绿刺桐碱类、dibenz[d，f]azecine 类和粗榧碱类。代表性化合物有：秋水仙碱类(colchicines)、粗榧碱(cephalotaxine)、三尖杉酯碱(harringtonine)(图 7-12)等。主要分布于百合科、罂粟科和三尖科植物中。

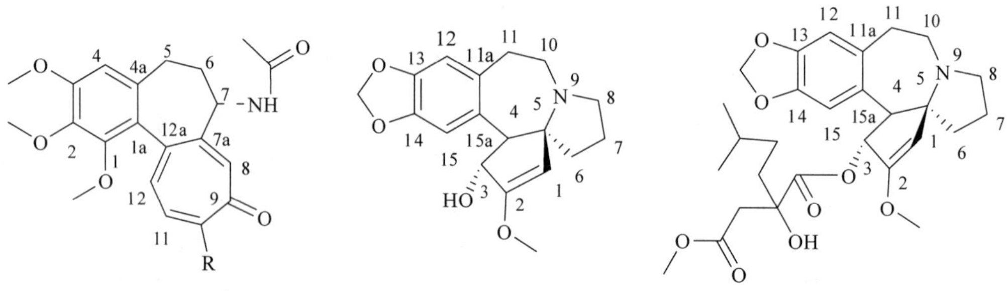

秋水仙碱类　粗榧碱　三尖杉酯碱

图 7-12　代表性苯乙基四氢异喹啉类生物碱化学结构

⑤ 苄基苯乙胺类生物碱　苄基苯乙胺类(benzylphenylethylamines)生物碱主要分为 4 种类型：加兰他敏型、石蒜碱型、网球花碱型和多花水仙碱型。代表性化合物有：加兰他敏(galathamine)、石蒜碱(lycorine)、网球花碱(haemanthamine)、多花水仙碱(tazettine)(图 7-13)等。生源上最重要的前体物质是苄基苯乙胺衍生物。

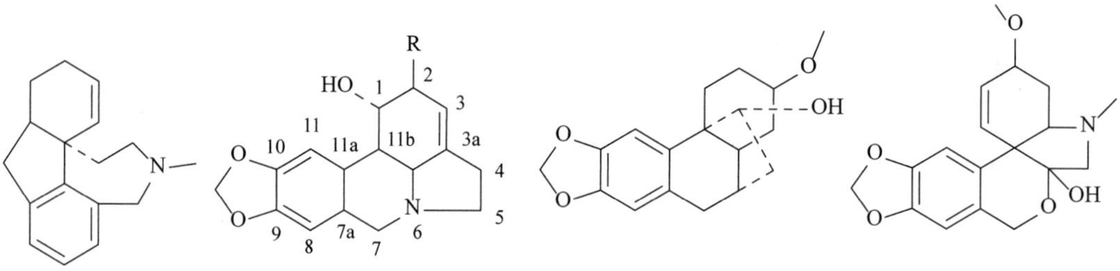

加兰他敏　石蒜碱　网球花碱　多花水仙碱

图 7-13　代表性苄基苯乙胺类生物碱化学结构

⑥吐根碱类生物碱　吐根碱类(emetines)生物碱化学结构由来源于多巴胺的衍生物组成。代表化合物如吐根碱(emetine)(图 7-14)等。本类生物碱主要分布于茜草科和八角枫科植物中。

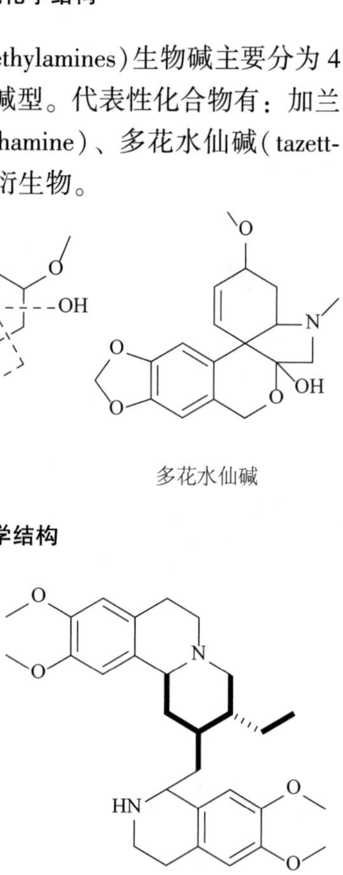

(5) 来源于色氨酸的生物碱

本类生物碱又称吲哚类(indoles)生物碱，是最大、最复杂的一类生物碱。可以将其分为 4 类：简单吲哚碱类、β-卡波林碱类、半萜吲哚碱类和单萜吲哚碱类。

图 7-14　吐根碱化学结构

① 简单吲哚类(simple nidoles)生物碱　结构中除吲哚核外，无杂环，如色胺(tryptamine)(图 7-15)等；分布十分广泛(25 科植物)，主要是

禾本科和豆科植物中。

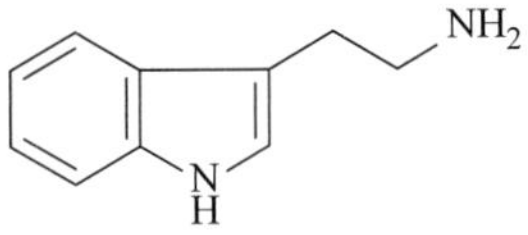

色胺

图 7-15　代表性简单吲哚类生物碱化学结构

② 简单 β-卡波林碱类(simple β-carbolines)生物碱　代表化合物如去氢骆驼蓬碱(harmine)、骆驼蓬碱(harmaline)(图 7-16)等，分布很分散(26 科 63 属植物中)。

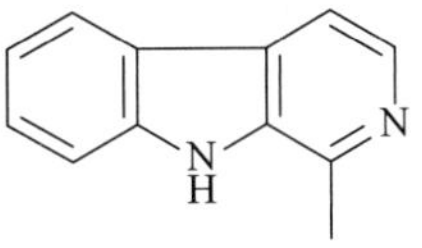

去氢骆驼蓬碱 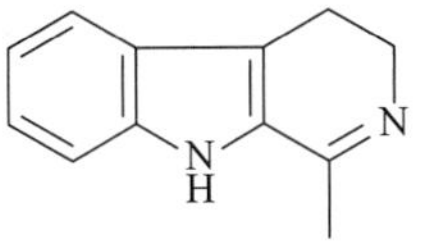　　骆驼蓬碱

图 7-16　代表性简单 β-卡波林碱类生物碱化学结构

③ 半萜吲哚类(semiterpenoid indoles)生物碱　又称麦角(ergot)生物碱。分子中含一个四环的麦角碱核体系，主要分为麦角酸类和克勒文类(图 7-17)。集中分布于麦角菌科 *Claviceps* 属真菌类中。

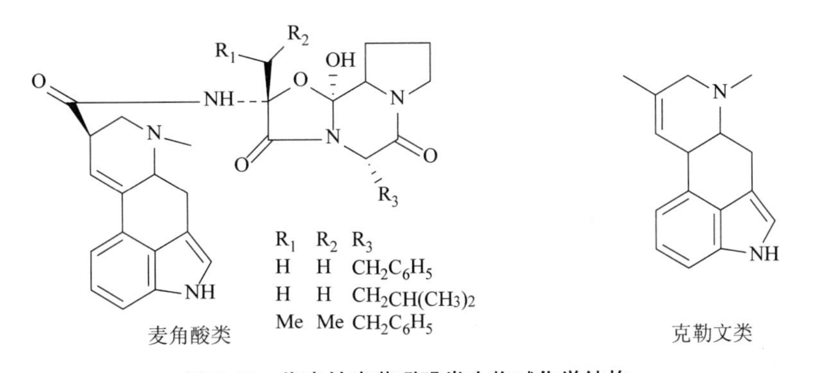

图 7-17　代表性半萜吲哚类生物碱化学结构

④ 单萜吲哚类(monoterpenoid indoles)生物碱　又称裂环烯醚萜吲哚类(secoiridoid indoles)生物碱，是来源于色氨酸的最重要的生物碱。已知碱不少于 2 000 种，分子中具有一个吲哚核和一个 C9 或 C10 的裂环番木鳖苷及其衍生物的结构单元。根据生源结合化学分类分成：单萜吲哚类生物碱、双吲哚类生物碱和与单贴吲哚类生物碱相关的生物碱。

单萜吲哚类生物碱又可分为 5 类：柯南因类(*Corynanthe*)、育亨宾类(*Yohimbe*)、士的宁类(*Strychnos*)、白坚木类(*Aspidosperma*)和伊博加类(*Iboga*)(图 7-18)。绝大多数分布于夹竹桃科、马钱科和茜草科中。

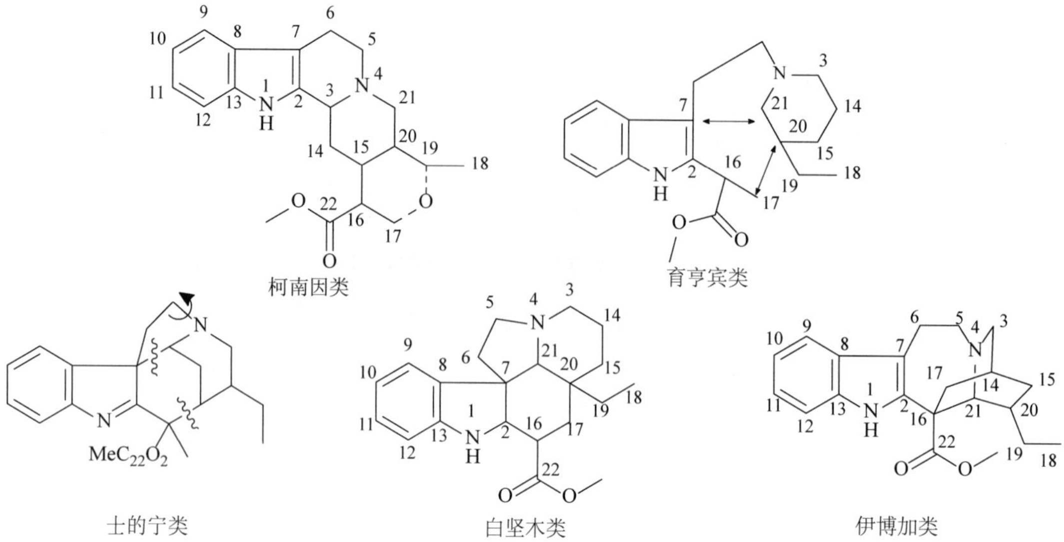

柯南因类 育亨宾类 士的宁类 白坚木类 伊博加类

图 7-18 代表性单萜吲哚类生物碱化学结构

双吲哚类生物碱(图 7-19)是指由两个或两个以上相同或者不同的含吲哚核的亚单位缩合而成的一类化合物，以长春碱和长春新碱为代表化合物。长春碱和长春新碱是 20 世纪 60~80 年代发现的最重要的抗癌药。

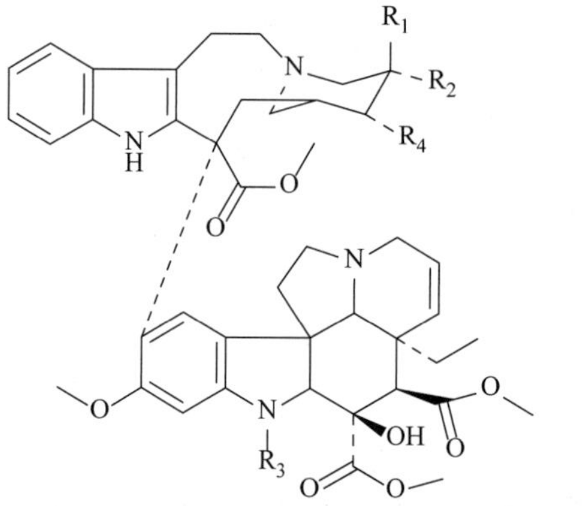

R_1	R_2	R_3	R_4
OH	Et	Me	H
OH	Et	CHO	H

图 7-19 代表性双吲哚类生物碱化学结构

与单萜吲哚类生物碱有关的生物碱有：阿巴利生类(apparicines)、乌勒因类(uleines)、喜树碱类(camptothecines)和金鸡宁类(cinchonines)。代表性化合物为：阿巴利生(apparicine)、乌勒因(uleine)、喜树碱(camptothecine)和金鸡宁(cinchonine)(图 7-20)等。

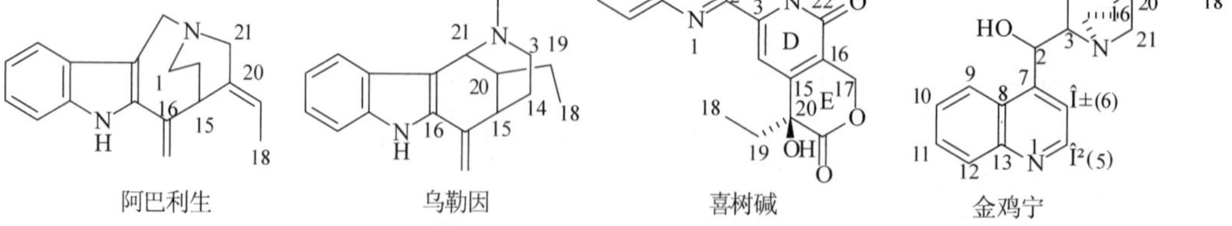

阿巴利生 乌勒因 喜树碱 金鸡宁

图 7-20 代表性与单萜吲哚类生物碱有关的生物碱化学结构

(6)来源于萜类的生物碱

不同于前面所述的是无氨基酸参与生物合成，其骨架的形成同于相应的萜类化合物，再加氨基化生物合成萜类生物碱。这里仅介绍单萜、半倍萜、二萜、三萜生物碱。

① 单萜生物碱(monoterpenoid alkaloid)　在简单环烯醚萜和裂环烯醚萜类中，其杂原子氧被氮取代后即形成所谓的单萜生物碱。主要有3个类型：猕猴桃碱(actinidone)型、skytanthine型和秦艽碱甲(gentianine)型(图7-21)。主要分布于夹竹桃科、龙胆科、马钱科等植物中。

猕猴桃碱　skytanthine　秦艽碱甲

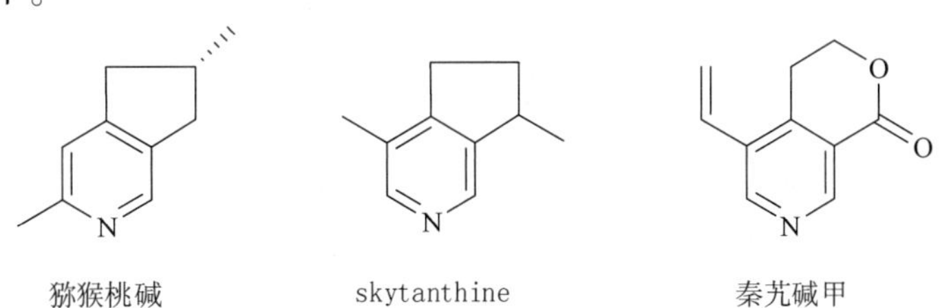

图7-21　代表性单萜生物碱化学结构

② 倍半萜生物碱(sesquiterpenoid alkaloid)　主要分布于卫矛科、唇形科、马钱科、睡莲科和石斛科等植物中。数量不多，但结构复杂。可分为5类：萍蓬草属生物碱(来源于睡莲科植物)，石斛属生物碱(来源于石斛科植物)(图7-22)，*Fabiana* 和 *Pogostemon* 属生物碱(来源于唇形科植物)，*Gaillardia* 属生物碱(来源于菊科植物)，*Maytenus*、*Celastrus*、*Euonymus* 属生物碱(来源于卫矛科植物)。

石斛碱

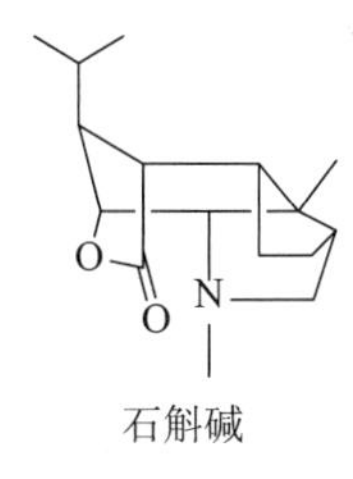

图7-22　代表性倍半萜生物碱化学结构

③ 二萜生物碱(diterpenoid alkaloid)　是四环二萜或五环二萜，具有β-氨基乙醇、甲胺或乙胺的杂环化合物，可以分为四大类：C18、C19、C20和双二萜。主要分布于毛茛科乌头属和翠雀属植物中。其代表性化合物有：乌头碱(aconitine)、牛扁碱(lycoctonine)(图7-23)等。

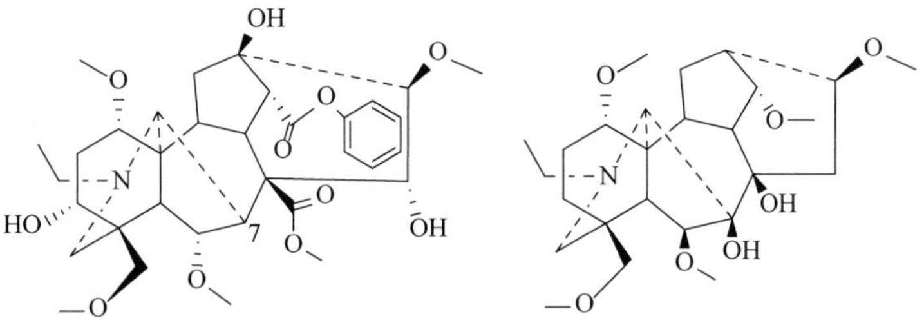

乌头碱　牛扁碱

图7-23　代表性二萜生物碱化学结构

④ 三萜生物碱(triterpenoid alkaloid)　主要包括分自交让木科或虎皮楠科交让木属或虎皮楠属植物中的生物碱。此类生物碱的显著特点是结构复杂骨架类型多。此类生物碱均源于角鲨烯(图7-24)。

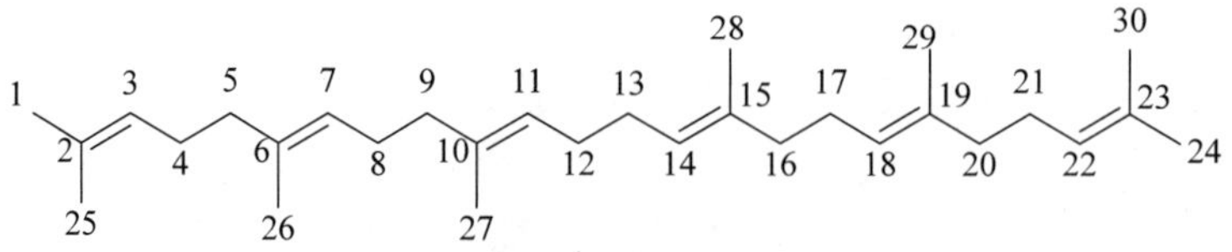

图 7-24 角鲨烯化学结构

(7) 来源于甾体的生物碱

本类被认为是天然甾体的含氮的简单衍生物。根据甾核的骨架分为 3 类：孕甾烷(C21)生物碱、环孕甾烷(C24)生物碱和胆甾烷(C27)生物碱。

① 孕甾烷(C21)生物碱　本类生物碱中氨基在 C3 和(或)C20 上，或 C18 和(或)C20 之间，分为孕甾烷型(如 funtunmine)和 cossine 型(图 7-25)，生源上胆甾醇主要是甾体的前体物质，它经氨基化再生物合成甾体生物碱。主要分布于夹竹桃科植物中。

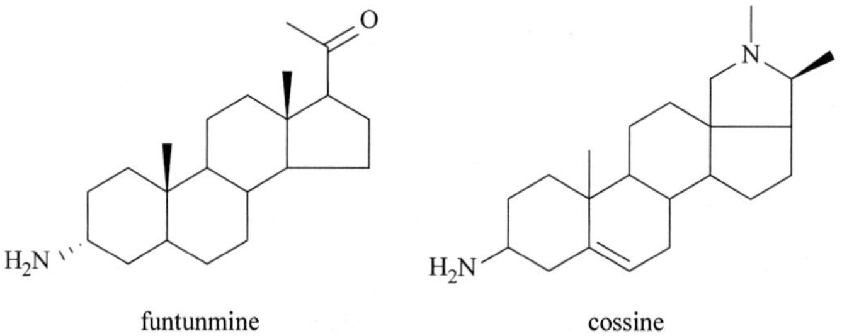

图 7-25 代表性孕甾烷(C21)生物碱化学结构

② 环孕甾烷(C24)生物碱　一般划分为甾体生物碱，但结构上与三萜化合物(如羊毛甾醇和环菠萝蜜醇)更密切。主要有两种类型，9β、19-环孕甾烷碱类(如 buxazine C)和 9(10→19)-abeopregnane 类(如 buxamine E)(图 7-26)。仅分布在黄杨木科植物中。

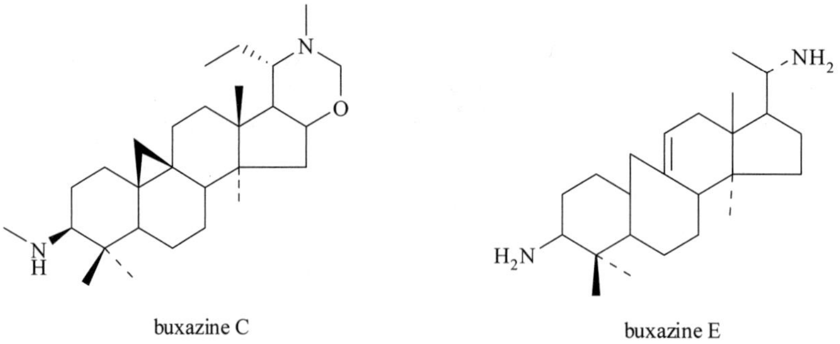

图 7-26 代表性环孕甾烷(C24)生物碱化学结构

③ 胆甾烷(C27)生物碱　胆甾烷生物碱再细分为：胆甾烷生物碱类和异胆甾烷生物碱类。胆甾烷生物碱可分为 6 个主要类型：维藜芦胺型(如 veralkamine)、辣茄碱型(如 solanocarpsine)、螺甾碱型(如 solasodine)、茄次碱型(如 solasonidine)、原介文碱型(如 procevine)、园维茄次碱型(如 jurubidine)(图 7-27)。

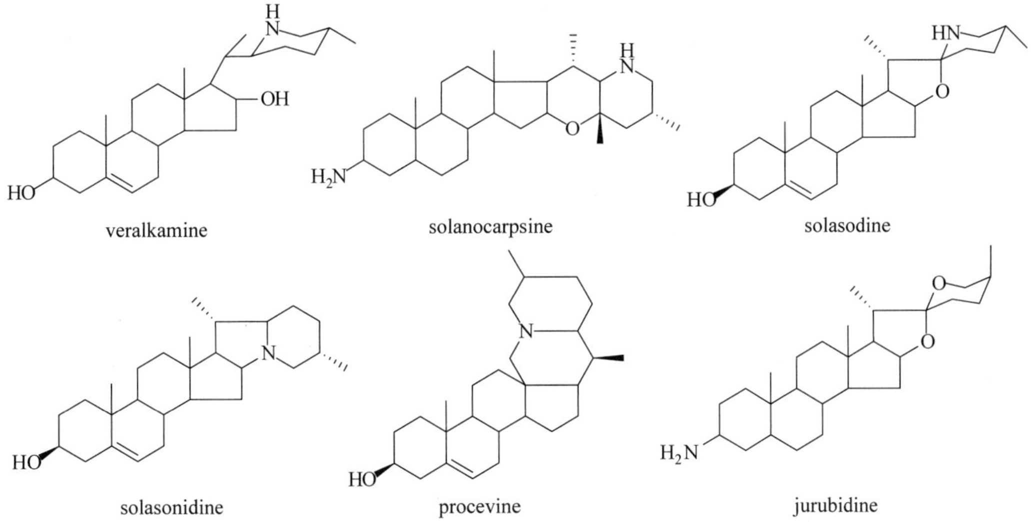

veralkamine　solanocarpsine　solasodine

solasonidine　procevine　jurubidine

图 7-27　代表性胆甾烷(C27)生物碱化学结构

异胆甾烷生物碱可分为 3 个类型：藜芦胺型(如藜芦胺 veratramine)、介藜芦碱型(如介文碱 jervine)和西藜芦碱型(如 vertocine)(图 7-28)。主要分布于茄科以及百合科植物中。

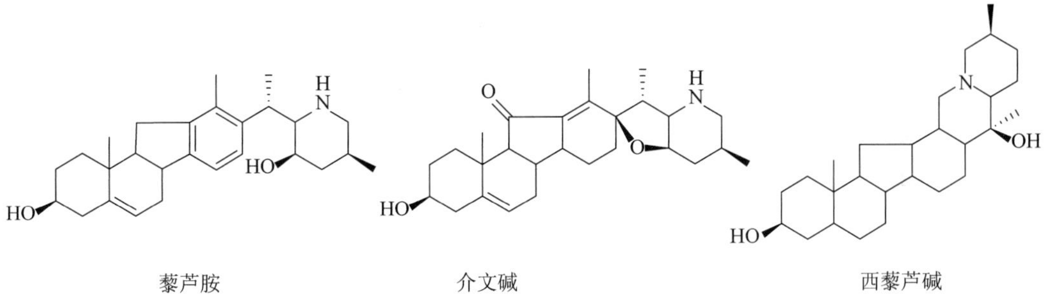

藜芦胺　介文碱　西藜芦碱

图 7-28　代表性异胆甾烷(C27)生物碱化学结构

7.1.3　生物碱的理化性质

7.1.3.1　形态

大多数生物碱是结晶形固体；有些是非结晶形粉末；还有少数在常温时为液体，如烟碱(nicotine)、毒芹碱(coniine)等。

7.1.3.2　颜色

多数生物碱为无色；少数生物碱带有颜色，如小檗碱(berberine)、木兰花碱(magnoflorine)、蛇根碱(serpentine)等均为黄色。

7.1.3.3 溶解度

游离生物碱极性较小，一般不溶或难溶于水，能溶于氯仿、二氯乙烷、乙醚、乙醇、丙酮、苯等有机溶剂，在稀酸水溶液中溶解而成盐。生物碱的盐类极性较大，大多易溶于水及醇，不溶或难溶于苯、氯仿、乙醚等有机溶剂。

一些生物碱及其盐类具有特殊的溶解性。例如，麻黄碱(ephedrine)可溶于水，也能溶于有机溶剂；烟碱、麦角新碱(ergonovine)等在水中也有较大的溶解度；季铵碱如小檗碱、酰胺型生物碱和一些极性基团较多的生物碱则一般能溶于水，习惯上常将此类能溶于水的生物碱叫作水溶性生物碱；中性生物碱难溶于酸；含羧基、酚羟基或含内酯环的生物碱等能溶于稀碱溶液中；某些生物碱的盐类如盐酸小檗碱难溶于水；另有少数生物碱的盐酸盐能溶于氯仿中。

7.1.3.4 旋光性

大多数生物碱含有不对称碳原子，具有旋光性，且多数呈左旋光性。只有少数生物碱分子中没有不对称碳原子而无旋光性，如那碎因(narceine)。还有少数生物碱在中性溶液中呈左旋性，在酸性溶液中则变为右旋性，如烟碱、北美黄连碱(hydrastine)等。

7.1.3.5 酸碱性

生物碱分子构造中都含有氮原子，而氮原子上又有一对未共享电子对，对质子有一定吸引力，能与酸结合成盐，因此大多数生物碱呈碱性。但由于各种生物碱的分子结构不同，特别是氮原子在分子中存在状态不同，所以不同生物碱的碱性强弱有所差异。生物碱分子中的氮原子大多数结合在环状结构中，以仲胺碱、叔胺碱及季胺碱 3 种形式存在，均具有碱性且以季铵碱的碱性最强。若分子中氮原子以酰胺形式存在时，则碱性几乎消失，不能与酸结合成盐。有些生物碱分子中除含碱性氮原子外，还含有酚羟基或羧基，所以既能与酸反应，也能与碱反应生成盐。碱性基团的碱性大小顺序一般是：胍基>季铵碱>脂肪胺碱>芳杂环(吡啶)>酰胺基。生物碱的碱性强弱与氮原子的杂化度、诱导效应、诱导-场效应、共轭效应、空间效应以及分子内氢键形成等有关。

大多数生物碱能与无机酸或有机酸结合成盐。对质子化来说，仲胺、叔胺生物碱成盐时，质子多结合在氮原子上。但对于季铵碱、氮杂缩醛、烯胺以及具有涉及氮原子的跨环效应形式存在的生物碱，质子化则往往并非发生在氮原子上。

7.1.3.6 沉淀反应

生物碱常遇到一些沉淀试剂能发生沉淀，此性质可用于检验生物碱在中草药中的存在。常用的沉淀试剂有：碘化汞钾、碘化铋钾、碘-碘化钾、鞣质、苦味酸等，分别与生物碱作用，多生成黄色、黄褐色、棕色、白色、黄色沉淀。

7.1.3.7 显色反应

有些生物碱能和某些试剂反应生成特殊的颜色，叫作显色反应，常用于鉴识某种生物碱。但显色反应受生物碱纯度的影响很大，生物碱越纯，颜色越明显。常用的显色剂有：

①矾酸铵-浓硫酸溶液(Mandelin 试剂)　为1%矾酸铵的浓硫酸溶液，如遇阿托品显红色、可待因显蓝色、士的宁显紫色到红色。

②钼酸铵-浓硫酸溶液(Frohde 试剂)　为1%钼酸钠或钼酸铵的浓硫酸溶液，如遇乌头碱显黄棕色、小檗碱显棕绿色、阿托品不显色。

③醛-浓硫酸试剂(Marquis 试剂)　为30%甲醛溶液0.2 mL与10 mL浓硫酸的混合溶液，如遇吗啡显橙色至紫色、可待因显红色至黄棕色。

④浓硫酸　如遇乌头碱显紫色、小檗碱显绿色、阿托品不显色。

⑤浓硝酸　如遇小檗碱显棕红色，秋水仙碱显蓝色、咖啡碱不显色。

7.1.4　生物碱的生物活性及应用

7.1.4.1　生物碱的生物活性及药用价值

生物碱具有多种多样的生理活性和药用价值。据 Cordell 等统计，在经过20种以上体外或体内活性试验的167种生物碱中，有高达36%被开发成药物。另外，对王汝龙和原正平主编的《药物》中800多原料药进行粗略的分类统计，发现含氮原子的药物竟高达约82%，而在剩余的18%左右不含氮的药物中，有约一半是甾类和抗炎药物等。由此看出，在天然创新药物的研究中，要特别重视生物碱化合物。对一些不含氮原子或含氮杂环的先导物或已知药物的结构修饰中，有意识地引入这些结构，就有可能提高新药研究开发的成功率。

药用生物碱的主要药理作用有：抗菌(如小檗碱等)、抗疟(如奎宁碱等)、中枢兴奋(如洛贝林等)、镇痛(如吗啡碱等)、局麻(如可卡因等)、抗震颤麻痹(如左旋多巴等)、肌肉松弛(如汉肌松等)、拟胆碱作用(如加兰他敏等)、强心(如 dl-去甲乌药碱等)、抗心律失常(如奎尼丁、高乌甲素、关附甲素等)、血管扩张作用(如长春肢等)、降压(如利血平等)、抗中毒性休克(如山莨菪碱等)、镇咳(如可待因等)、平喘(如麻黄碱等)、解痉(如阿托品等)、解毒(如东莨菪碱等)、抗运动病(如樟柳破等)、抗癌(如长春碱、长春新碱、三尖杉酯碱、高三尖杉酯碱、喜树碱等)以及抗早老性痴呆(如加兰他敏、石杉碱甲等)等。由此可以看出，生物碱在临床用药中占据着十分重要的地位。

7.1.4.2　生物碱在食品中的应用

许多生物碱可以应用在食品中，来改善食品的口感和质量。番茄中提取的青果生物碱可以用作天然食品防腐剂，不仅健康无副作用，而且成本低。辣椒独特的辣味在于其中的辣椒碱成分，研究表明辣椒碱具有较强的抑菌作用，且具有易保存、用途广等特点。目前辣椒碱在食品中可用于防止食品霉变，另外辣味作为人们日常生活中基本五味之一，辣椒碱在食品加工上也具有非常重要的意义。但辣椒碱的制备存在着浸提时间较长、产率不高的问题。

此外，很多食物本身也含有具有药理作用的生物碱。例如，茄子中含有的生物碱可以抗癌、镇痛；萝卜中的生物碱可以防止动脉血管硬化；花椒中的生物碱具有选择性治疗各种日常生理疾病的作用。

7.1.4.3 生物碱在保健品中的应用

近年来随着人们对保健品的需求增加，一些具有天然独特保健功能的生物碱受到越来越多的关注，所以将生物碱应用于保健品中具有很大的发展前景。荷叶中的荷叶碱具有清热解毒、升发清阳、降脂减肥、止血散瘀等作用，就降脂减肥功能而言，与普通减肥药物相比，荷叶碱具有无毒、无副作用以及养生的特点；翅果油树的种子含有大量的生物碱物质，具有软化血管、降血脂、降血压、降胆固醇等重要生理功能；莲子心中的生物碱物质具有抗压、抗心律失常、体外抗氧化活动、抗心律失常等作用。目前，通过微波或超声波辅助技术已有多种生物碱被提取出来应用于化学合成药物的制备当中，并取得了很大的成果。但由于分离纯化难度较高，大部分产物都是各种生物碱的混合物，实际应用于保健品中生物碱种类较少，因此生物碱分离纯化技术水平将影响着生物碱产品的开发推广。

7.1.4.4 生物碱在饲料中的应用

为了控制抗生素的用量，避免滥用抗生素带来的各种内源性感染和二次感染，以及避免残留抗生素对人类健康的影响，采用生物碱代替部分抗生素的使用变得更为安全绿色。

辣椒对于脾胃虚寒引起的胃痛、胃胀及消化不良等有很好的调理作用。根据这一特点，将辣椒碱添加到饲料中，对畜禽胃液分泌、食欲方面有很大的促进作用，从而增快畜禽的生长速度。同时，辣椒碱还具有抗菌消炎的作用，可以增强饲养动物的自身免疫力，防止多种疾病，且无公害。

从茄子中提取出来的糖苷类生物碱具有天然抑菌活性的功能，将其添加到动物饲料中可以防止饲料中出现细菌，使动物不易感染肠胃疾病，且对畜禽安全。

甜菜碱是一种季胺型生物碱，化学结构与氨基酸、胆碱相似，可以替代氨基酸和胆碱在饲料中的一些作用，且不会破坏饲料中的维生素等物质，在提高饲料质量的同时能够促进动物的蛋白质合成、加快脂肪代谢、提高畜禽的瘦肉产率。甜菜碱也可以提高鱼类的进食量、增快摄食速率，进而提高水产饲料的利用率，防止因部分饲料下沉腐烂、污染水体而引起的鱼类感染性疾病。

7.1.4.5 生物碱在杀虫剂中的应用

为了响应构建绿色环境的倡导，一些具有杀虫抗菌功效的天然生物碱活性物质被制成植物性杀虫剂应用于农业治理中。因其具有低毒性、易降解且害虫不会轻易产生抗药性的优点，所以不会造成环境污染问题。这将对生物碱的研究及其产业化发展带来更大的社会效益。从萝藦科鹅绒藤属草本植物牛心朴子中提取出来的牛心朴子碱具有杀虫的功效。目前牛心朴子生物碱多以单剂使用，也有将牛心朴子生物碱与苦参碱复配使用，另外也有研究发现将牛心朴子碱与阿维菌素和辛硫磷复配协同使用可以很大程度上增加杀虫功效。百部是我国常用的中药，其含有的百部生物碱具有高效、低毒的杀虫功效。相关研究表明，百部粉浸液对臭虫、蝇蛆、蛀虫、柑橘蚜、地老虎等10余种害虫具有杀灭作用，百部叶碱的杀虫活性是其他普通杀虫剂最高活性的 10 倍，因此百部作为绿色杀虫剂具有较高的应用前景。

7.2　非生物碱含氮化合物

非生物碱含氮化合物是指相对于生物碱、氨基酸、抗生素以及胺类等而言，它具有独立于这些化合物的结构类型和生物合成途径。生源上，绝大多数具有复杂的杂环体系，如吡唑、咪唑、噁唑、异噁唑、氮杂、卟啉等(图 7-29)。这些化合物源于植物、海洋生物和微生物等，其中来源于海洋生物或细菌者大多结构复杂、种类繁多，常常极难进行结构分类。

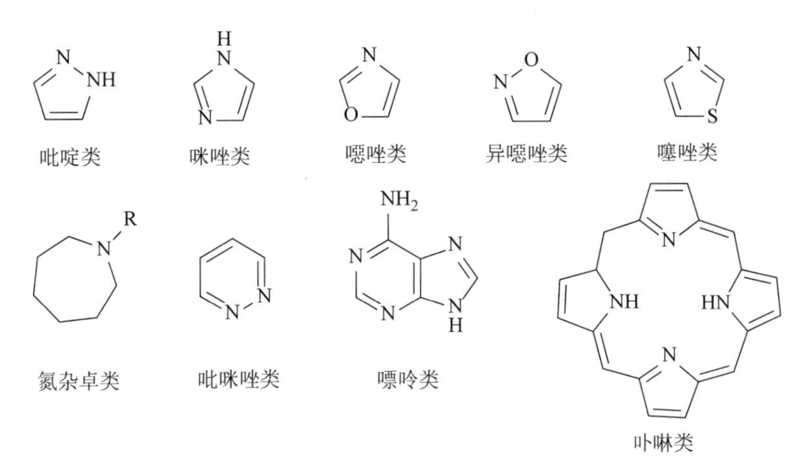

图 7-29　非生物碱含氮类化合物化学结构

7.2.1　咪唑类

咪唑是分子结构中含有两个间位氮原子的五元芳杂环化合物，咪唑环中的 1-位氮原子的未共用电子对参与环状共轭，氮原子的电子密度降低，使该氮原子上的氢易以氢离子形式离去。咪唑类化合物具有酸性，也具有碱性，可与强碱形成盐。

咪唑类化合物分布十分广泛，除植物外，还分布于许多海洋生物中。按化学结构可将其大致分为两类：组氨酸类和毛果芸香碱类。组氨酸类种类较少，主要分布于霉菌和海洋生物中，代表化合物如组胺(histamine)；毛果芸香碱类主要分布于芸香科植物中，代表化合物有毛果芸香碱(pilocarpine)、异毛果芸香碱(isopilocarpine)(图 7-30)等。

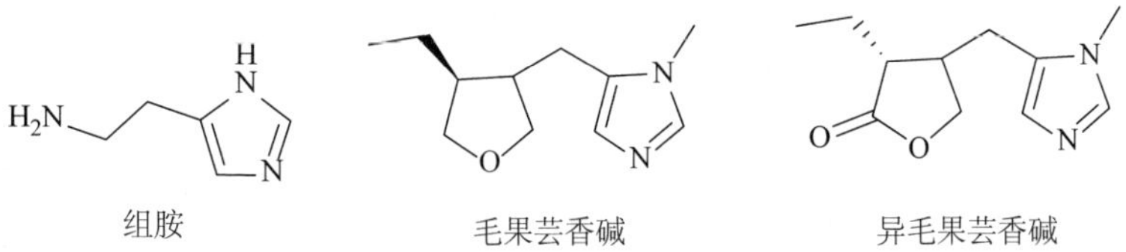

组胺　　毛果芸香碱　　异毛果芸香碱

图 7-30　几种咪唑类化合物化学结构

毛果芸香碱属胆碱能药物，临床上用于治疗青光眼。此外，它具有对抗阿托平和副交感神经药物引起的散瞳作用，以及生发、发汗、治疗肾炎等。胆碱能药物多为季铵盐，而毛果芸香碱却为叔胺盐，颇为特殊。

7.2.2 噁唑与异噁唑类

所谓天然产噁唑类与异噁唑类是指分别含有噁唑和异噁唑母核的化合物。1989 年统计显示，天然产噁唑类化合物约有 34 个，且分布颇为分散，主要有植物、海洋生物和细菌等。其中，植物中主要有禾本科和芸香科等植物。化学上，噁唑类最大的特点是碱性很弱，其碱性比吡啶还要弱 10 000 倍，所以，所有天然产噁唑类化合物(图 7-31)均是在中性甚至酸性条件下被分离得到。

天然异噁唑类化合物很少，主要分布于植物、霉菌等，代表化合物如使君子氨酸(图 7-32)等。与噁唑类化合物相同，异噁唑类化合物的碱性也很弱，但对浓酸较稳定。

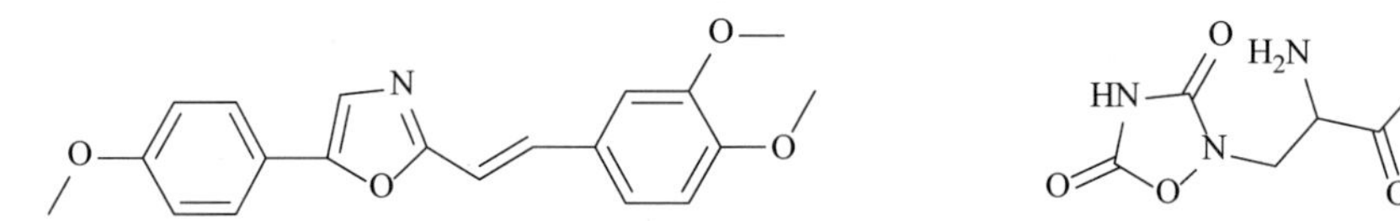

图 7-31　噁唑(annuloline)化学结构　　图 7-32　异噁唑(使君子氨酸)化学结构

7.2.3 埃博霉素类

1993 年，德国学者 Hofle 等人在筛选抗真菌药物时，从多囊菌(*Sorangium cellulosum*)提取物中分离得到埃博霉素 A(图 7-33)和 B(epothilones A，B)，但因抗真菌活性并不理想，故未能深入研究。后来，Merck 公司的研究人员在应用微管模型大量筛选天然样品中发现其具有显著的抗癌活性。埃博霉素 A 和 B 的绝对构型于 1996 年由单晶 X 射线分析确定，此后，又发现了几个具有紫杉醇式微管抑制作用的抗癌化合物。埃博霉素 A 的抗癌活性与紫杉醇相当，而埃博霉素 B 则是紫杉醇的 50 倍。与紫杉醇比较，埃博霉素 A 和 B 具有显著的优点，如获取容易、水溶性好、具有更好的生物利用度以及分子比较简单可望全合成制备等。迄今为止，已分得约 30 个埃博霉素类化合物。其结构特征是母核由一个十六元大环内酯及其 C15 含噻唑环的侧链组成。

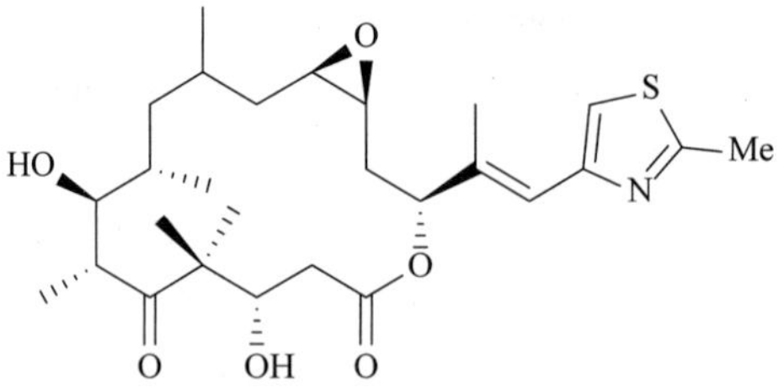

图 7-33　埃博霉素 A 化学结构

7.2.4　嘌呤类

1776 年，瑞士/德国学者 C. W. Scheele 首次从 gallastones 中分出嘌呤类(purines)化合物尿酸(uric acid)。1884 年，著名学者 E. Fischer 创制“purine”(源于 *purumuricum*)一词命名嘌呤。1898 年他完成了嘌呤的合成。Fischer 是嘌呤化学的开拓者与奠基人。嘌呤化合物分布广泛，主要有动物、植物、菌类和海洋生物等，嘌呤类又是最重要的内源性物质之一。除尿酸外，其游离碱代表性化合物还有腺嘌呤(adenine)、鸟嘌呤(guanine)、异鸟嘌呤(isogaunine)、次黄嘌呤(hypoxanthine)和黄嘌呤(xanthine)(图 7-34)等。

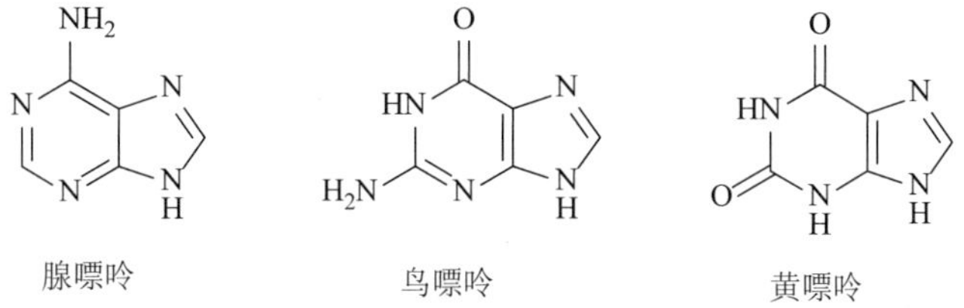

腺嘌呤　鸟嘌呤　黄嘌呤

图 7-34　嘌呤化学结构

结构上，大多数嘌呤是腺嘌呤和鸟嘌呤的衍生物，9-位接 β-D-核糖成为核苷，核苷再接磷酸即成为核苷酸。核苷酸又可视为磷酸酯核苷的聚合物，水解释放出磷酸、1 分子嘌呤与核糖。腺嘌呤和鸟嘌呤以其衍生物(单、双、三磷酸酯、结合环状磷酸酯)构成核酸及其辅酶的必备部分，参与大多数生物化学反应。

根据 N 原子上取代基的差异，可将天然嘌呤类化合物分为三大类：*N*-甲基化的嘌呤和嘌呤核苷类、*N*-高度烷基化的嘌呤和嘌呤核苷酸类以及 *N*-糖化嘌呤类。天然界几乎所有常见的嘌呤类以及核苷类都以多个 *N*-甲基化形式存在，代表性化合物有咖啡因、茶碱(图 7-35)等。

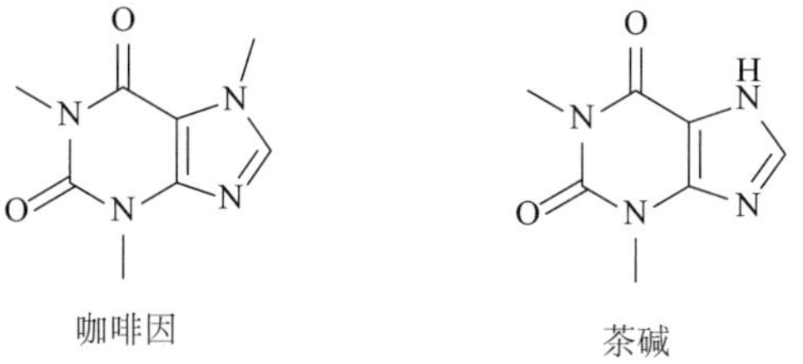

咖啡因　茶碱

图 7-35　*N*-甲基化的嘌呤化学结构

嘌呤的研究不仅极大地促进了杂环化学的发展，更重要的是为阐明 DNA 双螺旋结构和近代分子生物学做出历史性贡献。特别是近年来发现人体所有器官都含有嘌呤受体，这为寻找发现新的嘌呤受体拮抗剂和激动剂提供了有利条件。换言之，作为化学-生物学探针和药物治疗重大而广泛疾病的嘌呤化合物已成为一个重要的研究领域，值得特别重视。

7.2.5 毒蕈碱类

毒蕈碱(muscarine)是一种天然生物碱，有毒，主要存在于丝盖伞属和杯伞属的真菌中，如白霜杯伞。粉褶蕈属和小菇属的真菌中也有发现含有达到摄入中毒剂量的物种。牛肝菌属、湿伞属、乳菇属和红菇属的真菌也发现无害的微量毒蕈碱。毒蕈碱为经典M胆碱受体激动药，其效应与节后胆碱能神经兴奋症状相似。毒蕈碱最初从捕蝇蕈中提取，但含量很低，通常占鲜重的0.003%。相比之下，丝盖伞属和杯伞属的真菌毒蕈碱含量可达1.6%，食用这些菌属后，在30~60 min内可出现毒蕈碱样中毒症状。毒蕈碱样中毒症状是有机磷农药中毒的主要表现，表现为体内多种腺体分泌增加和平滑肌收缩所产生的症状和体征，如多汗、流涎、流泪、鼻溢、肺部干湿啰音、呼吸困难、恶心呕吐、腹痛腹泻、肠鸣音亢进、尿频尿急、大小便失禁、瞳孔缩小、视力模糊、抑制血管平滑肌和血压下降等。

毒草碱类代表性化合物的结构式如图7-36所示，所有的毒草碱类均具有五元四氢呋喃环结构，故常以热力学上两种有利的折叠构象式(N型和S型)存在。L-(+)-毒蕈碱碘化物的优势构象为S型(76%)；D-(-)-毒蕈碱碘化物的S型和N型构象式分别约占45%和55%，由于S型和N型构象能量相差很小，两种构象之间可以迅速地互转，但最终仍以S型占优势(71%)。而对D-表别毒草碱来说，有利的构象则为N型，其N/S型比例为69：33。

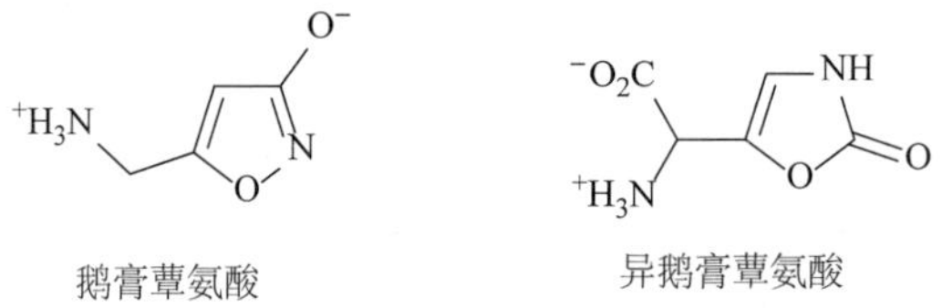

鹅膏蕈氨酸　　异鹅膏蕈氨酸

图7-36　毒蕈碱化合物化学结构

7.2.6 其他

除上述含氮的非生物碱化合物外，通常被归于这类的其他化合物还有：噻唑类(如维生素B_1、生物荧光素luciferin等)、喋啶类(pteridines，如维生素B_2、叶酸等)、卟啉类(porphorines，如叶绿素、维生素B_{12}等)、氰苷类以及β-杂环取代的丙氨酸化合物等。

7.3 甾体

甾体(steroids)是广泛存在于自然界中的一类天然化学成分，常见的有植物甾醇、胆汁酸、C21甾类、昆虫变态激素、强心苷、甾体皂苷、甾体生物碱、蟾毒配基等。甾体化合物在结构上有一共同点，即具有环戊烷多氢菲的基本骨架结构，此外，在环戊烷多氢菲母核上C10和C13有甲基取代，C3位多有羟基或与糖成苷，C17为取代基不同。根据取代基不同，甾体可分为多种类型。

7.3.1　结构与分类

汉字“甾”字形象地体现了这类化合物的结构特征：4个环上连有3个小辫子，即4个骈合的碳骨架环（A、B、C和D环）上连接有3个侧链。甾核骨架上含有的4个环中，A、B、C为六元碳环，D为五元碳环。在天然甾体化合物结构中，A、B有顺式（*cis*）或反式（*trans*）两种骈连构型，而B、C环均为反式骈连构型，C、D有顺式或反式两种骈连构型；在甾核环上的10、13位置上均连接一个C原子的侧链，绝大多数为甲基，称为角甲基（angular methyl group），且大多为β构型；17位上连有不同数量碳原子的侧链，且大多数也为β构型。天然甾体化合物在甾核3位上多数连接有羟基且常与糖基成苷，其他位置还有羟基、羰基、羧基、双键、环醚键等功能基的取代（图7-37）。

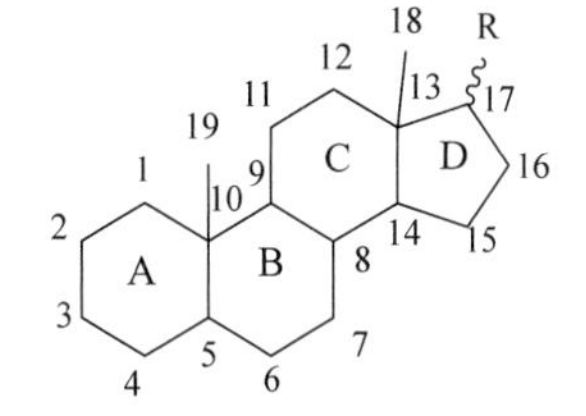

图7-37　甾核的骨架结构

根据甾体母核17位上所连接的侧链不同，天然甾体化合物又分为若干类型，主要有植物甾醇类（phytosterols）、C21甾类（C21 steroids）、强心苷类（cardiac glycosides）、甾体皂苷类（steroidal saponins）、肾上腺皮质激素类（corticotropins）、胆酸类（cholic acids）、昆虫变态激素类（ecdysones）以及蟾蜍毒素类（bufotoxins）等。研究表明，天然甾体化合物都是通过甲戊二羟酸（MVA）生物合成途径转化而来。

甾体皂苷大多为无色或白色无定形粉末，而甾体皂苷元多有较好的结晶形状；熔点较高，苷元的熔点常随羟基数目增加而升高；甾体皂苷和苷元均具有旋光性，且多为左旋。甾体皂苷一般可溶于水，易溶于热水、稀醇，难溶于丙酮，几乎不溶于或难溶于石油醚、苯、乙醚等亲脂性溶剂；甾体皂苷元则难溶或不溶于水，易溶于甲醇、乙醇、氯仿、乙醚等有机溶剂。甾体皂苷的乙醇溶液可与甾醇形成难溶的分子复合物而沉淀，甾体皂苷与胆甾醇生成的分子复合物的稳定性强于三萜皂苷，故可利用此性质进行分离。甾体皂苷还可与碱式乙酸铅或氢氧化钡等碱性盐类生成沉淀。甾体皂苷在进行乙酸酐-浓硫酸反应（Liebermann-Burchard反应）时，其颜色变化最后出现绿色，三萜皂苷最后出现红色。

7.3.2　几种重要的天然甾体化合物

（1）洋地黄毒苷和地高辛

从毛花洋地黄（*Digitalis lanata*）等植物中提取出的强心苷类甾体天然药物洋地黄毒苷和地高辛（图7-38）堪称是治疗心力衰竭历史最悠久的药物，其用于治疗心脏病已经有200多年历史，被广泛用于临床治疗充血性心力衰竭以及心房性心律不齐，目前仍然是治疗心力衰竭的基础药物，在多数情况下也是一线首选药物之一。地高辛目前仍然是从毛花洋地黄植物中提取，大约1 t的干叶可以提取出1 kg的纯品。强心苷类化合物可以通过增加心肌的收缩能力来改善心脏功能，适当剂量强心苷能使心肌收缩作用增强、心率减慢，主要用于治疗充血性心力衰竭及节律障碍等心脏病，也正是此类甾体化合物具有“强心”功能，故将其命名为强心苷（cardiac glycosides）。

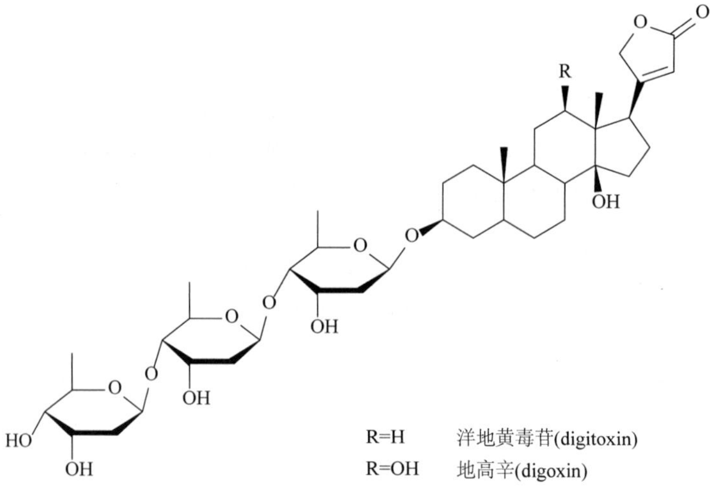

R=H　洋地黄毒苷(digitoxin)
R=OH　地高辛(digoxin)

图 7-38　洋地黄毒苷和地高辛的化学结构

(2)薯蓣皂苷元

甾体皂苷在植物中广泛分布，目前已发现 1 万多个甾体皂苷类化合物，许多常用中药如知母、麦冬、穿龙薯蓣、七叶一枝花、薤白等都含有大量的甾体皂苷。甾体皂苷的主要用途是作为合成甾体激素及其有关药物的原料。例如，穿龙薯蓣(*Dioscorea nipponica* Makino)根茎中含有的薯蓣皂苷元(图 7-39)是用于合成多种甾体激素类和避孕类药物的重要原料之一，同时又是生产治疗心血管疾病中药的主要药源。我国科学家研发的地奥心血康就是穿龙薯蓣水溶性有效部分的甾体皂苷类药物，临床试验证实其对冠心病、心绞痛、心肌缺血、动脉粥样硬化等症有显著疗效，现已广泛应用于临床。

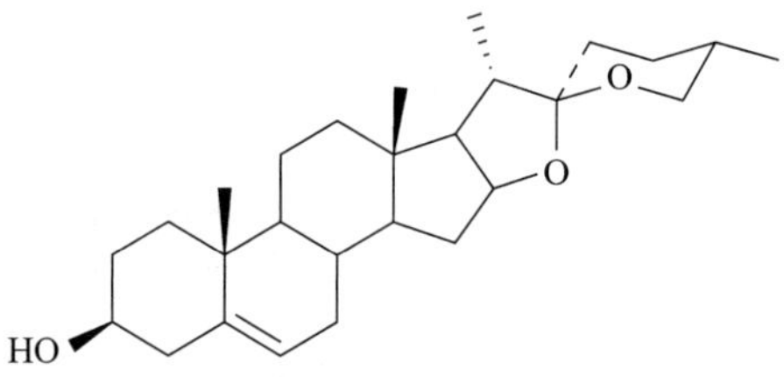

图 7-39　薯蓣皂苷元化学结构

(3)虎眼万年青皂苷(OSW-1)

20 世纪 90 年代，日本科学家从传统的百合科观赏植物虎眼万年青(*Ornithogalum caudatum* Jacq.)中发现了一种强效的抗癌物质——甾体皂苷类化合物虎眼万年青皂苷(OSW-1)(图 7-40)，这个甾体化合物迅速被重视并得到更深入的研究。我国批准应用于临床的抗癌新药复方万年青胶囊中就含有 OSW-1。

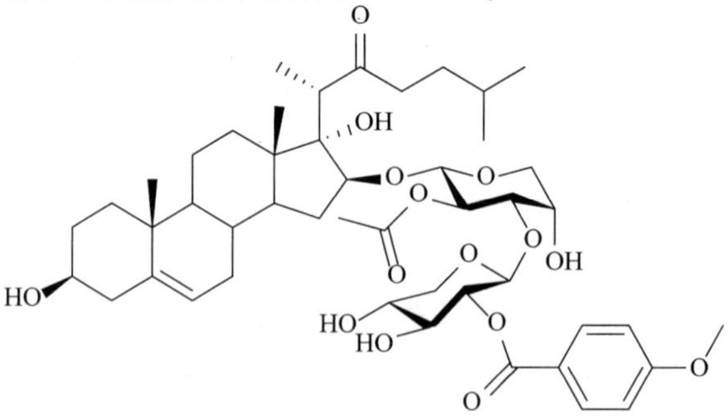

图 7-40　虎眼万年青皂苷(OSW-1)化学结构

7.3.3　甾体的生物合成途径

目前，甾体类化合物主要依靠从天然生物体内提取。随着对甾体类药物需求量的急剧增加，现正逐步转向人工全合成，20 世纪 50~70 年代是甾体化合物研究的辉煌时期。

1951 年，Woodward 等完成了甾体化合物胆固醇和可的松的全合成(图 7-41)。1971 年，Johnson 博士采用巧妙的仿生合成方法完成了孕甾酮的全合成(图 7-42)，把甾体化合物的全合成推向了极致，这是天然产物全合成历史上的一个里程碑。1980 年，Vollhardt 博士采用类似的合成方法合成了雌甾酮(图 7-43)。英国 Nottingham 大学的 Pattenden 教授发明了用一步反应即可合成甾体分子中 4 个环和 7 个手性中心的甾核骨架的巧妙方法(图 7-44)。

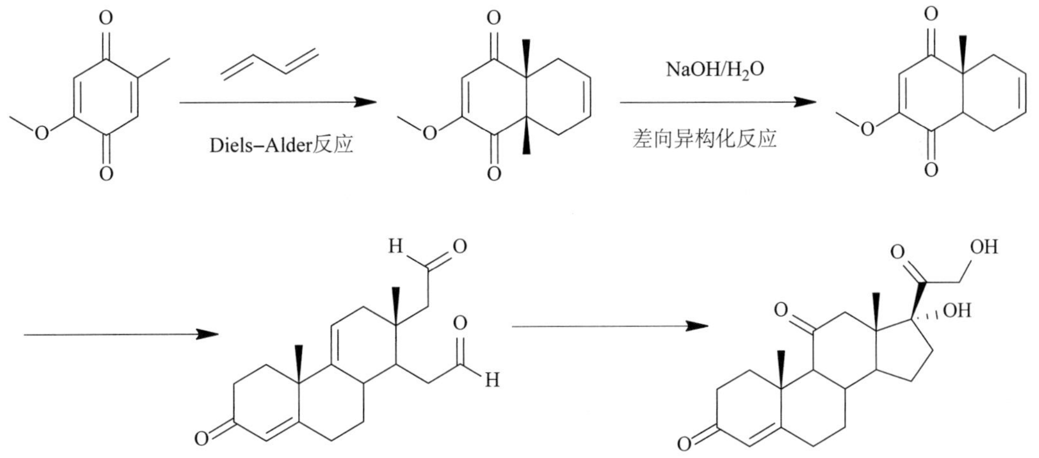

Diels–Alder反应

$NaOH/H_2O$

差向异构化反应

图 7-41　Woodward 全合成可的松路线

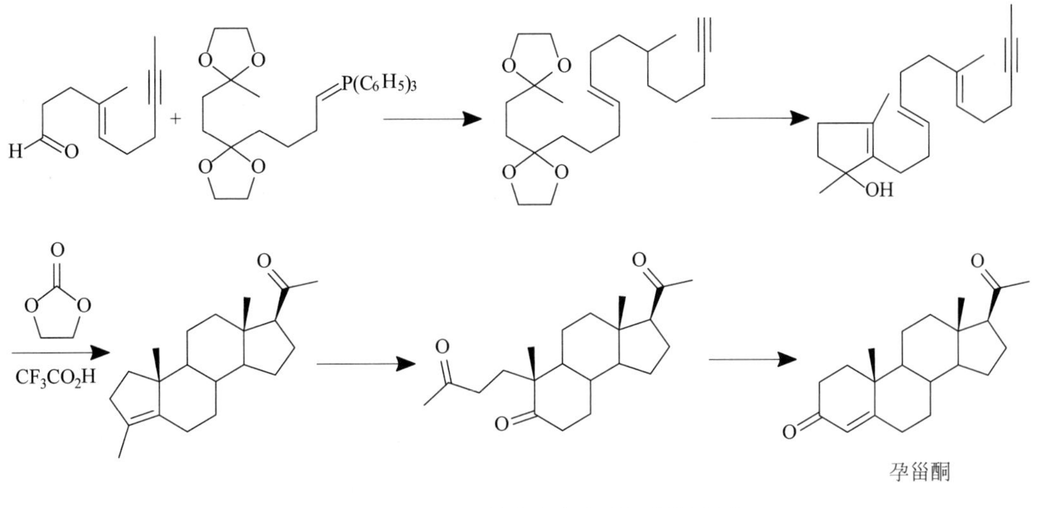

$=P(C_6H_5)_3$

CF_3CO_2H

孕甾酮

图 7-42　Johnson 仿生法全合成孕甾酮路线

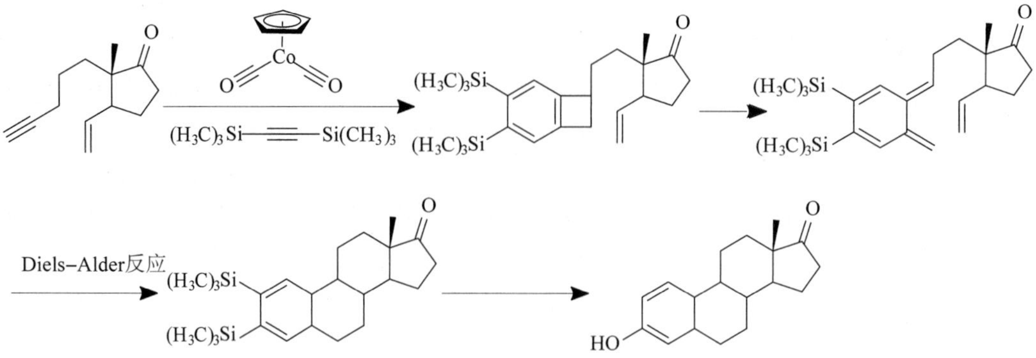

图 7-43 Vollhardt 全合成雌甾酮路线

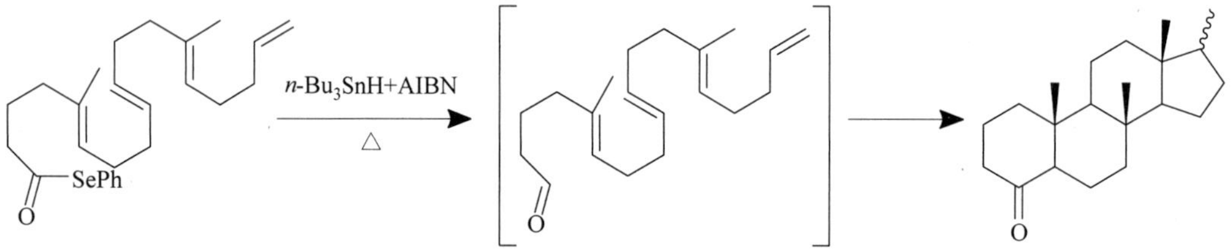

图 7-44 Pattenden 全合成甾核骨架路线

7.3.4 甾体化合物的应用

7.3.4.1 甾体化合物与健康

(1)胆固醇

胆固醇又称胆甾醇，此类成分广泛存在于动物体内，不仅是构成细胞壁的重要物质，还是在动物体内合成甾体激素、胆酸和维生素 D 的前体化合物。胆固醇又分高密度脂蛋白胆固醇(HDL-C)和低密度脂蛋白胆固醇(LDL-C)两种，HDL-C 约占总胆固醇的 30%，在血管中可以与蛋白质结合，然后吸附 LDL-C，并将其运送到肝脏中，减少血管壁的沉积，避免血管堵塞；LDL-C 约占总胆固醇的 70%，容易沉积在血管中，加速血管的老化。胆固醇在体内酶催化下进行转化或代谢反应过程如图 7-45 所示。

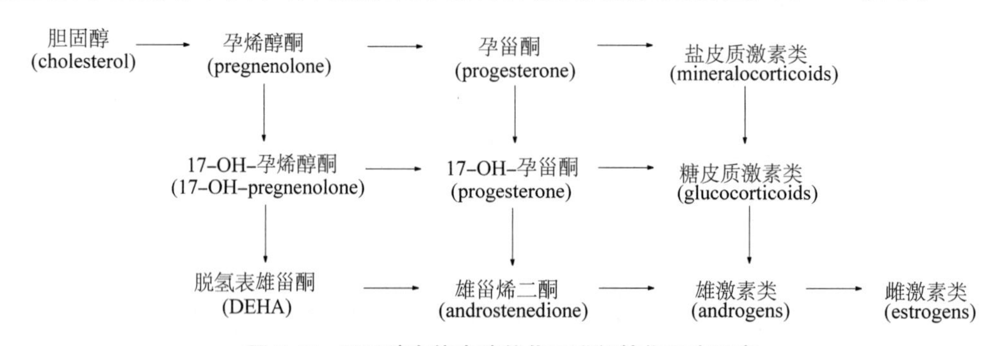

图 7-45 胆固醇在体内酶催化下进行转化反应示意

(2) 可的松

可的松又称肾上腺皮质激素，是一种肾上腺类皮质激素型药物。1948 年，美国最大的制药公司 Merck & Co. 首先进行了可的松的商业化生产，临床上用于抑制炎症。1951 年，Rosenkranz、Djerassi 等发现了合成可的松的新方法，将此前从胆酸需要 36 步才能合成可的松的方法大大减化。美国化学家 Woodward 继在 1951 年完成可的松的全合成后，1952 年在实验室完成了氢化可的松的全合成。1958 年，我国有机化学家黄鸣龙利用薯蓣皂苷元为原料，通过微生物氧化的方法引入 11α-羟基，用氧化钙-碘-乙酸钾为试剂引入 21 位的乙酰基，实现了 7 步合成可的松，使中国可的松的合成方法跨进了世界先进行列。氢化可的松抗炎作用为可的松的 1.25 倍，还具有免疫抑制、抗毒素、抗休克等作用。可的松、氢化可的松可用于肾上腺功能不全所引起的疾病、类风湿性关节炎、风湿性发热、痛风、支气管哮喘等，也可用于神经性皮炎以及角膜炎、结膜炎等，长期大量服用可引起柯兴氏征、水钠潴留、精神症状、消化系统溃疡、骨质疏松、生长发育受抑制等副作用。

(3) 油菜素甾醇类

油菜素甾醇类(brassinosteroids，BRs)是一类母体骨架上含有多羟基的甾体类化合物，被认为是第六类植物激素，这种植物激素能促进植物茎的伸长和细胞的分裂，可能对粮食增产有一定作用。1979 年从 230 kg 的 *Brassica napus* Linn. 花粉中分离得到 10 mg 油菜素甾醇(brassinosteroid)；1982 年从 *Castanea crenata* Siebold et Zuccarini 中分离得到油菜素甾醇生体合成的前体物栗甾酮(castasterone)，并于 1988 年确定了其结构。目前分离确定的天然存在的油菜素甾醇类化合物约有 70 种，大多在 C2、C3、C22 或 C23 位有羟基取代，C6 位通常有羰基取代(图 7-46)。

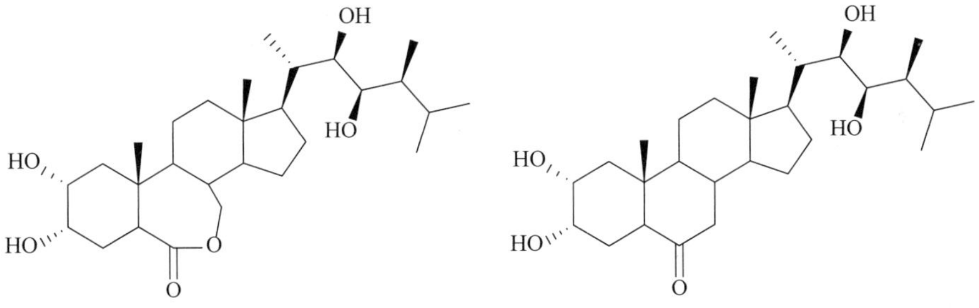

油菜素甾醇　　　栗甾酮

图 7-46　油菜素甾醇和栗甾酮的化学结构

(4) 甾体生物碱

甾体生物碱也是重要的甾体类化合物，此类生物碱被认为是天然甾体的含氮原子的衍生物，其中氮原子多数不在甾核中，其生源途径非氨基酸途径，此类生物碱与萜类生物碱有时也被称为伪生物碱(pseudo alkaloids)。来源于蛙类分泌液中的毒物质称为箭毒蛙毒素类(batrachotoxins，BTXs)，属于甾体类生物碱。最早发现的箭毒蛙类毒素是从生长于南美地区哥伦比亚的金条纹叶毒蛙 *Phyllobates aurotaenia* 分泌的毒液中提取分离得到的箭毒蛙毒素(batrachotoxin，BTX)(图 7-47)。此类成分可引起人体内乙酰胆碱的释放，破坏突触囊泡以及神经与肌肉纤维的去极化作用，引起心脏麻痹而死亡，是最毒的成分之一。南美土著人很早就将其用来涂抹在箭头上，用于狩猎和打仗。20 世纪 60 年代中期分离到了箭毒蛙毒素单体；1969 年，箭毒蛙毒素的化学结构被确定；1998 年，哈佛大学的岸义人(Yoshito Kishi)教授完成了箭毒蛙毒素的甾体核心结构即 batrachotoxinin A(图 7-47)的全合成。箭毒蛙毒素的毒性比马钱子碱(strychnine)高约 15 倍，比河豚毒素(tetrodotoxin)高约 10 倍。在 20 世纪 70 年代，Daly 博士发现这类成分只需要很少的剂量就能起到非常好的镇痛效果，甚至比吗啡的镇痛效果还要强 200 倍。

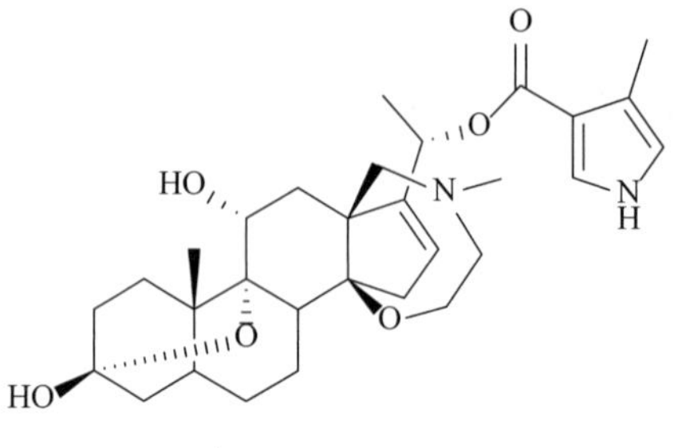

箭毒蛙毒素 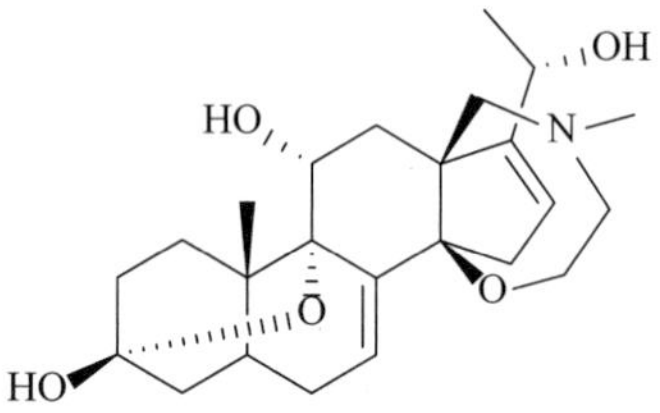　　batrachotoxin A

图 7-47　BTX 及其甾体母核的化学结构

龙葵素(solanine)(图 7-48)也是一个著名的有毒甾体生物碱糖苷类化合物，最早是 1820 年从生长在欧洲的黑茄 *Solanum nigrum* Linn. 浆果中分离得到。其在甾核的 3 位上连有由葡萄糖基、半乳糖基、鼠李糖基组成的糖链，因而水溶性较大，有腐蚀性和溶血性，但遇乙酸加热后能分解破坏。后来从茄科(Solanaceae)马铃薯 *Solanum tuberosum* Linn. 中分离得到，也称为马铃薯毒素，在未成熟的茄子、西红柿中也有存在。一般马铃薯含有龙葵素只有 10 mg/100 g 左右，不会导致中毒，而未成熟的或因贮存时接触阳光引起表皮变绿和发芽的马铃薯中龙葵素的量可达 500 mg/100 g，如果大量食用这种马铃薯就可能引起急性中毒。

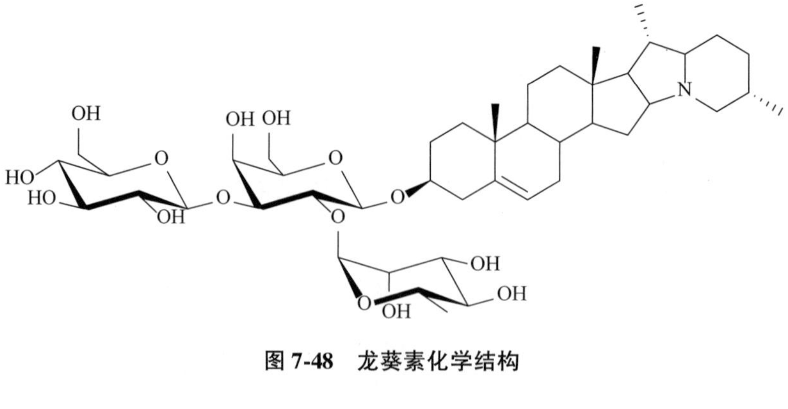

图 7-48　龙葵素化学结构

另一类代表性的甾体生物碱是环靶明(cyclopamine)、蒜藜芦碱(jervine)和藜芦胺(veratramine)(图 7-49)，它们甾体母核结构中的 C 环为五元环、D 环为六元环，母核结构中再连有含氮原子的结构，属于变形的甾体类生物碱。

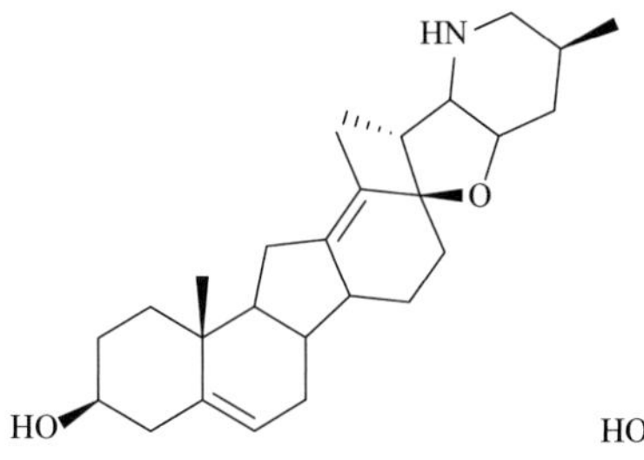

环靶明 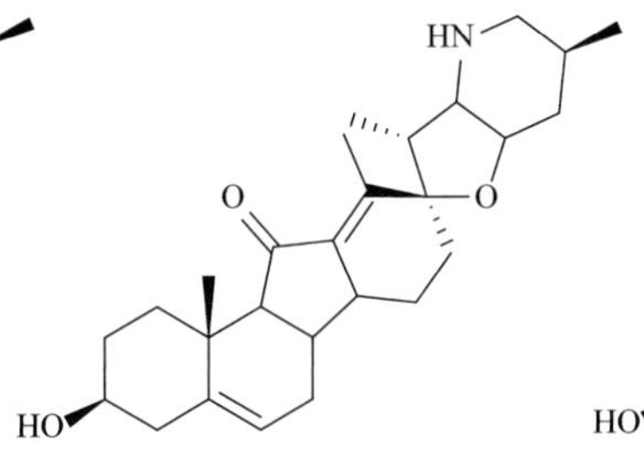　　蒜藜芦碱 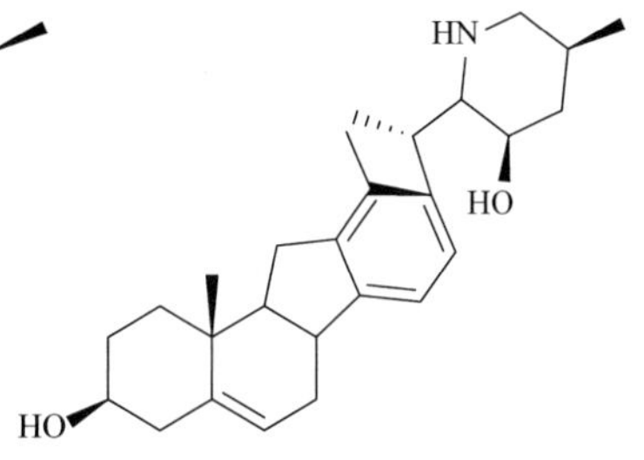　　藜芦胺

图 7-49　环靶明、蒜藜芦碱和藜芦胺的化学结构

7.3.4.2　甾体与肿瘤

甾体激素对于肿瘤的治疗有一定疗效。将甾体激素分子用抗肿瘤药物氮芥进行结构修饰得到甾体烷化剂，这类杂合的分子在治疗与激素有关的癌症(如前列腺癌、乳腺癌)方面有较好的疗效，已经应用于临床的有磷酸雌二醇氮芥(estramustine phosphate, EMP)、松龙苯芥(prednimustine)(图 7-50)。此外，用内酰胺对氮芥烷化剂的 A 环进行修饰，所得化合物表现出良好的抗肿瘤活性，如 lactestoxate 对结肠癌细胞有较好的抑制作用。近年来研究发现，雌激素类化合物可用于治疗女性绝经后的乳腺癌，如依西美坦(exemestane)(图 7-51)。依西美坦为一种不可逆性甾体芳构酶灭活剂，结构上与该酶的自然底物雄烯二酮相似，为芳构酶的伪底物，可通过不可逆地与该酶的活性位点结合而使其失活，从而明显降低绝经妇女血液循环中的雌激素水平。

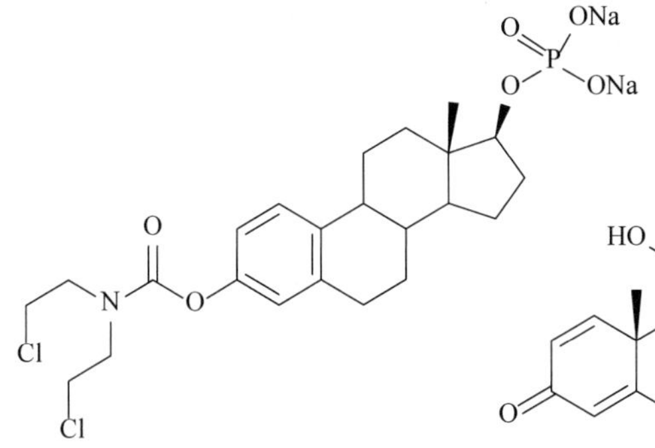

磷酸雌二醇氮芥 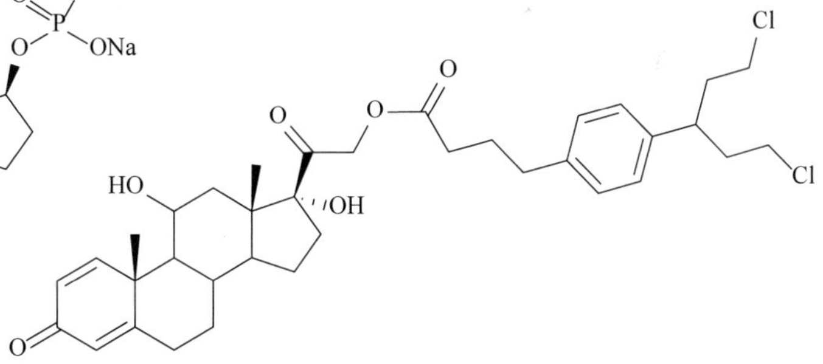　　松龙苯芥

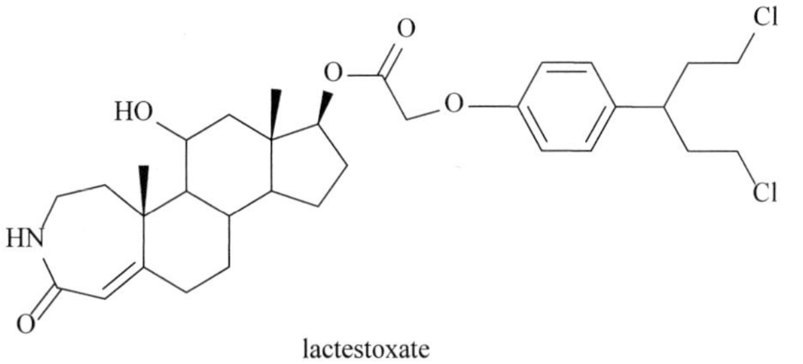

lactestoxate

图 7-50　磷酸雌二醇氮芥、松龙苯芥和 lactestoxate 的化学结构

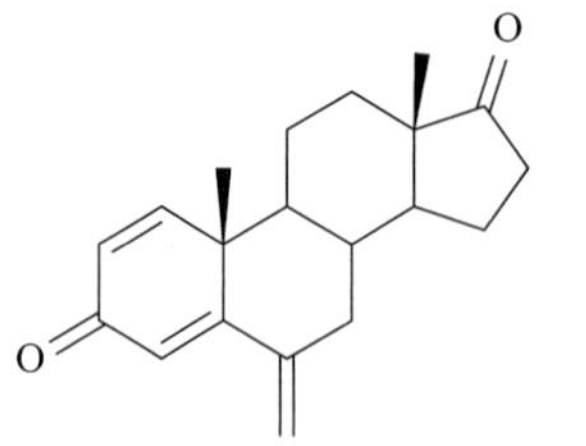

图 7-51 依西美坦的化学结构

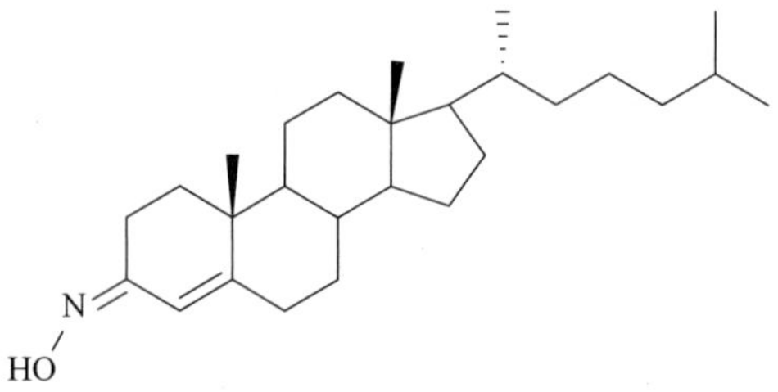

图 7-52 奥利索西的化学结构

2013 年，Trophos 制药公司宣布，奥利索西(olesoxime)(图 7-52)是一种可能用于治疗脊髓性肌萎缩(spinal muscular atrophy，SMA)的药物，试验证明其具有保护神经细胞免受损伤、改善神经元生长的功效。该药物已经通过了早期的安全测试，现已在进行Ⅲ期临床试验，有望给 SMA 患者带来福音。

7.3.4.3 甾体化合物与避孕药

避孕药的应用号称是人类历史上的一次伟大革命，彻底改变了人类的生活，而甾体避孕药的合成和应用是其中最伟大的成果。据报道，包括数名诺贝尔奖获得者在内的世界知名学者评选的 2000 年以来影响人类历史进程的 100 项重大发明中，避孕药列第二位；200 位著名历史学家公认避孕药的影响力甚至大于爱因斯坦的相对论和原子弹。后来，将英文“pill”(药丸)的第一个字母大写后变成“Pill”则成了避孕药的专用名称。

早在 1934 年德国科学家就从 50 000 头母猪的 625 kg 子宫中获得 20 mg 天然的孕甾酮，并且通过试验发现高剂量的甾体激素类化合物可以导致动物停止排卵。由于孕甾酮在自然界的量太低，造成分离工作量巨大和成本高昂，如何将自然界丰富的甾体类化合物转化为人工难合成的孕甾酮是 20 世纪 40 年代的科学家们重要研究内容之一。

美国化学家 Julian 在 20 世纪 40 年代左右首先采用从植物中提取最常见的甾体化合物谷甾醇(sitosterol)和豆甾醇(stigmasterol)，再通过化学转化方法大规模工业合成激素孕甾酮和睾丸酮，为以后工业化生产可的松、氢化可的松以及甾体避孕药物等奠定了基础。

1938 年，美国 Marker 教授经过大量调查研究，从植物菝葜 *Sarsaparilla smilax* Regelii. 中分离得到菝葜皂苷元(sarsasapogenin)(图 7-53)，这是一种甾体皂苷元，结构中除甾体母核外，还有环状螺缩酮结构，苷元母核含有 27 个碳原子。甾体皂苷元是合成甾体激素类药物、甾体避孕药等药物的基本原料。后来 Marker 教授又发明了甾体皂苷元的降解法(Marker 降解)，即把甾体皂苷元的 C17 位侧链降解为含有 2 个碳原子的侧链，分子骨架变成含有 21 个碳原子的孕甾烷(pregnane)骨架，这个发明为工业生产甾体药物奠定了基础，特别是大大降低了甾体避孕药的工业化生产成本。Marker 博士又从墨西哥植物 *Dioscorea macrostachya* Benth. 中分离得到了量更高的薯蓣皂苷元(diosgenin)(图 7-53)，薯蓣皂苷元经过 3 步 Marker 降解反应使工业化生产甾体类药物(如孕甾酮等)变得更为容易(图 7-54)。

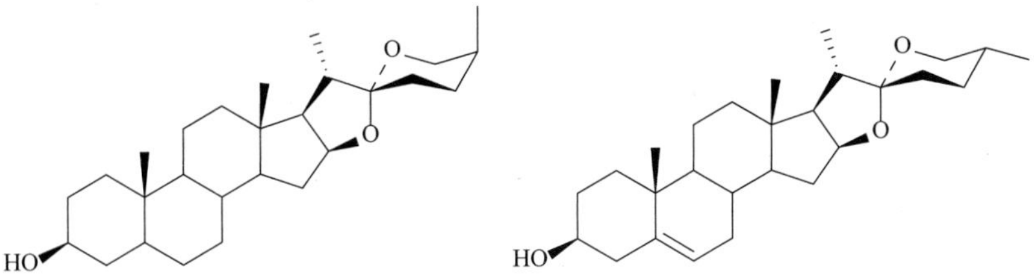

菝葜皂苷元　　薯蓣皂苷元

图 7-53　菝葜皂苷元和薯蓣皂苷元的化学结构

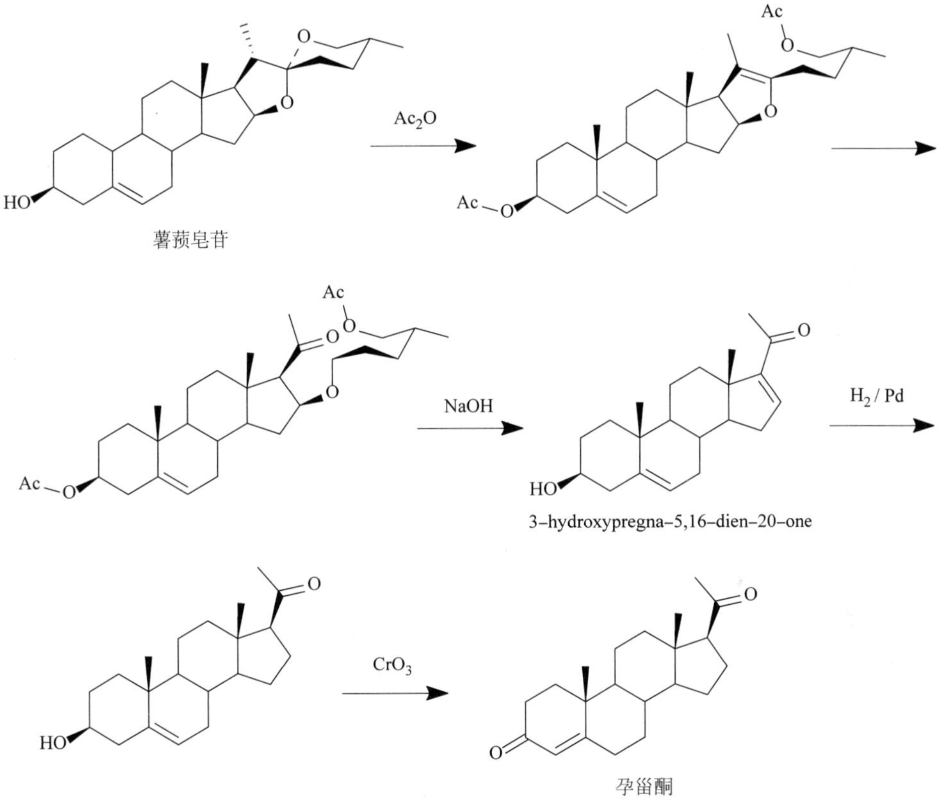

Ac_2O

薯蓣皂苷

NaOH

H_2 / Pd

3-hydroxypregna-5,16-dien-20-one

CrO_3

孕甾酮

图 7-54　从薯蓣皂苷元经 Marker 降解反应制备孕甾酮路线

1951 年，美国化学家 Djerassi 领导的团队成功研发口服避孕药炔诺酮（norethindrone），炔诺酮的活性是黄体酮（progesterone）（图 7-55）的 8 倍，这是世界上首个人工合成的甾体类避孕药。2003 年炔诺酮被评为影响人类历史的 17 个分子之一，Djerassi 也因此被誉为避孕药之父。

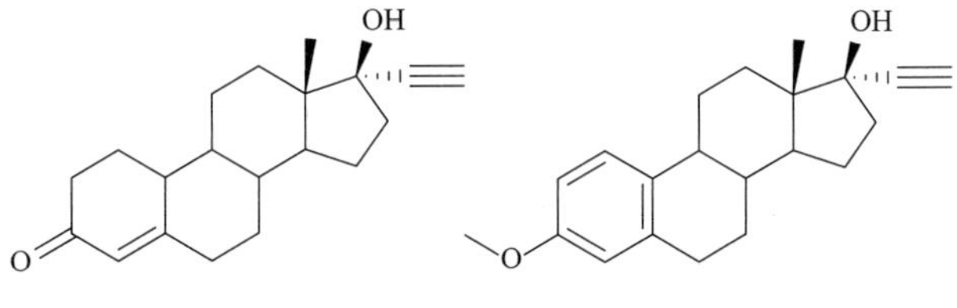

炔诺酮　　炔雌醇甲醚

图 7-55　炔诺酮和炔雌醇甲醚的化学结构

7.3.4.4 海洋甾体

海洋药物的研究已成为当前天然药物化学的一个新的发展方向，海洋甾体类具有活性强、结构复杂的特点，现已发现不少海洋甾体化合物具有显著的抗肿瘤活性，并正在进行新药的开发工作。

7.4 苯丙素

苯丙素类是天然存在的一类苯环与 3 个直链碳连接(C6-C3 基团)构成的化合物类群，包括简单苯丙素类(如苯丙烯、苯丙醇、苯丙醛、苯丙酸等)、香豆素类、木质素和木质素类、黄酮类，涵盖了多数的天然芳香族化合物。狭义而言，苯丙素类化合物是指简单苯丙素类、香豆素类、木质素类。在生物合成上，这类化合物多数由莽草酸通过苯丙氨酸和酪氨酸等芳香氨基酸，经脱氨、羟基化等一系列反应形成(图 7-56)。

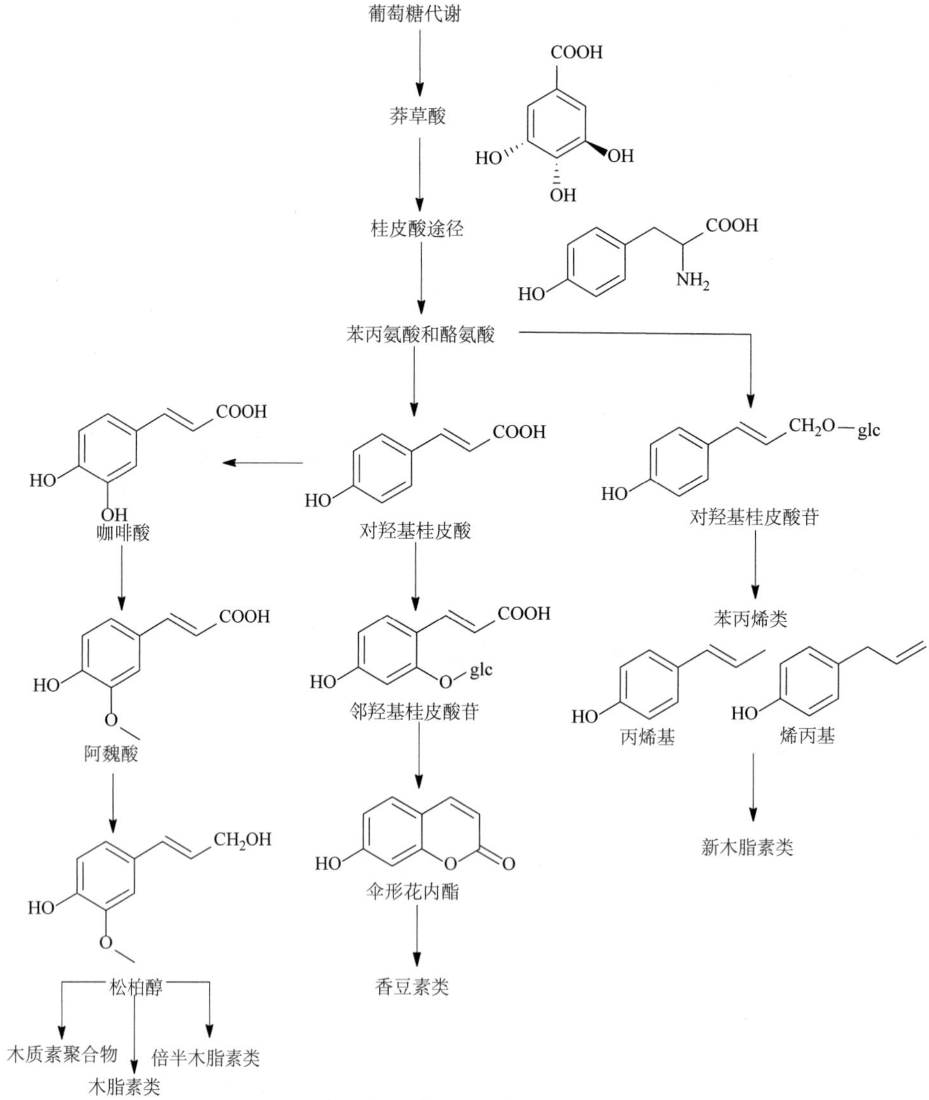

图 7-56 苯丙素的生物合成途径

苯丙素类化合物广泛存在于植物中，如紫菀科、景天科、玄参科等，已在医药、食品、化妆品等许多领域得到重要应用，而且许多化合物由于具有多种生物活性，因此在医药、生物等领域表现出良好的应用前景。

7.4.1　简单苯丙素类

简单苯丙素类结构上属于苯丙烷衍生物，依 C3 侧链的结构变化可分为苯丙烯、苯丙醇、苯丙醛、苯丙酸等类型。

(1) 苯丙烯类

丁香挥发油的主要成分丁香酚，八角茴香挥发油的主要成分茴香脑(图 7-57)，细辛、菖蒲及石菖蒲挥发油中的主要成分 α-细辛醚、β-细辛醚，均是苯丙烯类化合物(图 7-58)。

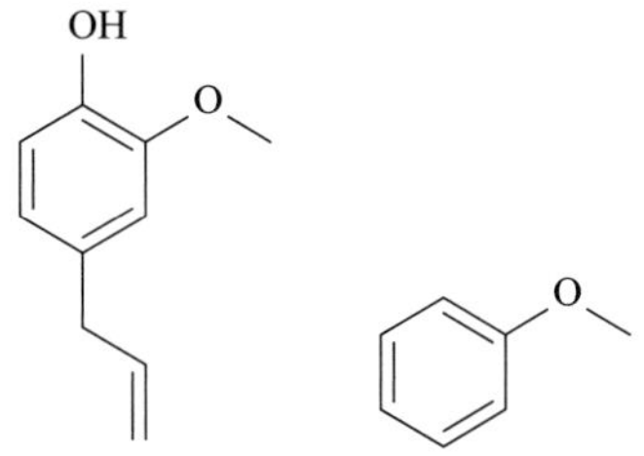

OH O 丁香酚　　O 茴香醚　　O O O α-细辛醚　　O O O β-细辛醚

图 7-57　丁香酚和茴香醚的化学结构　　**图 7-58　α-细辛醚和 β-细辛醚的化学结构**

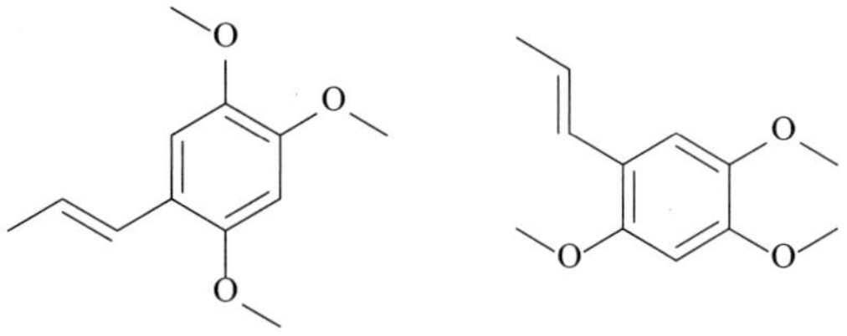

(2) 苯丙醇类

松柏醇是常见的苯丙醇类化合物，在植物体中缩合后形成木质素。紫丁香酚苷是从刺五加中得到的苯丙醇苷，也属于苯丙醇类化合物(图 7-59)。

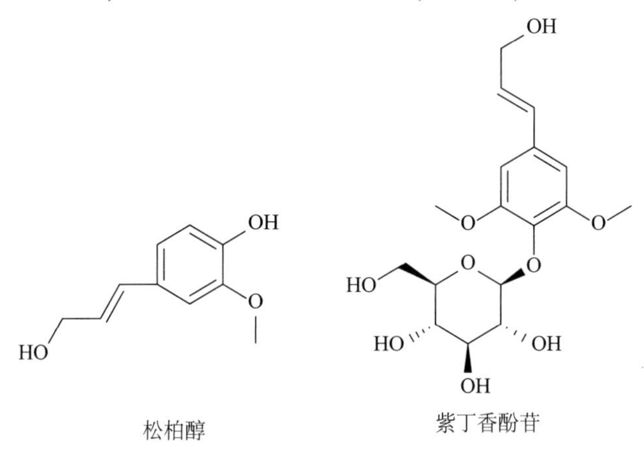

图 7-59　松柏醇和紫丁香酚苷的化学结构

(3) 苯丙醛类

桂皮醛(图 7-60)是桂皮的主要成分，属苯丙醛类。

(4) 苯丙酸类

苯丙酸衍生物及其酯类，是中药中重要的简单苯丙素类化合物。桂皮中的桂皮酸、

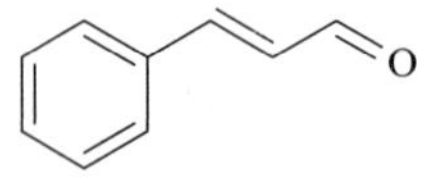

图 7-60　桂皮醛化学结构

蒲公英中的咖啡酸、当归的主要成分阿魏酸、丹参中活血化瘀的水溶性成分丹参素，均属苯丙酸类(图 7-61)。

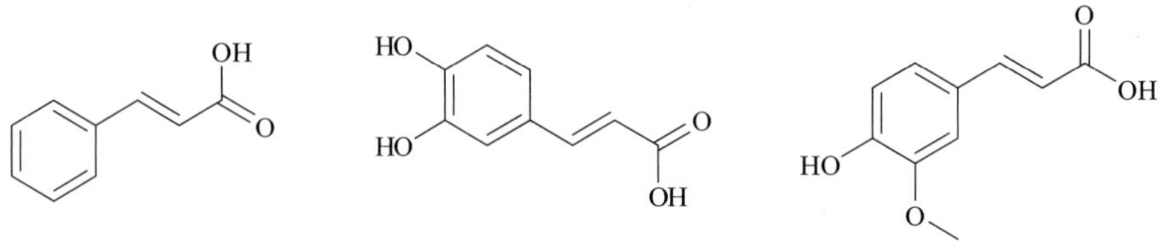

桂皮酸　　咖啡酸　　阿魏酸

图 7-61　桂皮酸、咖啡酸和阿魏酸的化学结构

简单苯丙素类衍生物还可与糖或多元醇结合，以苷或酯的形式存在于植物中。此类化合物往往具有较强的生理活性，如茵陈的利胆成分绿原酸(图 7-62)、金银花的抗菌成分 3,4-二咖啡酰基奎宁酸、南沙参中的酚性成分沙参苷 1 等。此外，简单苯丙酸衍生物还可经过分子间缩合形成多聚体，如丹参的水溶性成分迷迭香酸。

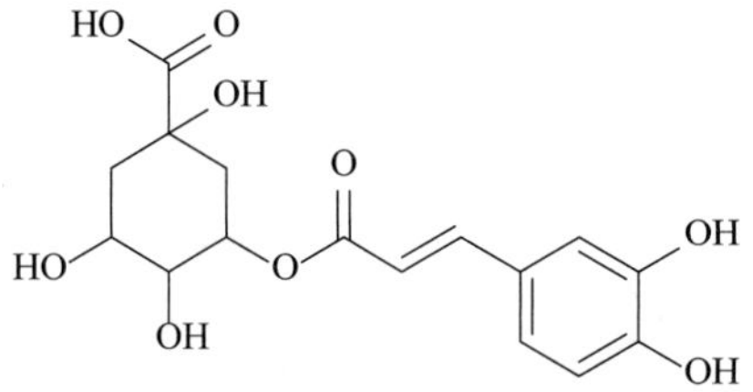

图 7-62　绿原酸化学结构

7.4.2　香豆素

香豆素又称 α-吡喃酮类，在结构上可看作顺式邻羟基桂皮酸失水而成的内酯。香豆素主要存在于被子植物中，涉及伞形科、芸香科、豆科、菊科、茄科、瑞香科、木犀科、大戟科等 100 多个科。在裸子植物柏科的刺柏属、罗汉柏属及松科的松属等少数种中也发现香豆素的存在。而在苔藓植物中分布寥寥，仅在角苔目中检出桂皮酸及香豆素类。在微生物界，黄曲霉菌株产生的黄曲霉毒素是一类香豆素衍生物；链霉属菌株可以把酪氨酸直接氧化环合成香豆素；假蜜环菌(亮菌)含有的假蜜环菌素也是香豆素类天然化合物。迄今为止，从自然界中分得的香豆素已逾 1 300 个。

7.4.2.1　分类

根据骨架结构特点，香豆素通常被分为简单香豆素类、呋喃香豆素类、吡喃香豆素类和吡喃环上被取代的香豆素四大类。

(1) 简单香豆素

简单香豆素这类化合物是指仅在其苯环上有取代，且 C7 位羟基与 C6 位或者 C8 位没有形成呋喃环或者吡喃环的香豆素，取代基包括羟基、甲氧基、亚甲二氧基和异戊烯基等。异戊烯基除接在氧上外，也可以直接连接在苯环的 C5 位、C6 位或者 C8 位上。然而，从生物合成的途径来看，苯环上的 6 位碳或者 8 位碳的电负性较高，比较容易烷基化，因此异戊烯基在苯环的 6 位或者 8 位上出现取代的情况较多。

简单香豆素类分布较分散。伞形科植物中富含 7-羟基香豆素以及少量其他的简单香豆素类化合物。芸香科中最常见的简单香豆素是 7-羟基香豆素(7-hydroxycoumarin)、葡萄内酯(aurapten)和蒿属香豆素(scoparone)(图 7-63)，而具有酚羟基的简单香豆素较为少见。7-羟基-8-甲氧基香豆素(hydrangetin)(图 7-64)和 nchydrangin 是虎耳草科的特征性成分。而五加科(Araliaceae)植物中的简单香豆素种类较少。从真菌中分离得到的 5-甲基香豆素是通过乙酸丙二酸生源途径产生的，然而大部分 5-甲基香豆素类存在于高等植物，其生源途径还未得到试验证实。此外，秦皮中的七叶内酯、独活中的当归内酯和柚皮中的葡萄内酯等也都属于简单香豆素类。

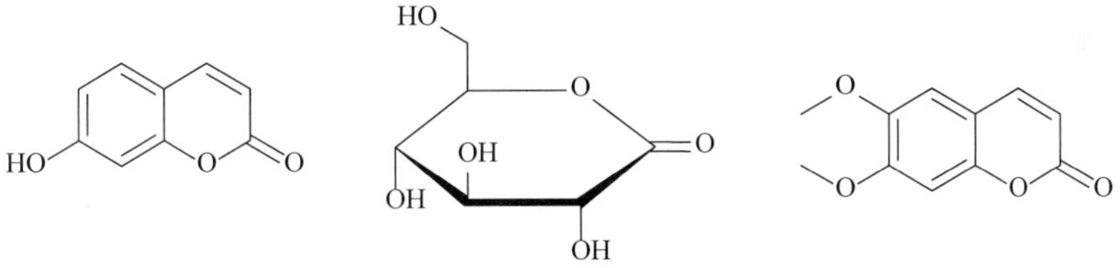

7-羟基香豆素　　葡萄内酯　　蒿属香豆素

图 7-63　7-羟基香豆素、葡萄内酯和蒿属香豆素的化学结构

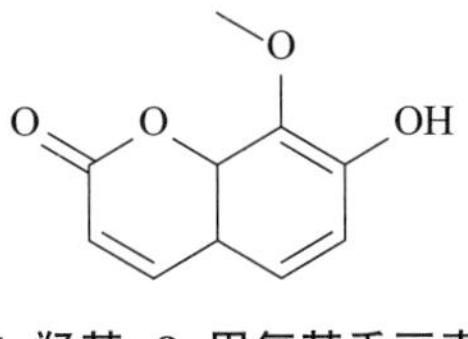

图 7-64　7-羟基-8-甲氧基香豆素化学结构

(2) 呋喃香豆素

香豆素核上的异戊烯基常与邻位酚羟基环合成呋喃或吡喃环，前者称为呋喃香豆素。呋喃香豆素可以分为线形呋喃香豆素和角形呋喃香豆素。呋喃香豆素的性质一般与香豆素相似，能溶于乙醇、乙醚、乙酸乙酯、丙酮等溶剂，不溶于水；溶于热氢氧化钠溶液而使内酯环开裂，遇酸则又重新环合。

几种典型的呋喃香豆素：

①补骨脂素(psoralene)　分子式为 $C_{11}H_6O_3$(图 7-65)。1933 年由印度科学家焦伊斯等分离得到，存在于豆科植物补骨脂、粉绿小冠花，桑科植物无花果，芸香科植物黄心花椒等中。从乙醚中析出的补骨脂素为无色针状结晶；熔点 169～179℃；能熔于乙醇、氯仿，难溶于水、乙醚和石油醚。补骨脂素有增强光感性的作用，可用于皮肤病的治疗。通过紫外线的照射，补骨脂素诱导

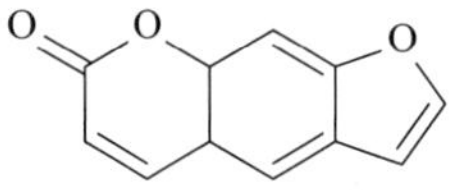

图 7-65　补骨脂素化学结构

DNA 链交叉连接，可用来研究核酸的构造和功能。

②异补骨脂素(angelicin)　分子式为 $C_{11}H_6O_3$(图 7-66)，通过长紫外线照射可以和双链 DNA 结合。可溶于甲醇、乙醇、丙酮。

③欧前胡素(imperatorin)　又名欧芹属素乙、前胡内脂、白芷乙素(图 7-67)。分子式为 $C_{11}H_{14}O_4$，可溶于甲醇、乙醇和丙酮。欧前胡素具有扩张血管、抗肿瘤活性、抗菌和抗病毒活性等药理作用。

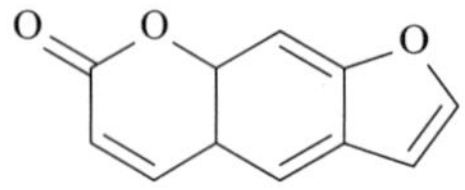

图 7-66　异补骨脂素化学结构 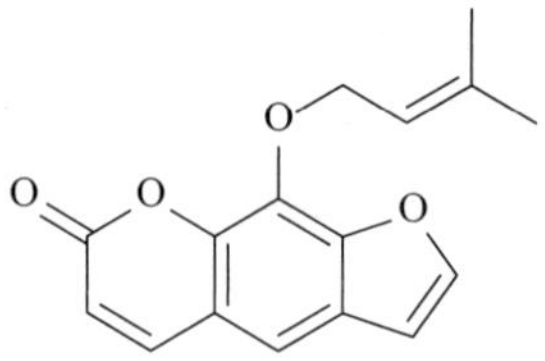　　图 7-67　欧前胡素化学结构

(3)吡喃香豆素

与呋喃香豆素对应，香豆素母核上的 7 位羟基与 6 位碳或者 8 位碳上取代的异戊烯基缩合形成的吡喃环时形成吡喃香豆素。吡喃香豆素也可以分为线形吡喃香豆素和角形吡喃香豆素。若 7 位羟基与 6 位异戊烯基形成吡喃环，则吡喃环、苯环和 α-吡喃酮环在结构上处在一条直线上，即线形吡喃香豆素；若 7 位羟基与 8 位异戊烯基形成吡喃环，则吡喃环、苯环和 α-吡喃酮环在结构上处在一条折线上，即角形吡喃香豆素。如美花椒内酯(xanthoxyletin)属于线形吡喃香豆素类，而白花前胡苷(raeroside Ⅱ)和北美芹素(pteryxin)属于角形吡喃香豆素类(图 7-68)。

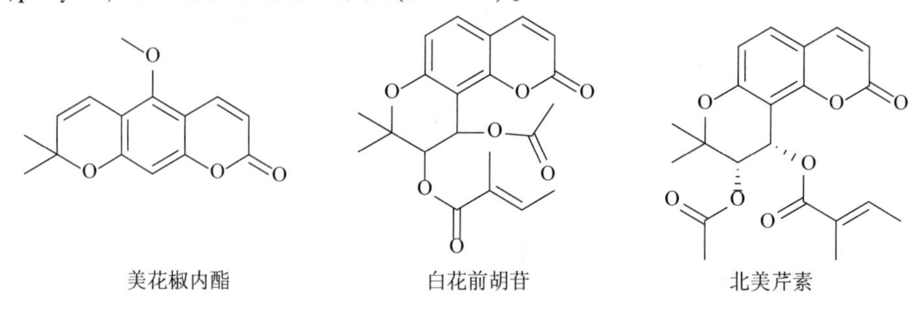

图 7-68　美花椒内酯、白花前胡苷和北美芹素的化学结构

(4)吡喃环上被取代的香豆素

根据吡喃环上取代基情况，香豆素可分为吡喃环上无取代香豆素、苯代香豆素类、4-氧代香豆素及 4-烷代香豆素(图 7-69)。苯代香豆素类生源途径类似于异香豆素，其香豆素母核是由多聚酮-莽草酸复合途径合成的，可分为 3-芳基香豆素、4-芳基香豆素、3,4-苯并香豆素类三种类型，代表性化合物为 4-芳基香豆素等。4-氧代香豆素类可分为：3 位无取代的 4-氧代香豆素类、4-氧代-3-取代香豆素类、香豆草醚类 3 种类型，代表性化合物为 5-甲基香豆草醚等。4-烷基取代香豆素最典型的一类化合物是胡桐内酯类(calanolides)，胡桐内酯类如 calanolide A～D，是从藤黄科胡桐属植物中分得的同时具有 4-烷基(也可以是 4-苯基)取代的双吡喃香豆素。

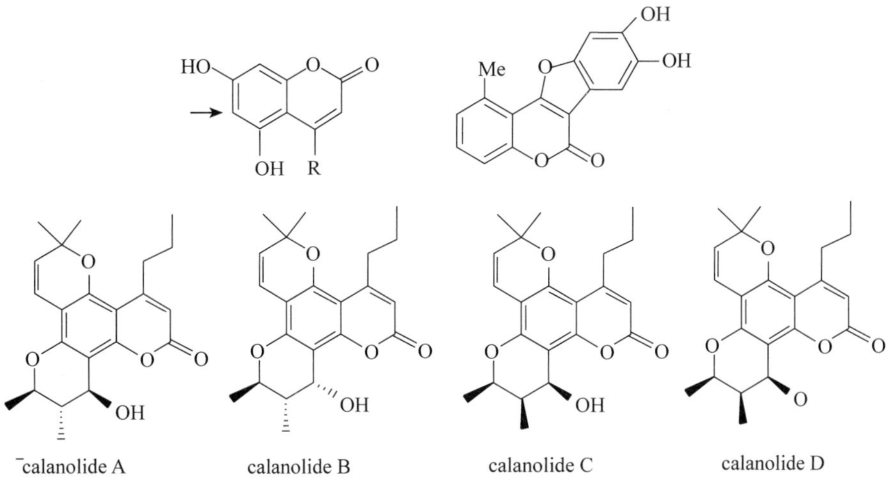

calanolide A　calanolide B　calanolide C　calanolide D

图7-69　吡喃环上被取代的香豆素代表性化合物的化学结构

7.4.2.2　结构修饰类香豆素及其构效

(1)黄曲霉毒素

黄曲霉毒素(AFT)是黄曲霉和寄生曲霉等某些菌株产生的双呋喃环类毒素。其衍生物有约20种，分别命名为B_1、B_2、G_1、G_2、M_1、M_2、GM、P_1、Q_1、毒醇等。其中以B_1的毒性最大，致癌性最强。动物食用黄曲霉毒素污染的饲料后，在肝、肾、肌肉、血、奶及蛋中可测出极微量的毒素。黄曲霉毒素及其产生菌在自然界中分布广泛，有些菌株产生不止一种类型的黄曲霉毒素，但也有不产生任何类型黄曲霉毒素的菌株。黄曲霉毒素主要污染粮油及其制品，各种植物性与动物性食品也能被污染。

AFT尽管种类繁多，但它们基本结构中都有二呋喃环和氧杂萘邻酮(香豆素)，前者为其毒性结构，后者可能与其致癌有关。AFT难溶于水、己烷、乙醚和石油醚，易溶于甲醇、乙醇、氯仿、乙腈和二甲基甲酰胺等有机溶剂，相对分子质量为312~346，熔点为200~300 ℃。AFT对光、热和酸稳定，耐高温，通常加热处理对其破坏很小，只有在熔点温度下才发生分解。在中性、弱酸性溶液中很稳定，pH 1~3的酸性溶液中稍分解，在pH 9~10溶液中迅速分解破坏。AFT遇碱能迅速分解，pH 9~10时迅速分解成几乎无毒的盐，但此反应可逆，即在酸性条件下有复原，可用于食品去毒。毒素纯品在高浓度下稳定，低浓度的纯毒素在紫外辐射易分解。5%的次氯酸钠溶液、氯气、氨、过氧化氢及二氧化硫等均可与AFT起化学反应而破坏其毒性。在自然条件下，食品中污染的AFT稳定性很强。AFB_1严重污染的稻谷在室温下自然存放20多年，其毒性含量逐渐降低，但仍可检出AFB_1。

从化学结构上看，黄曲霉毒素是高度取代的香豆素。其中，AFB_1类为甲氧基、二呋喃环、香豆素和环戊烯酮的结合物。AFG_1类结构为甲氧基、二呋喃环、香豆素和环内酯。自然环境下，在被污染的食品中只检测出AFB_1、AFB_2、AFG_1、AFG_2、AFM_1和AFM_2，其毒性强弱顺序是：$AFB_1 > AFM_1 > AFG_1 > AFB_2 > AFM_2 > AFG_2$。从毒性顺序可以看出，结构中双呋喃环末端具有双键结构的毒性大，不具双键结构的毒性相对较小(图7-70)。

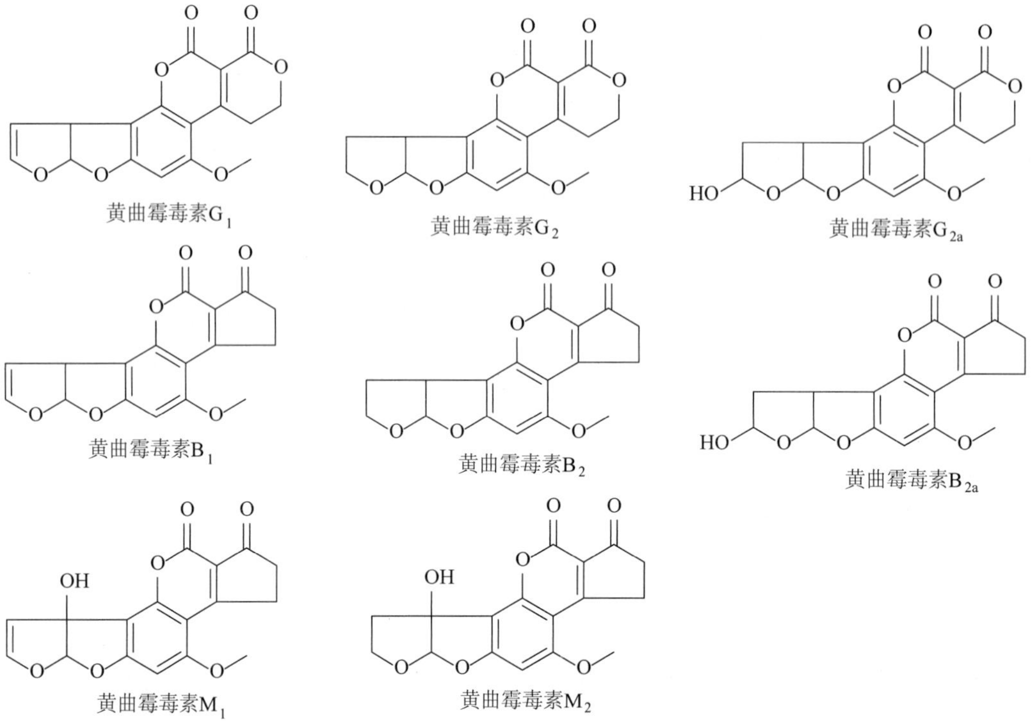

黄曲霉毒素G_1　黄曲霉毒素G_2　黄曲霉毒素G_{2a}

黄曲霉毒素B_1　黄曲霉毒素B_2　黄曲霉毒素B_{2a}

黄曲霉毒素M_1　黄曲霉毒素M_2

图 7-70　黄曲霉毒素化学结构

(2) 双香豆素

双香豆素(dicoumarol)(图 7-71)为白色或乳白色结晶性粉末；味苦略具香味；几不溶于水、乙醇、乙醚，微溶于氯仿，溶于强碱溶液。别名双香豆精、紫苜蓿酚、败坏翘摇素、bishydroxycoumarin、dicoumarin。分子式为 $C_{19}H_{12}O_6$，相对分子质量为 336.295 00，熔点为 290~292℃。双香豆素为间接作用的抗凝药，其化学结构与维生素K 相似，可通过竞争性拮抗作用而达到抗凝效果，但起效较慢、持续时间长，临床上用于防治血栓形成及栓塞性静脉炎。

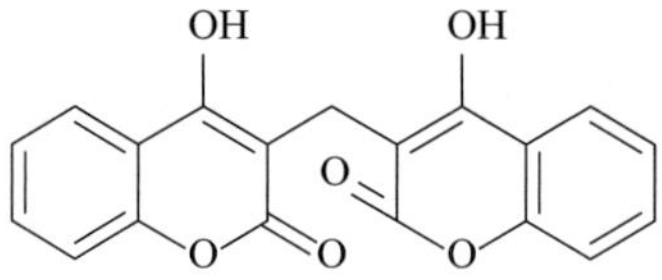

图 7-71　双香豆素化学结构

7.4.2.3　生理活性

香豆素具有多方面的生物活性。除了在构效部分提到的某些黄曲霉毒素的急性肝毒性和致癌性，双香豆素的抗凝血作用、新生霉素和香豆霉素 A_1(coumermycin A_1)的抗菌活性及呋喃香豆素的光敏作用外，香豆素还具有抗 HIV、抗癌等多种药理活性。

(1) 抗菌、抗炎与镇痛活性

除了被誉为香豆素类抗生素的新生霉素及香豆霉素 A_1(coumermycin A_1)外，还有不少香豆素具有抗菌活性，如白芷内酯(angelicin)对酵母菌、曲霉菌、假丝酵母菌、隐球菌等都具有抑制作用。近年来在用呋喃香豆素灭活血液制品方面也取得了很有意义的进展。

某些天然香豆素(如线形吡香豆素香内酯和花椒毒内酯)具有抗炎与镇痛活性。在治疗淋巴水肿的临床试验中，香豆素可减少组织的水肿，而且香豆素及其7位衍生物能抑制前列腺素的生物合成。

(2)光敏作用与光化学治疗剂

早在公元前2000年，埃及和印度就已经用含有补骨脂内酯的植物部位或提取物来治疗皮肤疾病。现在由于香豆素类具有光敏活性，补骨脂内酯类化合物已被用于光化学治疗，其中PVA治疗法是典型的香豆素类光化学治疗法。目前5-甲氧基补骨脂内、8-甲氧基补骨脂内酯等正被用于治疗多种皮肤病，该领域的进展是利用体外光化疗法治疗皮肤T-细胞淋巴瘤和自身免疫素乱疾病。

(3)抗凝血作用

双香豆素的抗凝血作用早在20世纪初就已发现，香苷内酯也具有很强的抗血小板凝集作用。华法林的钠盐是北美最常用的口服抗凝血剂，被用于长期预防和治疗静动脉血栓形成，新近被用于预防再发性的心肌梗塞或用于治疗心房纤维性颤动。同时，口服抗凝血剂也被用于预防外科整形手术后的静脉血栓形成。

(4)抗HIV和抗病毒作用

一些香豆素能抑制HIV复制的不同阶段。红厚壳属植物提取物(calanolide A)是胡桐内酯类中抗HIV活性最强的化合物，它只选择性地抑制HIV1-RT，目前正在作为非核苷的HIV1逆转录酶抑制剂进行临床研究。

(5)抗癌活性

香豆素在体内具有抗癌活性，该活性被认为是由其代谢产物(如7-羟基香豆素)引起的。研究表明，7-羟基香豆素可抑制在多种癌细胞中表达的细胞周期素DI(cyclin DI)的释放。此外，从补骨脂属植物中分得的补骨脂定(psoralidin)对胃癌细胞系具有细胞毒活性。

(6)酶抑制作用

香豆素类可抑制多种酶，如8-甲氧补骨脂素(8-MOP)可抑制细胞色素P450，8-MOP的磺酰胺衍生物能抑制蛋白激酶C。多种香豆素类(如补骨脂内酯、香苷内酯、异补骨脂内酯等)都能很大程度上抑制单氨氧化酶。此外，香豆素类对多种丝胺酸蛋白酶、腺嘌呤氧化酶和一氧化碳合成酶也有抑制作用。

7.4.3　木脂素

木脂素是一类由两分子苯丙素衍生物(即C6-C3单体)聚合而成的天然化合物，多数呈游离状态，少数与糖结合成苷而存在于植物的木部和树脂中，故而得名。通常所指为其二聚体，少数可见三聚体、四聚体。组成木脂素的单体有桂皮酸、桂皮醇、丙烯苯、烯丙苯等。它们可脱氢，形成不同的游离基，各游离基相互缩合，即形成各种不同类型的木脂素，结合位置多在β位结合，也有在其他位置结合的。

7.4.3.1 结构与分类

木脂素存在于植物中，属于一种植物雌激素，具有清除体内自由基、抗氧化的作用。亚麻籽及芝麻中木脂素的含量较高，谷物类食物(如黑麦、小麦、燕麦、大麦等)，大豆和十字花科植物(如西兰花)和一些水果(如草莓)中也含木脂素。木脂素能结合雌激素受体，并干扰癌促效应。因此，可能对乳腺癌、前列腺癌和结肠癌等有防治作用。

木脂素是一类由苯丙素双分子聚合而成的天然成分，组成木脂素的单体有 4 种：①桂皮酸，偶有桂皮醛；②桂皮醇；③丙烯苯；④烯丙苯。按木脂素的基本碳架和缩合情况进行分类，可分为以下 7 种。

(1) 简单木脂素

例如二芳基丁烷类的叶下珠脂素(图 7-72)，具有清热利尿、明目、消积的功效；可用于肝胆湿热所致的胁痛、腹胀、纳差、恶心、便溏。

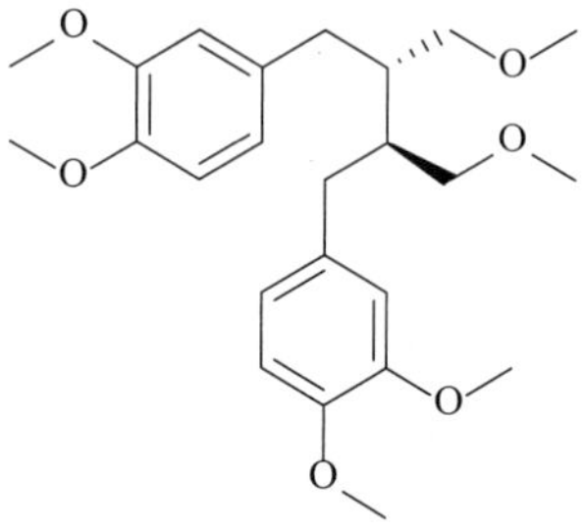

图 7-72 叶下珠脂素化学结构

(2) 单环氧木脂素

该类木脂素有两分子 C6-C3 单元，除 8-8′相连外，还有 7-O-7′，9-O-9′，7-O-9′等形成的环结构(形成呋喃或四氢呋喃环)。其代表物有荜澄茄脂素(图 7-73)，其蕴含高效抗皱精华，能迅速滋润补充水分。

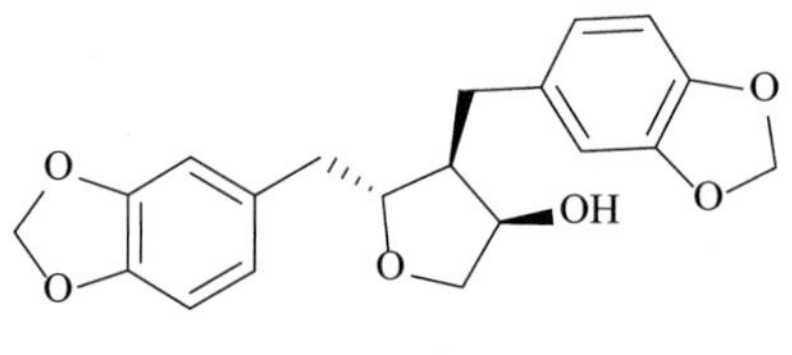

图 7-73 荜澄茄脂素化学结构

(3) 木脂内酯

木脂内酯是由单环氧木脂素中的四氢呋喃环氧化成内酯环，它常与其去氢化合物共存于同一植物中。例如，牛蒡子中的牛蒡子苷(图 7-74)和牛蒡子苷元即属于木脂内酯。

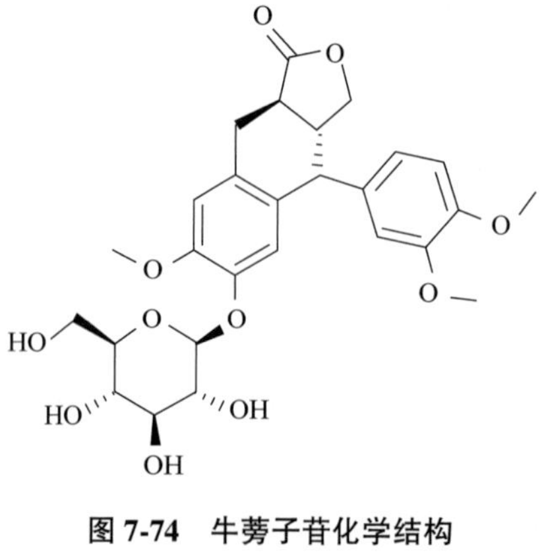

图 7-74 牛蒡子苷化学结构

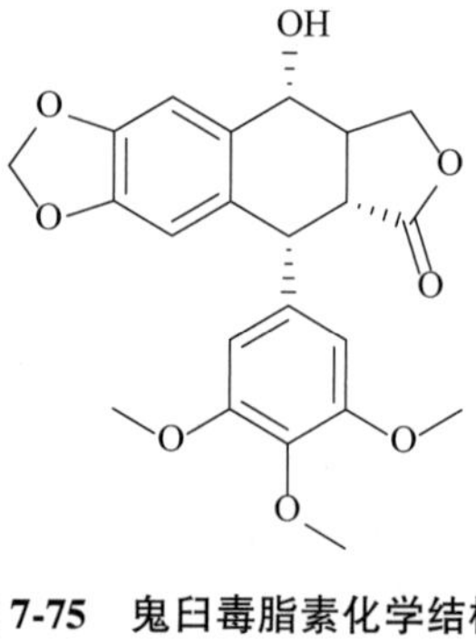

图 7-75 鬼臼毒脂素化学结构

(4) 环木脂素和环木脂内酯

环木脂素由简单木脂素环合而成，其代表物为异紫杉脂素。环木脂内酯由环木脂素 C9–C9′间环合成内酯环，其代表物为鬼臼毒脂素(图 7-75)。

(5) 双环氧木脂素

双环氧木脂素是由两分子苯丙素侧链相互连接形成两个环氧结构的一类木脂素，天然存在的双环氧木脂素结构中都具有顺式连接的双骈四氢呋喃环。连翘中的连翘脂素及连翘苷(图 7-76)都是双环氧木脂素。

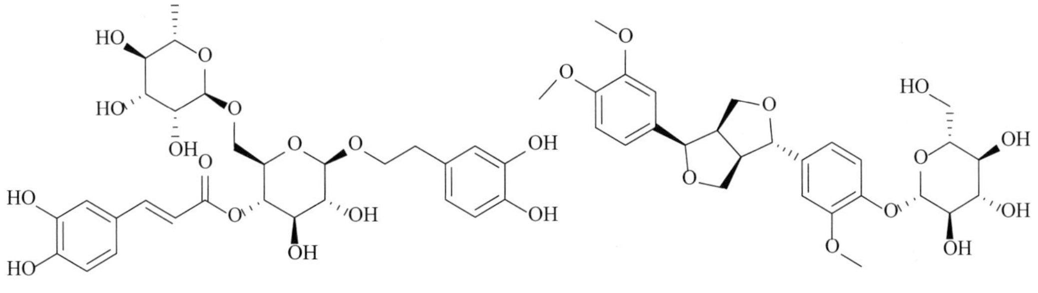

连翘脂素　　连翘苷

图 7-76　连翘脂素和连翘苷的化学结构

(6) 联苯环辛烯型木脂素

这类木脂素的结构中既有联苯的结构，又具有联苯与侧链环合成的八元环结构，五味子中的木脂素即属于此类。

(7) 新木脂素

这类木脂素中两个苯丙素连接的位置常常是由苯环与侧链相连接，或者通过氧键连接，其侧链 γ–碳原子多为未氧化型。

7.4.3.2　理化性质

木脂素多数为白色结晶，一般无挥发性，不能随水蒸气蒸馏，只有少数木脂素在常压下能因加热而升华。游离的木脂素是亲脂性的，一般难溶于水，易溶于亲脂性有机溶剂和乙醇中。具有酚羟基的木脂素还可溶于碱性水溶液中。木脂素与糖结合成苷时则亲水性增加，对水的溶解性也增大。

木脂素分子中常具有多个手性碳原子或手性中心结构，所以大部分都有光学活性。木脂素的生理活性常与手性碳的构型有关，因此在提取过程中应注意操作条件，以避免提取的成分发生结构改变。许多木脂素类成分，由于饱和的环状结构部分可能有立体异构存在，在受到酸碱作用后，很容易发生异构化转变成立体异构体。此外，双环氧木脂素类常具有对称结构，在酸的作用下，呋喃环上的氧原子与苄基碳原子之间的键易于开裂，在重新闭环时构型即发生了变化。某些木脂素类遇到矿酸后还能引起结构的重排。

木脂素分子中常有醇羟基、酚羟基、甲氧基、亚甲二氧基、羧基及内酯等基团，因而也具有这些功能团的性质和反应。三氯化铁或重氮化试剂可用于酚羟基的检查，Labat 试剂(没食子酸-浓硫酸试剂)或 Ecgrine 试剂(变色酸-浓硫酸试剂)可用于亚甲二氧基的检查。

7.4.3.3 生理活性

小檗科鬼臼属及其近缘植物中，普遍存在且含量较高的各种鬼臼毒素类木脂，均显示强的细胞毒活性，能显著抑制癌细胞的增值。五味子中的各种联苯环辛烯类木脂素，均有保护和降低血清谷丙转氨酶作用。鬼臼毒素类木脂素对麻疹和Ⅰ型单纯疱疹有对抗作用。一些木脂素对中枢神经系统既有抑制也有抗抑制作用。海风藤中获得的新木脂素类成分对血小板活化因子 PAF 受体结合有明显抑制作用，其中海风藤酮活性最强。爵床属植物中的爵床脂素 A、B 和山荷叶素均有毒鱼作用，其毒性强度与鱼藤酮相当，对昆虫和高级动物则毒性较小。透骨草中的乙酰透骨草脂素具胃毒作用，是杀蝇成分。芝麻素、细辛素、罗汉松脂素本身虽无杀虫作用，但对其他杀虫剂有增效作用。某些木脂素还具有 cAMP 磷酸二酯酶抑制活性，免疫增强、促进蛋白质和糖原的合成等多种作用。

7.5 醌类化合物

醌类化合物是一类分子内具有不饱和环二酮结构或容易转变成这类结构的天然有机化合物，主要分为苯醌、萘醌、菲醌和蒽醌 4 种类型。醌类化合物在自然界分布广泛，主要存在于高等植物蓼科、茜草科、鼠李科、百合科、豆科等科属以及低等植物地衣类和菌类的代谢产物中，此外，在矿物和海洋生物等之中也有发现，是许多天然药物(如大黄、何首乌、芦荟、丹参等药材)的有效成分。醌类化合物具有多方面生理活性，如致泻、抗菌、利尿和止血等，部分醌类还具有抗癌、抗病毒、解痉平喘等作用，是一类用途广泛的天然药物。

7.5.1 醌类结构与分类

7.5.1.1 苯醌类

苯醌类化合物分为邻苯醌和对苯醌两大类。邻苯醌结构不稳定，故天然存在的苯醌化合物多为对苯醌的衍生物。天然苯醌类化合物多黄色或橙色结晶体，如 2,6-二甲氧基苯醌，信筒子醌等(图 7-77)。

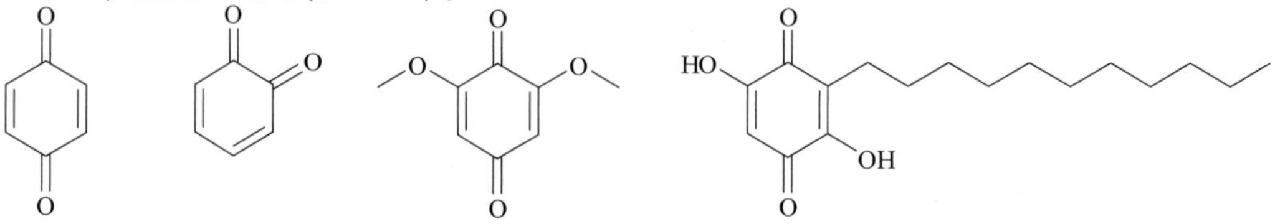

对醌　邻醌　2,6-二甲氧基苯醌　信筒子醌

图 7-77 苯醌类化合物化学结构

7.5.1.2　萘醌类

萘醌类化合物可分为 α-(1,4)、β-(1,2) 和 amphi(2,6) 3 种类型，天然产物中存在最多的是 α-萘醌。萘醌类化合物多具有止血、抗炎、抗菌、抗病毒及抗癌作用，如白花丹醌、7-甲基胡桃醌(图 7-78)等。

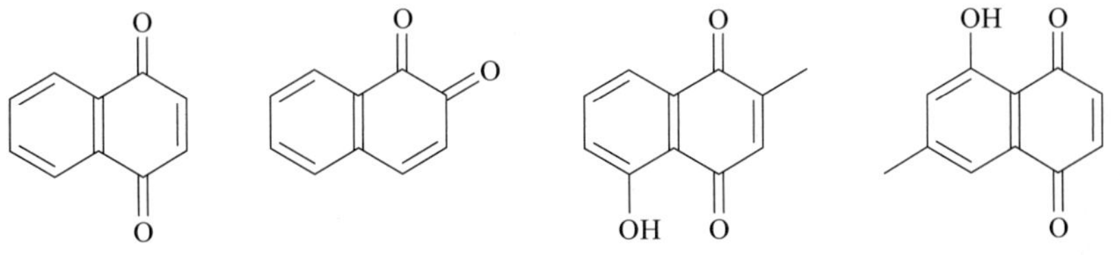

α-(1,4)-萘醌　　β-(1,2)-萘醌　　白花丹醌　　7-甲基胡桃醌

图 7-78　萘醌化学结构

7.5.1.3　菲醌类

菲醌类化合物可分为邻菲醌和对菲醌(图 7-79)。例如，中药丹参含有多种菲醌衍生物，其中丹参醌 $Ⅱ_A$、丹参醌 $Ⅱ_B$(图 7-80)等为邻醌类衍生物，丹参新醌甲、丹参新醌乙等为对醌类化合物。

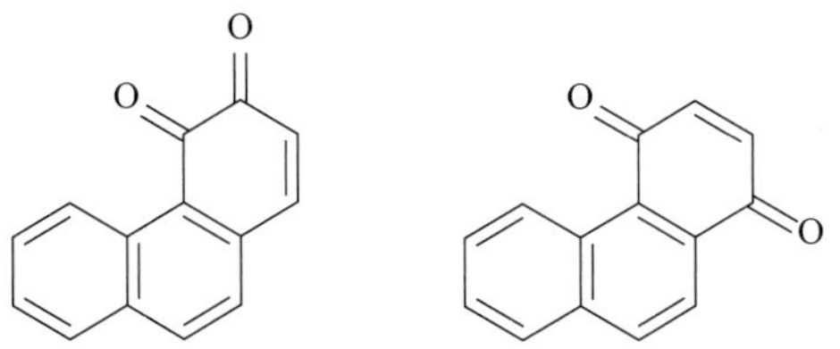

邻菲醌　　对菲醌

图 7-79　菲醌化学结构

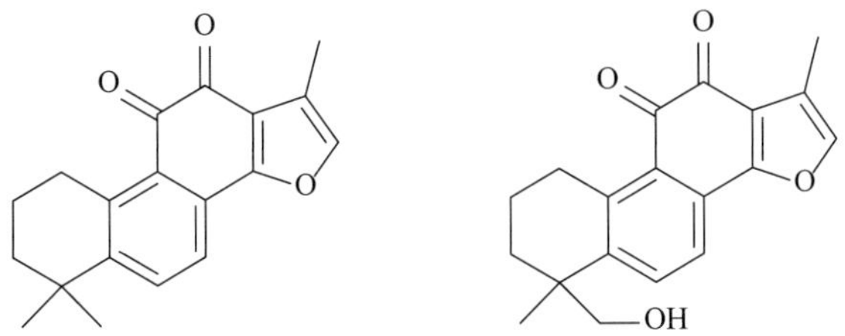

丹参醌 $Ⅱ_A$　　丹参醌 $Ⅱ_B$

图 7-80　丹参化学结构

7.5.1.4　蒽醌类

蒽醌类化合物包括蒽醌衍生物及其不同程度的还原产物，如氧化蒽酚、蒽酚、蒽酮及二蒽酮等。按母核可将蒽醌分为单蒽核和双蒽核两大类。

(1) 单蒽核类

天然蒽醌以9,10-蒽醌最为常见，蒽醌母核上具有羟基、羟甲基、甲氧基以及羧基等取代。

①羟基蒽醌衍生物　根据羟基在蒽醌母核上的分布情况，可将羟基蒽醌衍生物分为大黄素型和茜草素型。大黄素型是指羟基分布于两侧的苯环上，多数化合物呈黄色。大黄中的大黄素、大黄酸、大黄酚、大黄素甲醚(图7-81)、芦荟大黄素等均属于此类。茜草素型指羟基分布在苯环的一侧，颜色为橙黄色至橙红色。茜草中的茜草素、羟基茜草素、伪羟基茜草素(图7-82)均属于此类。

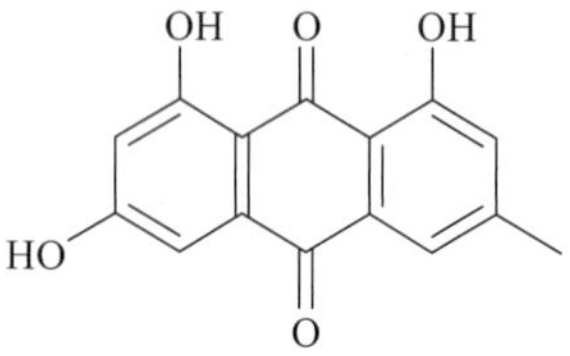

OH O OH

HO

O

大黄素

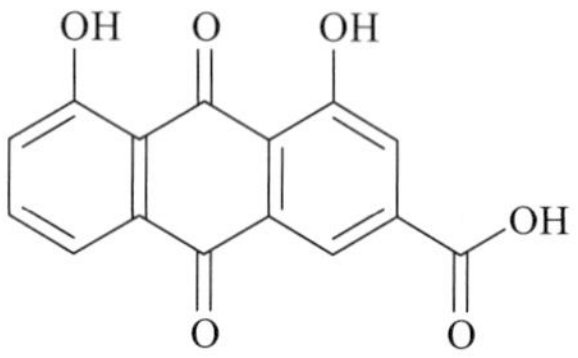

OH O OH

OH

O O

大黄酸

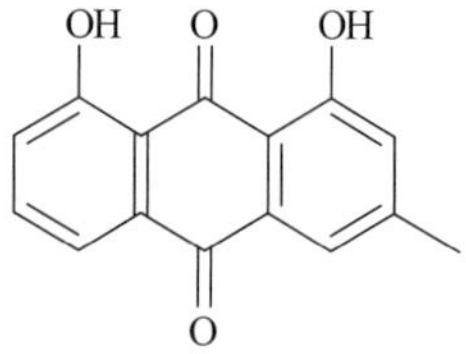

OH O OH

O

大黄酚

OH O OH

O

O

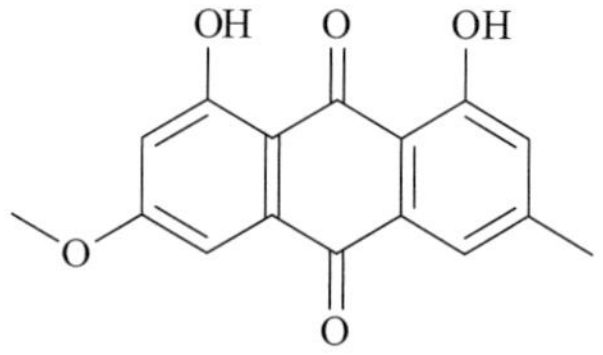

大黄素甲醚

图7-81　大黄素型蒽醌化合物化学结构

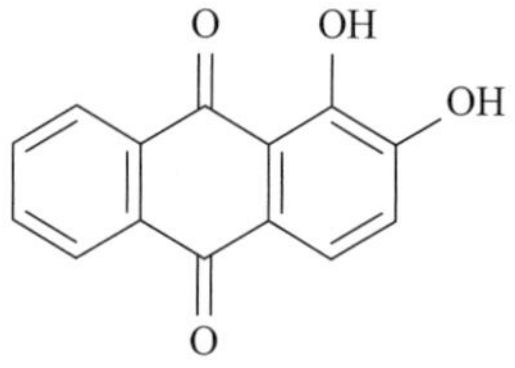

O OH

OH

O

茜草素

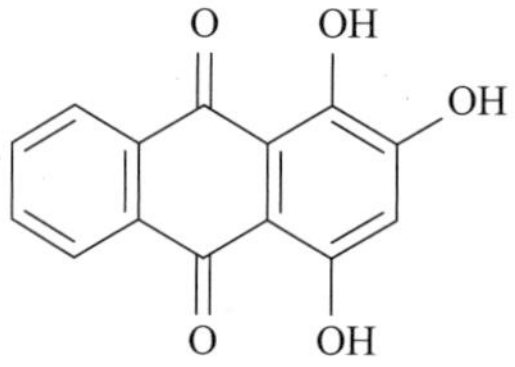

O OH

OH

O OH

羟基茜草素

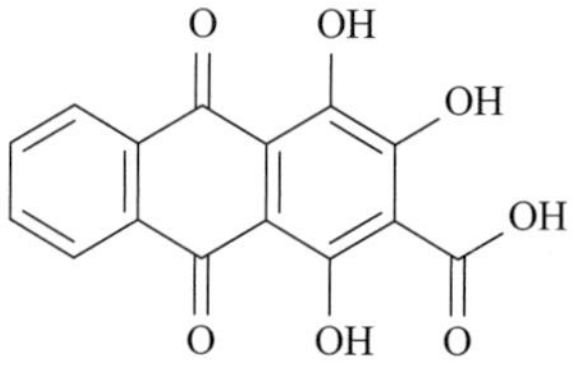

O OH

OH

OH

O OH O

伪羟基茜草素

图7-82　茜草素型蒽醌化合物化学结构

②蒽酚或蒽酮衍生物　蒽醌在酸性环境中被还原，可生成蒽酚及其互变异构体蒽酮(图7-83)。一般蒽酚和蒽酮仅存在于新鲜植物中，若贮存时间较长，则基本检识不到蒽酚或蒽酮的存在。羟基蒽酚类化合物对真菌有较强的杀灭作用，是治疗皮肤病的有效药物，如柯桠素(图7-84)。

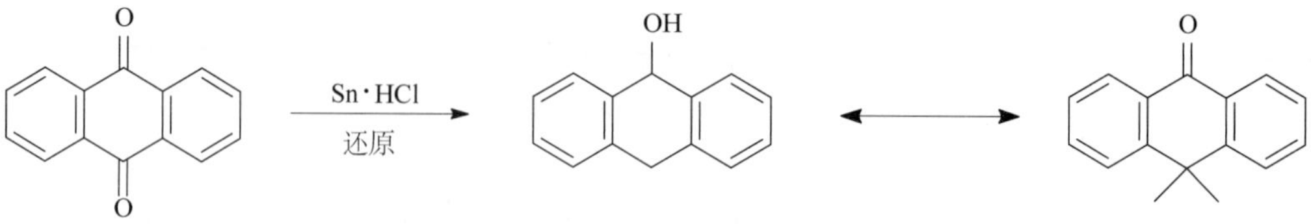

O

O

蒽醌

Sn·HCl

还原

OH

蒽酚

O

蒽酮

图7-83　蒽酚或蒽酮衍生物化学结构

③C-糖基蒽衍生物　这类蒽衍生物以糖作为侧链通过 C-C 直接与苷元相结合。芦荟中具有软化血管、降低血压和血液黏稠度、促进血液循环、防止动脉粥样硬化等作用的芦荟苷(图 7-85)即属于此类。

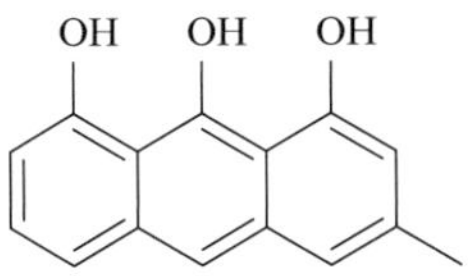

图 7-84　柯桠素化学结构

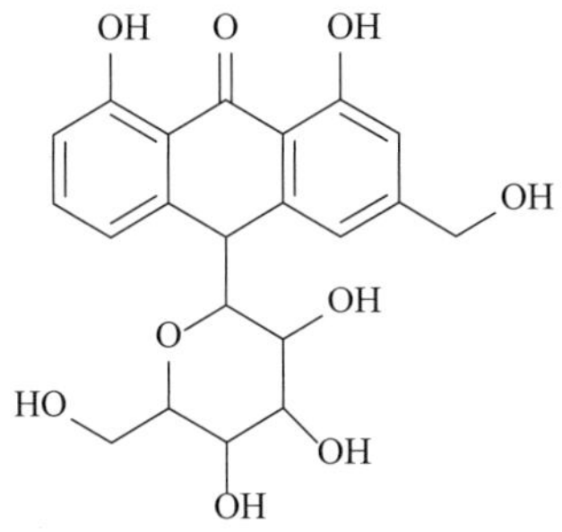

图 7-85　芦荟苷化学结构

(2) 双蒽核类

①二蒽酮类　二蒽酮以苷的形式存在，若催化加氢还原则生成二分子蒽酮，用 $FeCl_3$ 氧化则生成二分子蒽醌。大黄、番泻叶中致泻的主要成分番泻苷皆为二蒽酮类衍生物(图 7-86)。

番泻苷A

番泻苷B

番泻苷C

番泻苷D

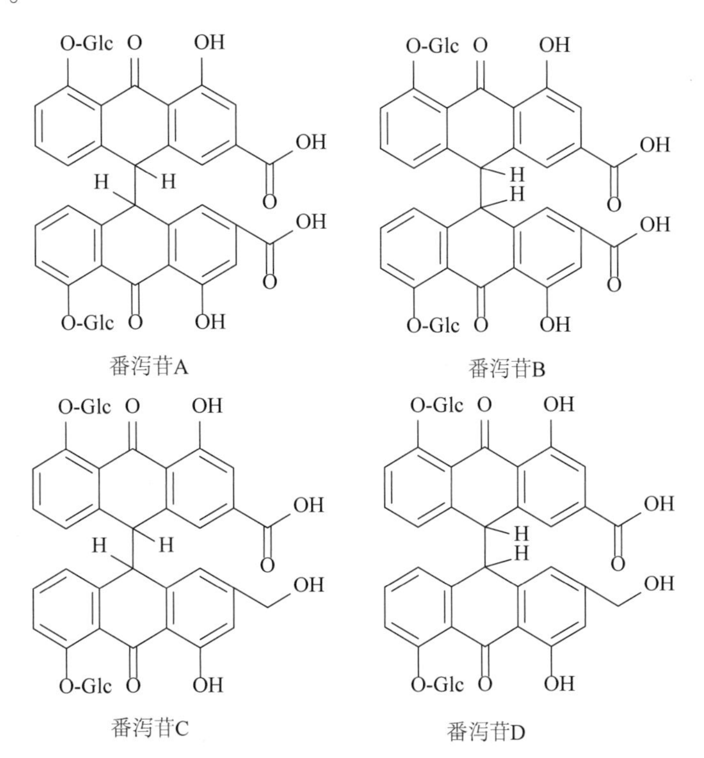

图 7-86　二蒽酮类化合物化学结构

②二蒽醌类　蒽醌类脱氢缩合或二蒽酮氧化均可形成二蒽醌类。天然二蒽醌类化合物两个蒽醌环呈反向排列，如天精和山扁豆双醌(图 7-87)等。

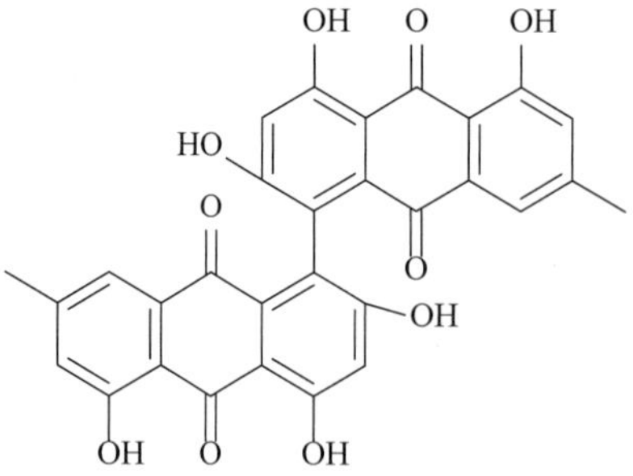

天精 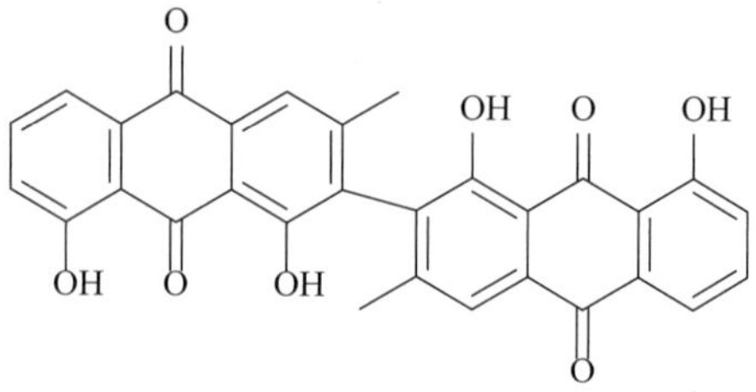　　　　山扁豆双醌

图 7-87　二蒽醌类化合物化学结构

③去氢二蒽酮类　中位二蒽酮再脱去 1 分子氢，即进一步氧化使两环之间以双键相连的物质称为去氢二蒽酮。此类化合物颜色多呈暗紫红色，其羟基衍生物存在于自然界中，如金丝桃属植物(图 7-88)。

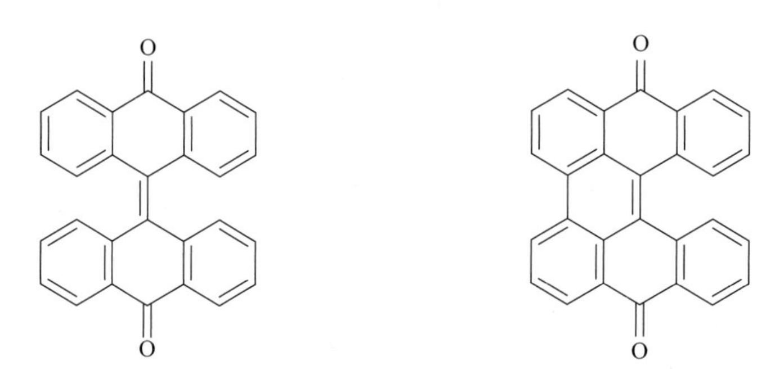

图 7-88　去氢二蒽酮类化合物化学结构　　图 7-89　日照蒽酮类化合物化学结构

④日照蒽酮类　去氢二蒽酮进一步氧化，α 与 α′位相连组成一新六元环，即为日照蒽酮(图 7-89)。其多羟基衍生物也存在于金丝桃属植物中。

⑤中位萘骈二蒽酮类　这一类化合物是天然蒽衍生物中具有最高氧化水平的结构形式，也是天然产物中高度稠合的多元环系统之一(含 8 个环)。如金丝桃素为萘骈二蒽酮衍生物，存在于金丝桃属某些植物中，具有抑制中枢神经及抗病毒的作用(图 7-90)。

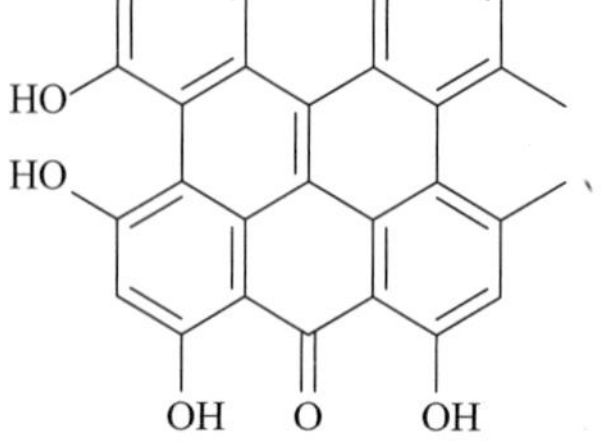

图 7-90　金丝桃素化学结构

7.5.2 醌类化合理化性质

7.5.2.1 物理性质

(1) 颜色

醌类化合物母核无取代时，基本无色，随着酚羟基等助色基团的引入逐渐显现颜色。取代的助色基团越多，颜色也越深，则呈黄、橙、棕、红等颜色，天然醌类化合物多为有色晶体。

(2) 性状

苯醌和萘醌多为结晶且多以游离态存在。蒽醌一般结合成苷存在于植物体内，因极性较大而难以得到结晶。

(3) 溶解性

游离醌类多溶于乙醇、乙醚、苯、氯仿等有机溶剂，微溶或不溶于水。醌类成苷后极性增大，易溶于甲醇、乙醇、热水，几乎不溶于苯、乙醚等非极性溶剂。

(4) 升华挥发性

游离的醌类化合物一般具有升华性，升华温度一般随化合物极性的增加而升高。小分子的苯醌类及萘醌类具有挥发性，能随水蒸气蒸馏，可利用此性质进行提取分离。有些醌类成分不稳定，应注意避光贮存。

7.5.2.2 化学性质

(1) 酸性

醌类化合物多具有一定的酸性，酸性强弱与分子内是否存在羧基以及酚羟基的数目和位置有关。蒽醌类衍生物酸性强弱的排列顺序为：COOH > 两个以上β-OH > 一个β-OH > 两个以上α-OH > 一个α-OH。具有COOH或两个β-OH者可溶于碳酸氢钠；具有一个β-OH者可溶于碳酸钠；具有两个或多个α-OH者可溶于1%氢氧化钠；具有一个α-OH者则只能溶于5%氢氧化钠。

(2) 碱性

由于羰基上氧原子的存在，蒽醌类成分也具有微弱的碱性，能溶于浓硫酸中最终转化为阳碳离子，同时伴有颜色的显著改变。

(3) 呈色反应

①Feigl反应　醌类衍生物在碱性条件下经加热能迅速与醛类及邻二硝基苯反应生成紫色化合物。

②无色亚加蓝反应　专用于鉴别苯醌类及萘醌类化合物。此反应可在PC或TLC上进行，样品呈蓝色斑点，可与蒽醌类化合物相区别。

③Borntrager反应　在碱性溶液中，羟基蒽醌类化合物颜色变红或紫红。蒽酚、蒽酮、二蒽酮类化合物需氧化成蒽醌后才能呈色。

④Kesting-Craven反应　苯醌及萘醌类化合物的醌环上有未被取代的位置时，在碱性条件下与含活性次甲基试剂反应，呈蓝色或蓝绿色。可用于与苯醌及萘醌化合物区别。

⑤对亚硝基二甲苯胺反应　9 位或 10 位未取代的羟基蒽酮类化合物与 0.1%对亚硝基-二甲苯胺吡啶溶液反应缩合，随分子结构不同而呈现紫色、绿色、蓝色及灰色等颜色，1,8-二羟基者一般均呈绿色。本反应可用作蒽酮类化合物的定性鉴别。

7.5.3　生物活性与药用价值

7.5.3.1　富含苯醌类化合物

以泛醌为例，泛醌类又称辅酶 Q 类（coenzymes Q），存在于线粒体中，参与细胞中生物氧化反应的电子传导。1970 年从链霉菌中分离得到天然苯醌类抗生素格尔德霉素（geldanamycin），并发现其具有抗原生动物的活性。20 世纪 80 年代中期，发现该类化合物具有选择性抗癌作用。1994 年证实其抗癌作用机制是通过与热休克蛋白 Hsp90 结合，从而导致宿主蛋白的降解。这给予人们一种从热休克蛋白 Hsp90 抑制剂中寻求抗癌药物的新思路。

7.5.3.2　富含蒽醌类化合物

富含蒽醌的番泻树是一种普遍使用的泻剂，药用部位为叶子和果实，作用于大肠壁，促进肠蠕动，用于治疗习惯性便秘。干燥的鼠李树皮也是一种泻剂，药理作用机制与番泻类似，同样可用于治疗习惯性便秘。此外，芦荟油和大黄的根茎都曾被用作泻剂，但由于它们的致泻作用过于猛烈，故已基本被放弃。这些植物的致泻作用均是由于它们含有较高的蒽醌苷。

金丝桃花的植物油提取物曾被用为消毒剂，能促进伤口的痊愈。金丝桃目前已作为一种抗抑郁药进入市场。临床证明，金丝桃提取物可有效治疗轻到中度的抑郁病。其抗抑郁活性主要归功于具有双蒽酮结构的金丝桃素和异金丝桃素。

蒽环酮类抗生素和吡喃蒽醌均为具有显著抗癌活性的蒽醌类抗生素。目前已有两种蒽环酮类抗生素在临床上用于治疗癌症，柔红霉素主要用于治疗急性粒细胞白血病及急性淋巴细胞白血病，多柔比星（其盐酸盐称为阿霉素）则是一种广谱抗肿瘤药物，已用于治疗乳腺癌、甲状腺癌、肺癌、卵巢瘤、肉瘤等实体瘤。蒽环酮类抗生素能抑制革兰阳性菌，但对革兰阴性菌没有活性，其毒性限制了该类化合物在临床上作为抗生素的使用。

参考文献

郭瑞霞，李力更，王于方，等，2016. 天然药物化学史话：甾体化合物[J]. 中草药，47(08)：1251-1264.

胡长鹰，徐德平，2010. 沙棘籽粕生物碱的提取分离及对乳鼠心肌细胞损伤的保护作用[J]. 食品科学，31(09)：234-237.

刘雪莲，2014. 六种苯丙素类天然产物的合成及绝对构型确定[D]. 哈尔滨：哈尔滨理工大学.

马慧芳，2008. 去甲长春花碱联合顺铂治疗晚期非小细胞肺癌 30 例[J]. 陕西医学杂志，37(10)：8041-8042.

王锋鹏，2009. 现代天然产物化学[M]. 北京：科学出版社.

肖桂青，2007. 荷叶总生物碱提取、纯化及生物活性研究[D]. 长沙：湖南农业大学.

张家铭，穆楠，睢玉祥，等，2010. 翅果油树总生物碱的抑菌作用[J]. 安徽农业科技，38(17)：8992-8994，9004.

周荣汉，1988. 药用植物化学分类学[M]. 北京：高等教育出版社.

周荣汉，1998. 药用植物化学分类学[M]. 上海：上海科学技术出版社.

CATSOULACOS P，PAPAGEORGIOU A，MARGARITY E，et al，1994. Comparison of current alkylating agents with a homoaza-steroidal ester for antineoplastic activity [J]. Oncology，51(01)：74-78.

DEWICK P M，2009. Medicinal Natural Products：A Biosynthetic Approach [M]. New York：Wiley.

JOHNSON W S，GRAVESTOCK M B，MCCARRY B E，1971. Acetylenic bond participation in biogenetic-like olefinic cyclizations. Ⅱ. Synthesis of dl-progesterone [J]. J Am Chem Soc，93(17)：4332-4334.

MARTINL J，2010. Olesoxime，a cholesterol-like neuroprotectant for the potential treatment of amyotrophic lateral sclerosis [J]. IDrugs，13(08)：568-580.

MIRAMONTES L E，ROMERO M A，FORTUNATO A F. Preparation of 6-methyl steroids of the pregnane series from diosgenin，US：2878246 [P]. 1959-03-17.

MOTHERS K，1985. Biochemistry of Alkaloids[M]. Brelin：Wissen Schaften.

SAIFYZS，NOUSHEEN MUSHTAQ，FOZIA NOOR，et al，1999. Role of quinone moiety as antitumour agents：a review[J]. Pakistan Journal of Pharmaceutical ences，12(02)：21-31.

SHIMIZU S，YAMAMOTO Y，KOSHIMURA S，1982. Antitumor Activity of Asterriquinones from Aspergillus Fungi. Ⅳ. An Attempt to modify the Structure of Asterriquinones to increase the Activity[J]. Chemical & Pharmaceutical Bulletin，30(05)：1896-1899.

THOMSON R H，1987. Naturally Occurring Quinones Ⅲ：Recent Advances[M]. London：Chapman and Hall.

TIKHOMIROV A S，LITVINOVA V A，ANDREEVA D V，et al，2020. Amides of pyrrole-and thiophene-fused anthraquinone derivatives：A role of the heterocyclic core in antitumor properties[J]. European Journal of Medicinal Chemistry，112294.

WOODWARD R B，SONDHEIMER F，TAUBD，1951. The total synthesis of cholesterol [J]. J Am Chem Soc，73(7)：3548.

YOSHIHIRA K，SAKAKI S，OGAWA H，et al，1968. Hydroxybenzoquinones from Myrsinaceae Plants. Ⅳ. Further Confirmation of the Structures of Ardisiaquinones and Some Observations on Alkylaminobenzoquinone Derivatives[J]. Chemical & Pharmaceutical Bulletin，16(12)：2383-2389.

YOSHITERU S，KATSUYOSHI H，HIRONORI N，et al，2000. Oral estramustine phosphate and oral etoposide for the treatment of hormone-refractory prostate cancer [J]. Int J Urol，7(07)：243-247.

第8章　天然活性成分功能性评价方法

天然产物作为一个巨大的资源宝库，已成为健康功能因子以及现代药物研发的重要源泉，筛选和评价天然活性成分对于天然产物的开发具有重要意义。目前天然活性成分的筛选和功能评价对象可来源于天然动植物、微生物及海洋生物，与人类营养和健康相关的功效作用包括调节血糖、血压、血脂、免疫力，抗癌、抗氧化、抗疲劳、抗衰老，以及保护化学性肝损伤、调节肠道菌群等，评价方法可分为计算机虚拟筛选及活性评价、体外生化反应、分子水平和细胞水平高通量筛选、动物模型功效评价等。本章将对部分功效作用的评价方法进行介绍。

8.1　天然活性成分降血糖功能评价

8.1.1　概述

糖尿病主要以胰岛素分泌缺陷或胰岛素作用障碍所致的高血糖为特征。慢性高血糖是引起心血管、眼睛及神经系统并发症的重要危险因素，维持血糖稳态对于控制糖尿病病情的发展具有重要意义。天然活性成分在降血糖方面具有潜在的应用价值，如从桑叶中分离得到的生物碱类化合物1-脱氧野尻霉素是α-葡萄糖苷酶的强效抑制剂，可延缓餐后血糖水平的上升；茶多酚EGCG可模拟胰岛素作用调节葡萄糖水平；从牛蒡子中分离得到的木质酚素类化合物牛蒡子苷元可促进肌肉组织对葡萄糖的摄取，从而降低血糖水平等。目前，常用于评价天然活性成分降血糖功能的方法包括基于酶水平的功能评价、细胞水平评价方法以及动物水平评价方法三大类。

8.1.2　降血糖功能评价方法

8.1.2.1　基于酶水平的功能评价

(1)酶抑制剂筛选模型

在小肠刷状缘细胞的微绒毛上存在着多种葡萄糖苷酶，如α-葡萄糖苷酶、α-淀粉酶和蔗糖酶等，其作用是将多糖、寡糖等水解成单糖，促进其被吸收进入血液循环。因此，抑制葡萄糖苷酶活性有利于降低血糖水平。体外酶抑制剂筛选需要建立合适的酶反应体系(包括温度、pH值、酶浓度、底物浓度、受试物浓度)，确定反应时间，酶促反应终止后于酶标仪在规定的波长下检测吸光度值，计算酶抑制百分比和半抑制浓度IC_{50}，这两项是评价受试物对酶抑制效果的常用指标。

(2)计算机辅助筛选模型

运用分子模拟软件对葡萄糖苷酶抑制剂进行虚拟筛选已成为一种与体外筛选互补的方法。筛选过程一般包括准备受试物分子结构，构建葡萄糖苷酶的三维结构，计算机模拟分子对接，亲和力打分，最终筛选与酶亲和力较强的受试物分子，即筛选得到具有潜在酶抑制作用的化合物。计算机辅助药物筛选过程无需消耗样品和其他实验材料，具有方便、快速、高通量的特点，但筛选结果准确性较低，还需经过其他方法验证。

8.1.2.2　降血糖功能评价的细胞模型

目前体外细胞模型主要包括胰岛素抵抗细胞模型及胰岛细胞受损模型。

(1)细胞模型

胰岛素抵抗细胞模型：肝脏、骨骼肌、脂肪组织是体内胰岛素作用的重要靶组织，因此常选用相关细胞构建胰岛素抵抗模型。目前常使用的肝细胞有动物原代肝细胞、人肝癌细胞(HepG2)和人正常肝细胞(L02)模型等；脂肪细胞包括人和动物的脂肪原代细胞、分化成熟的小鼠前脂肪细胞(3T3-L1)等；肌肉细胞有人(鼠)原代肌肉细胞系、C2C12 肌管细胞、L6 成肌细胞。常用的细胞胰岛素抵抗诱导剂包括：胰岛素、脂联素、高浓度葡萄糖、高浓度游离脂肪酸、棕榈酸、地塞米松等。

胰岛细胞受损模型：胰岛内具有分泌功能的细胞共 4 种，分别是 β 细胞、α 细胞、δ 细胞及 PP 细胞。其中，β 细胞占 60%~70%，主要分泌胰岛素。目前最常用细胞系有：人和鼠原代细胞、大鼠胰岛素瘤(RIN)细胞系、HIT 细胞系、MIN 细胞系、NIT 细胞系等。常用的致使细胞胰岛素分泌不足的诱导剂包括：四氧嘧啶、链脲佐菌素、高浓度葡萄糖、地塞米松、抵抗素、棕榈酸、游离脂肪酸等。

(2)评价指标

葡萄糖摄取量：细胞葡萄糖摄取试验通常会采用标记的葡萄糖，如氟-18 标记的脱氧葡萄糖(18F-FDG)、^{3}H-2-脱氧-D-葡萄糖(2-deoxy-D-glucose)，可以观察天然产物对细胞葡萄糖摄取量的影响。

胰岛素分泌水平：胰岛素分泌水平可反映胰岛细胞功能。

8.1.2.3　降血糖功能评价的动物模型

(1)动物模型

啮齿类动物大鼠和小鼠是糖尿病动物模型中常用的两种模式动物，以大鼠和小鼠为对象，常用的有Ⅰ型糖尿病和Ⅱ型糖尿病模型，按造模方法区分主要包括诱导法、自发性糖尿病、胰腺部分切除法以及转基因动物模型。诱导法和自发性糖尿病动物模型在天然活性成分的降糖功能性评价中应用较广泛，其中诱导法主要包括化学药物诱导及高能量饮食与化学药物联合诱导。

①化学药物诱导　化学药物如四氧嘧啶、链脲佐菌素等可选择性破坏胰岛 β 细胞，使其分泌功能受损，造成胰岛素分泌低，常用于制备Ⅰ型糖尿病动物模型。

造模方法：动物禁食 24 h 后，动物腹腔注射新鲜配制的四氧嘧啶或链脲佐菌素进行造模。四氧嘧啶一次性腹腔给药剂量：1%~5%的四氧嘧啶水溶液，小鼠每千克体重 100~160 mg/kg，大鼠每千克体重 200~250 mg/kg；链脲佐菌素一次性腹腔给药剂量：1%~2%链脲佐菌素-无菌枸橼酸钠缓冲液(pH=4.5)，小鼠每千克体重 150~200 mg/kg，大鼠每千克体重 50~65 mg/kg。5~7 d 后禁食 6~12 h，尾静脉采血，测定血糖水平。动物血糖值持续两周在 15~25 mmol/L 为造模成功。

②高能量饮食联合小剂量化学药物诱导　高能量饮食联合小剂量化学药物诱导的糖尿病模型与人类Ⅱ型糖尿病发病病因类似，可缩短造模时间，造模成功率高、模型较稳定。

造模方法：高脂(高糖)饲料喂养或者高脂高糖乳剂灌胃 4~8 周后，禁食 12 h，联合腹腔注射链脲佐菌素一次性腹腔注射，小鼠剂量为每千克体重 65~100 mg/kg，大鼠剂量为每千克体重 25~50 mg/kg。72 h 后禁食 6~12 h，尾静脉采血，测定血糖水平，以持续两周血糖值>11.1 mmol/L 作为Ⅱ型糖尿病动物模型成功的标准。

③自发性遗传糖尿病动物模型　自发性糖尿病动物又称自发性高血糖动物，是动物自然发生的糖尿病，或通过遗传育种培养保留下来的糖尿病模型，其表现与人类糖尿病临床症状相似，可用于糖尿病发病机制的研究，也可用于抗糖尿病天然产物的筛选及研究。

自发性Ⅰ型糖尿病动物模型有 NOD 小鼠、BB 糖尿病大鼠及 LEW.1AR1/Ztm-iddm 大鼠等；自发性Ⅱ型糖尿病动物模型有中国地鼠(Chinese hamster)、KK(Kuo Kondo)小鼠、ob/ob 小鼠、C57BL/KsJ-db/db 小鼠、Nagoya-Shibata-Yasuda(NSY)小鼠、GK(Goto-Kakizaki rat)大鼠、Zucker(fa/fa)肥胖大鼠等。

(2)评价指标

体重、进食量："三多一少"(即多饮、多食、多尿和体重减轻)是糖尿病的典型特征，通常每隔 3~7 d 记录动物的体重与进食量，并且观察排尿量与饮水量。

空腹血糖、空腹血清胰岛素水平：空腹血糖和血清胰岛素水平的改变反映出 β 细胞功能或结构的异常。

口服葡萄糖耐量：口服葡萄糖耐量试验可反映机体的葡萄糖代谢情况，可用于判断糖尿病类型。

胰岛素耐量：胰岛素耐量试验用于检测腹腔注射胰岛素后机体清除糖的速度和能力，以判断是否存在胰岛素作用障碍。

胰岛组织病理学：通过组织切片、HE 染色，可直观判断胰岛 β 细胞的受损程度。

8.1.3　应用实例

连续 8 周高脂饲料联合一次性腹腔注射小剂量链脲佐菌素每千克体重 25 mg/kg，建立Ⅱ型糖尿病大鼠模型，2 周后筛选造模成功的糖尿病模型大鼠进行分组，分为模型组，EGCG 低、中、高剂量组。结果发现 EGCG 降血糖效果与体内作用时间长短有关，一次口服 EGCG 对胰岛素抵抗大鼠的血糖影响不明显。连续 10 d 干预后，EGCG 中剂量(每千克体重 50 mg/kg)、高剂量(每千克体重 200 mg/kg)组有改善大鼠糖耐量的趋势，并可降低餐后血糖。连续 5 周干预后，EGCG 降低血糖的同时，可改善肝脏脂肪变性，促进胰岛增生以及改善 β 细胞功能。

8.2　天然活性成分降血压功能评价

8.2.1　概述

血压是指血液在血管内流动时作用于单位面积血管壁的侧压力，它是推动血液在血管内流动的动力。正常成人安静状态下的血压范围较稳定，一般收缩压为90～139 mmHg，舒张压为60～89 mmHg，当收缩压(高压)≥140 mmHg和(或)舒张压(低压)≥90 mmHg时，被认定为高血压。高血压成因复杂，与遗传因素以及环境因素密切相关，它是以体循环动脉血压增高为主要特征的临床综合征，并可引起心脏、血管、脑和肾脏等多种器官的并发症，是国内外最常见的心血管病。

为了更好地探究高血压的发病机制及治疗方法，人们构建了各种高血压实验动物模型。常用的实验动物有大鼠、狗、猫、兔。根据高血压产生的原因，可将高血压动物模型分为基因相关模型与非基因相关模型，前者包括遗传性高血压，如自发性高血压大鼠(SHR)及其亚型，以及运用基因工程得到的转基因或基因敲除动物模型。非基因相关模型指在相同或相似的遗传背景下，通过环境、手术、药物等各因素诱导得到的动物模型。

8.2.2　降血压功能评价方法

8.2.2.1　降血压功能评价的化学方法

天然产物降压作用评价中，常将其抑制血管紧张素转换酶(ACE)的活性作为筛选的重要指标，天然产物可以与ACE的活性位点结合，抑制ACE将无升压活性的血管紧张素Ⅰ转化为具有强升压活性的血管紧张素Ⅱ，从而抑制血压上升。马尿酰-组氨酸-亮氨酸(Hip-His-Leu，HHL)在ACE的催化下，可以快速分解产生马尿酸(Hip)和二肽(His-Leu，HL)，马尿酸在228 nm处有最大吸收峰。当加入ACE抑制剂时，ACE活性受到抑制，马尿酸生成量减少，可以通过紫外分光光度法或高效液相色谱法测定马尿酸的生成量，计算天然产物对ACE的抑制率，从而评估其降血压作用。

8.2.2.2　降血压功能评价的动物模型

(1)动物模型

自发性高血压大鼠(SHR)：SHR是目前国内外公认的最接近人类原发性高血压的动物模型。该种大鼠不但高血压病病理、病程变化与人类相似，且无明显原发性肾脏或肾上腺损伤，在研究高血压病理、生理、药理等方面具有重要的价值。

高盐饮食诱导高血压大鼠模型：取雄性Wistar大鼠(220～250 g)饲喂高盐大鼠饲料(35 g/kg NaCl)。

高脂、高糖(或不)复合酒精致高血压大鼠模型：高脂高糖饮食会导致肥胖，而肥胖是高血压的危险因素之一，大鼠长期处于高糖高脂饮食中，可模拟人类高血压的形成过程。

两肾一夹型高血压大鼠模型：将大鼠的一侧肾脏用银环夹住，造成缺血，而另一侧肾脏不触及，由于肾脏缺血而造成肾素增多，进一步激活肾素-血管紧张素系统(RAS)，造成血压升高。此模型可以模拟继发性高血压，造模简单、成功率高，是国际上最常用的高血压动物模型之一。

(2)评价指标

进食量、体质量：每周记录大鼠的给食量、撒食量、剩食量，并称体质量。

收缩压、舒张压、平均动脉压、心率：采用无创血压测量系统对大鼠进行血压和心率的检测。

尿液收集及检测：肾脏是血压的重要调节器官，也是高血压损伤的靶器官之一。当肾脏发生病变后，会导致尿液中的成分含量产生变化，通过判断尿液中的离子或蛋白等的含量来评估天然产物对血压的调节作用。例如，可检测尿液中 Na^{+}、K^{+}、Ca^{2+}、Cl^{-}等离子的浓度及 pH 值，或测定尿中总蛋白质量等。

血清收集及检测：利用全自动生物化学分析仪、试剂盒等对血液中的活性因子浓度进行检测，如血尿素氮(BUN)、血栓素 A(TXA)、血管内皮素(ET)、血管紧张素Ⅱ(Ang Ⅱ)以及一氧化氮(NO)等。

8.2.3 应用实例

杜仲是我国二级珍稀树种，具有广泛的药理作用，为较名贵的滋补中药材之一。杜仲叶的主要化学成分有环烯醚萜类(京尼平苷、京尼平苷酸、桃叶珊瑚苷)、木脂素类(松脂醇二葡萄糖苷)、黄酮(芦丁、槲皮素)、苯丙素类(咖啡酸、绿原酸、阿魏酸)、抗真菌蛋白及多糖类，且富含多种维生素、微量元素、氨基酸、脂肪酸。探究杜仲叶提取物对 SHR 大鼠血压的控制作用，结果表明杜仲叶提取物能使 SHR 大鼠血液中的 NO(一氧化氮，又称内皮源性舒张因子，是一种极强的舒张血管的物质)含量上升，并降低 ET(血管内皮素，具有收缩血管的作用)，具有降血压的功效。

8.3 天然活性成分降血脂功能评价

8.3.1 概述

高脂血症(hyperlipoidemia)是由脂肪代谢运转异常导致的血液中总胆固醇、甘油三酯、低密度脂蛋白胆固醇水平超出正常范围，高密度脂蛋白胆固醇水平低于正常范围的血脂代谢异常综合征。其发病机制分为原发性和继发性。原发性高脂血症主要是由先天性和遗传性(家族性)因素而造成的，由先天所致的单基因或多基因缺陷而诱发参与脂蛋白转运和代谢的受体、酶或载脂蛋白异常引起的。继发性高脂血症是由多种代谢性紊乱的原发疾病所引起，或与其他因素如年龄、性别、饮食习惯、生活方式、药物应用、情绪活动等有关，临床上多见继发性高脂血症。高脂血症导致全身动脉粥样硬化加速，造成全身重要器官缺血、缺氧，严重的还会引起肾功能衰竭、冠心病、心肌梗死、肝硬化、高尿酸血症等。目前多种细胞和动物模型被广泛应用于天然产物对高脂血症的治疗和研究中。

8.3.2 降血脂功能评价方法

8.3.2.1 降血脂功能评价的细胞模型

(1)细胞模型

使用磷酸三苯酯(TPP)、油酸、Triton WR-1339 等处理细胞。常用的细胞有人肝癌细胞 HepG2 和人肝细胞 L02 或小鼠前脂肪细胞系 3T3-L1。Triton WR-1339 是一种烷基芳基聚醚醇类的非离子液体聚合物，可以抑制血浆脂解活性，从而分解富含三酰甘油的脂蛋白。

(2)评价指标

油红 O 染色观察细胞内脂滴形态，蛋白免疫印迹检测胆固醇调节元件结合蛋白 1(SREBP1)等蛋白质水平，使用试剂盒检测甘油三酯(TG)、丙二醛(MDA)等。

8.3.2.2　降血脂功能评价的动物模型

多种实验动物可用于高脂血症模型，包括斑马鱼、小鼠、大鼠、仓鼠、豚鼠、兔、小型猪等，其中大鼠和小鼠模型应用较为广泛。高脂血症动物模型分为化学物质诱导、自发性、转基因动物模型等。

(1)动物模型

高脂喂养模型：指利用高脂饲料喂养实验动物一段时间，使动物脂代谢紊乱，导致动物血清中的胆固醇和甘油三酯升高，是目前最常用的建立高脂动物模型的方法。高脂饲料一般是由基础饲料、胆固醇、蛋黄粉、猪油按一定比例配制而成。此模型适合由于饮食改变而造成的人类高脂血症的情况，不适用于研究其他病因导致的高脂血症。该方法存在造模成本高、时间较长(20~40 d)、模型组动物血脂水平参差不齐的缺点，只能形成高胆固醇血症，无法形成混合性高脂血症，且长期饲喂高脂饲料容易导致实验动物厌食。

高脂乳剂灌胃模型：是指利用高脂乳剂灌胃实验动物一段时间。高脂乳剂由吐温、食用油或猪油、胆固醇、胆酸钠、丙基硫氧嘧啶、蛋黄粉等成分按照一定比例和顺序配制而成。此模型简便易行，效果较好，重复性好，能够形成混合性高脂血症。但是高脂乳剂灌胃容易损伤动物食道，对动物有刺激，造模时间较长(20 d 左右)，工作量相对较大。

化学试剂诱导模型：利用化学试剂单次腹腔注射形成的模型。单次注射 75%蛋黄乳液、P-407、Poloxamer、脂酶抑制剂泰洛沙泊或 Triton WR-1339 等，均可导致血脂水平快速上升并持续数天。人类高脂血症由多种因素长期诱导产生，该方法采用单次诱导，虽不符合人类高脂血症的特点，但由于其操作简单、工作量小、成模周期短，因此可用于降血脂药物的初步筛选。

自发性高脂血症动物模型：实验动物在自然情况下发生疾病，包括突变系的遗传疾病和近交系疾病模型。自发性高脂血症动物模型来源困难，成本较高，限制了其应用。

转基因高脂血症动物模型：通过沉默或过量表达某些特定的基因来诱导。动物体内涉及脂质代谢的蛋白主要包括 3 类：受体、载脂蛋白、与脂质代谢有关的酶和转运蛋白。转基因动物模型适合原发性高脂血症的研究。

(2)评价指标

生化指标：血清中总胆固醇(TC)、甘油三酯(TG)、低密度脂蛋白胆固醇(LDL-C)、高密度脂蛋白胆固醇(HDL-C)等。

组织病理学：高脂血症动物肝脏呈暗黄色，肝体肿大，表面粗糙，肝脏周围有肉眼可见脂肪粒，油腻感明显；肝细胞内脂滴空泡大而多，散布在整个胞浆，将细胞核挤压至一边，肝细胞出现重度的脂肪变性等现象；主动脉表现为整体增粗，管腔增大，管壁厚薄不均，内膜上有突起凸向管腔，大量钙质沉积于中膜弹性纤维，平滑肌细胞消失而弹性纤维间距扩大，出现大量的泡沫样细胞等典型动脉粥样硬化的病理改变。可通过肉眼观察动物肝脏、显微镜观察肝组织和主动脉组织切片判断。

8.3.3 应用实例

辅酶 Q10 富含于沙丁鱼、猪肉等多种食物中。在动物体内，辅酶 Q10 是线粒体合成三磷酸腺苷(ATP)的关键中间体。在高脂饮食喂养的缺乏载脂蛋白 E(ApoE-/-)的转基因高脂血症小鼠中，持续 16 周的辅酶 Q10 补充可显著降低高脂血症小鼠的 TC、TG 和 LDL 水平，并缓解其肝组织的损伤。

8.4 天然活性成分抗肥胖功能评价

8.4.1 概述

肥胖是一类慢性代谢性障碍疾病，同时也是癌症、心血管疾病和Ⅱ型糖尿病等多种疾病的主要诱因，预防和治疗肥胖对人体健康有着重要的作用。目前发现一些天然活性成分如多酚、类黄酮、植物固醇、生物碱、多不饱和脂肪酸、膳食纤维等具有抗肥胖功效。常用于评价天然活性成分抗肥胖功能的方法可以分为细胞水平和动物水平评价法。

8.4.2 抗肥胖功能评价方法

8.4.2.1 抗肥胖功能评价的细胞模型

(1)细胞模型

小鼠 3T3-L1 前脂肪细胞分化模型是目前肥胖研究最常用细胞模型之一。它在促分化剂胰岛素(INS)、地塞米松(DEX)和 3-异丁基-1-甲基-黄嘌呤(IBMX)的诱导下，可以分化为成熟脂肪细胞。在细胞分化过程中进行天然活性物质干预，同时设立未诱导分化的细胞为对照组，探讨活性成分对前脂肪细胞分化以及相关生化过程的影响，从脂肪细胞分化的角度探究活性成分抗肥胖的作用。

(2)评价指标

油红 O 染色后，在显微镜下观察，分化成熟的脂肪细胞内可见脂滴聚集，聚集的脂滴可被染成红色，通过测定 OD 值间接反映脂肪细胞的分化程度。此外，脂肪细胞内脂质蓄积可以通过甘油三酯检测试剂盒量化。

使用葡萄糖检测试剂盒和游离脂肪酸测定试剂盒检测脂肪细胞葡萄糖的消耗量和游离脂肪酸的产生量，衡量脂肪细胞的糖脂代谢水平。

通过 Western blot 法检测脂肪细胞分化转录调控因子，如 PPARγ、CEBPα、SREBP-1c 等蛋白表达水平。

8.4.2.2 抗肥胖功能评价的动物模型

(1)动物模型

肥胖的动物模型十分广泛，包括哺乳动物和非哺乳动物。哺乳动物在解剖、生理方面与人类更接近，其中运用最广泛的是啮齿动物，以大鼠和小鼠最为常见。常用的啮齿动物肥胖模型分为饮食诱导肥胖模型、遗传诱导肥胖模型、转基因肥胖模型和药物诱导肥胖模型。

饮食诱导肥胖模型：长期摄入过多的热量是肥胖发生的重要原因，饮食诱导的肥胖模型是目前应用最广的肥胖动物模型，包括高脂、高糖、高蛋白以及其他营养素诱导，其中以高脂膳食诱发的肥胖模型最为常见。常用到 SD 大鼠、Wistar 大鼠和 C57BL/6J 小鼠。通常使用含 60%脂肪的高脂饲料喂养雄性鼠，高脂膳食鼠体质量比对照组高 20%，即认定为肥胖模型造模成功。同时给予高脂饲料与受试样品，评价待测样品预防肥胖和减肥的效果。

遗传变异诱导肥胖模型：包括单基因突变和多基因突变肥胖模型。黄色突变(Ay)小鼠是早期建立的一种单基因突变诱导的肥胖模型；瘦素基因突变小鼠包括 ob/ob 和 db/db 小鼠，是经典的肥胖动物模型；新西兰肥胖(NZO)小鼠是一种自发性肥胖多基因糖尿病模型；DIO-Prone SD 大鼠是一种常用的多基因遗传的肥胖大鼠模型。

转基因肥胖模型：包括 *FTO* 基因敲入小鼠、下丘脑特异性基因 *Mfn*2 基因敲除小鼠和 *IRF*4 基因敲除鼠。该模型在动物体内可以观察基因过表达或敲除对机体的生物学效应，但建模非常复杂，成本高。

药物诱导肥胖模型：腹腔注射谷氨酸钠或金硫葡萄糖能引起下丘脑损伤从而导致肥胖。高剂量谷氨酸钠可损伤下丘脑弓状核及其邻近区域，导致摄食及能量代谢紊乱，引起肥胖；金硫葡萄糖可损伤下丘脑腹内侧核，增加食欲引起肥胖。

(2)评价指标

检测摄食量、体质量，并称量老鼠肝脏、肾脏以及脂肪组织(肾周脂肪、肩胛脂肪、附睾脂肪和皮下脂肪)的质量，计算脂肪系数；检测血清中 TC、LDL-C、HDL-C、游离脂肪酸(NEFA)等血脂指标的浓度；采用苏木精-伊红(hematoxylin-eosin，HE)染色法，取已固定的脂肪组织进行脱水、石蜡包埋、切片、HE 染色等操作，在光学显微镜下观察脂肪细胞的大小和数量并拍照，进行病理学分析；此外，还可以通过 Western blot 法和实时荧光定量 PCR 法检测肝脏组织中脂质代谢途径中关键蛋白的表达水平，如 PPARγ、SREBP-1c、ACC、FAS 等。

8.4.3 应用实例

盐酸小檗碱又称黄连素，是中药黄连所含的主要生物碱，近年来发现其有助于治疗肥胖以及相关代谢疾病如Ⅱ型糖尿病、血脂异常和高胆固醇血症等。适应性喂养后，将雄性 Wistar 大鼠随机分为正常饮食和高脂饮食组(HFD)，喂食一段时间后，建成肥胖模型并继续高脂饮食。口服给予低、中、高剂量的黄连素，空白组和模型组给予等剂量的生理盐水。实验期间，每周进行体质量、摄食量的监测，实验结束后收集大鼠粪便以及脂肪组织(肾周脂肪，附睾脂肪)。结果发现，黄连素明显减轻了体重的增加、抑制了体内脂肪的积累，高剂量黄连素显著降低了大鼠摄食量。此外，有研究发现黄连素可起到调节大鼠肠道菌群结构的作用，从而起到抗肥胖作用。

8.5 天然活性成分增强免疫力功能评价

8.5.1 概述

免疫系统是一个由特殊细胞组成的极其复杂的网络，由免疫器官(骨髓、脾脏、淋巴结、扁桃体、胸腺等)、免疫细胞(淋巴细胞、吞噬细胞等)，以及免疫活性物质(细胞因子、抗体、溶菌酶等)组成，具有免疫监视、免疫防御、免疫调控的功能。免疫力是人体自身的防御机制，是人体通过免疫系统识别和清除外来异物(如病原体，化学物质等)以维持机体生理平衡的能力。许多研究发现天然活性成分具有调节自身免疫力的功能，并形成了一系列评价方法。

8.5.2 增强免疫力功能评价方法

8.5.2.1 动物模型

环磷酰胺作为一种免疫抑制剂，通过连续向实验动物腹腔内注射环磷酰胺可造成实验动物白细胞数量、抗体生成功能、巨噬细胞活性、自然杀伤(NK)细胞活性等一系列指标下降，从而构建免疫低下模型。

8.5.2.2 评价指标

实验动物单次或长期给予天然活性成分后，需检测一系列生理生化指标，来评价天然产物增强免疫力的活性。

(1)脏器质量与体质量比值

免疫力下降会伴随着免疫器官的萎缩，取胸腺、脾脏等免疫器官，通过测量其质量与体质量的比值，来评价免疫力改善的情况。

(2)细胞免疫功能

细胞免疫是指 T 淋巴细胞介导的免疫应答，T 淋巴细胞受到抗原刺激后增殖分化，识别抗原并杀伤，其特征是出现以单核细胞浸润为主的炎症反应。

脾脏淋巴细胞转化实验：刀豆蛋白 A(ConA)是一种糖类结合蛋白，具有强力的促有丝分裂作用，促 T 淋巴细胞转化。实验时，无菌取实验动物脾脏，捣碎、过滤、离心，制成单细胞悬液，培养过程中加入 ConA 溶液，促进淋巴细胞增殖分化，利用 MTT 法或同位素掺入法标定增殖中的细胞，检测淋巴细胞的增殖转化能力。

迟发性变态反应实验：迟发性变态反应(DTH)是指 T 淋巴细胞在抗原作用下形成致敏淋巴细胞后，当再次接触相同抗原时，机体表现出一种迟缓的局部变态反应性炎症。该型反应在接触抗原约 12 h 后出现反应，24~72 h 达高峰，故称为迟发性变态反应。耳肿胀法和足趾增厚法常用于刺激产生 DTH。耳肿胀法是将二硝基氟苯(DNFB)涂抹于动物腹部，与腹壁皮肤蛋白结合成完全抗原，刺激 T 淋巴细胞，4~7 d 后再将其涂抹于耳部进行抗原攻击，使局部肿胀，动物处死后打孔取下耳片称重，反映 DTH 程度。足趾增厚法是注射绵羊红细胞(SRBC)两次攻击实验动物免疫系统，第二次攻击后测量足趾部厚度变化，反映 DTH 程度。

(3)体液免疫功能

体液免疫指免疫细胞产生抗体，抗体与抗原特异性结合发挥免疫效应的过程。检测抗体分泌能力，评价体液免疫的功能。

血清溶血素的测定：对实验动物腹腔注射异种动物的红细胞悬液，诱导免疫系统产生抗体。一般 4~5 d 后抗体浓度达到峰值，取血分离血清并稀释成不同浓度梯度，与所注射的红细胞悬液进行混合，以半数溶血值(HC50)反映动物血清中抗体的含量。

抗体生成细胞检测：经过红细胞免疫的动物脾脏细胞制成悬液，此悬液与一定浓度的红细胞混合，在补体的参与下，分泌抗体的脾细胞周围的红细胞溶解，产生肉眼可见的空斑。溶血空斑数可反映抗体生成细胞数。

(4)单核-巨噬细胞功能

单核-巨噬细胞是机体重要的免疫细胞，具有抗感染、抗原提呈、免疫调节等重要作用。单核-巨噬细胞具有强大的吞噬、分解功能，清除异物和死细胞。

小鼠碳廓清实验：静脉血注射墨汁后单核细胞被激活为巨噬细胞，负责清除碳颗粒，即碳廓清。在一定范围内，体内碳颗粒被清除速率与血碳浓度呈指函数关系，以血碳浓度对数值为纵坐标，时间为横坐标，两者呈直线关系。此直线斜率可表示吞噬速率，反映吞噬细胞活性。

巨噬细胞吞噬鸡红细胞实验：实验前先注射羊血红细胞激活巨噬细胞，然后用牛血清洗出腹腔巨噬细胞，与 1%的鸡血红细胞悬液混匀，加入载玻片的琼脂圈内，37 ℃孵育。由于巨噬细胞会贴附在载玻片壁上，孵育结束后用生理盐水冲洗，固定并染色，显微镜下观察计数吞噬鸡红细胞的巨噬细胞所占百分比和吞噬指数。

(5)自然杀伤(NK)细胞杀伤活性

NK 细胞是机体重要的免疫细胞，由于其杀伤活性无主要组织相容性复合体(MHC)限制，不依赖抗体，因此称为自然杀伤活性。NK 细胞活性检测主要有^{3}H 同位素测定法和乳酸脱氢酶(LDH)测定法。二者都是利用活细胞被 NK 细胞杀伤后，同位素或 LDH 会从细胞内释放出来，检测释放率反映 NK 细胞的活性。

(6)细胞因子水平

细胞因子是由免疫细胞和某些非免疫细胞经刺激而合成、分泌的一类具有广泛生物学活性的小分子蛋白质。许多细胞因子具有免疫活性，主要包括白细胞介素(IL)、干扰素(IFN)、肿瘤坏死因子(TNF)等。检测这些细胞因子的水平也反映了免疫能力。在单次或长期给予天然活性成分后，再给予特定抗原，如病毒疫苗、血红细胞等，检测给予抗原前后血清细胞因子浓度的变化。

8.5.3　应用实例

大蒜素具有广谱抗菌、抗癌和增强免疫力的作用。许多研究都在不同角度证实了大蒜的增强免疫力作用，其主要活性物质包括大蒜素(二烯丙基二硫醚，DADS)、大蒜新素(二烯丙基三硫醚，DATS)、大蒜素可以增强小鼠腹腔巨噬细胞的吞噬功能，提高 T

淋巴细胞转化率和NK细胞活性，提高脾细胞内TLR-4和MyD-88表达水平。大蒜素还可以促进巨噬细胞产生和释放一氧化氮，可促进人体内IFN-α释放，有助于对抗病毒。

8.6 天然活性成分抗运动性疲劳功能评价

8.6.1 概述

由于运动引起机体生理生化改变而导致机体运动能力暂时降低的现象，被称为运动性疲劳。产生疲劳后如果不能及时恢复，会使机体发生内分泌紊乱、免疫力下降，甚至出现器质性病变，威胁人类健康。抗疲劳功能活性的检验评价通常借助于动物实验。

8.6.2 抗运动性疲劳功能评价方法

8.6.2.1 抗运动性疲劳功能评价的动物模型

(1) 负重游泳模型

运动耐力的提高是抗疲劳能力加强最直接的表现，实验动物负重游泳至力竭的时间长短可以反映运动疲劳的程度。实验动物推荐使用小鼠或大鼠；实验可设3个剂量组和1个阴性对照组，必要时可设阳性对照组。受试样品给予时间可根据活性成分性质短期或长期给药；末次给予受试样品后，将尾根部负荷5%体重铅皮的实验动物置于游泳箱中游泳。水深不小于实验动物身长，水温25℃±1 ℃。判断小鼠力竭的标准通常有：头部没入水面下10 s不能上浮；下沉至再次浮出水面的时间超过5 s，并且连续3次；溺亡。

(2) 跑台运动模型

实验动物跑台运动至力竭的时间长短可以反映运动疲劳的程度。实验动物推荐使用小鼠或大鼠，实验可设3个剂量组和1个阴性对照组，必要时可设阳性对照组。受试样品给予时间可根据活性成分性质短期或长期给药；设置跑台坡度及加速流程。末次给予受试样品后，将实验动物放置在跑道上进行跑台运动，记录每只实验动物的力竭时间。判断大鼠或小鼠疲劳的标准通常为：跑姿由蹬地式变为伏地式，滞留在跑道末端不能继续跑动，且声、光、电或机械刺激均不能驱使动物继续维持跑动。

8.6.2.2 评价指标

(1) 乳酸

血乳酸测定可反映长时间组织供氧和代谢状态。剧烈运动后，肌肉处于缺氧状态，引发糖的无氧酵解反应，释放出大量乳酸。乳酸的堆积可导致肌肉酸痛，机体出现疲劳。乳酸是糖无氧酵解的产物，乳酸脱氢酶在NAD+存在条件下经LDH脱氢生成丙酮酸，NAD+被还原为NADH，吩嗪二甲酯硫酸盐(PMS)在NADH存在下还原化硝基四氮唑蓝(NBT)，生成紫色化合物，在530 nm其吸光度与乳酸含量呈线性关系。

(2) 肌酸激酶

长时间的运动以及运动至疲劳状态容易造成肌肉损伤，血清中肌酸激酶(CK)浓度是公认的肌肉损伤指标。肌酸激酶催化三磷酸腺苷和肌酸，生成磷酸肌酸，后者很快全部水解为磷酸，此时三磷酸腺苷和二磷酸腺苷仍稳定，加入钼酸铵可生成磷钼酸，可进一步还原成钼蓝，根据生成无机磷的量可计算出酶的活力。

(3)肝/肌糖原

糖原是维持血液中葡萄糖正常水平的重要贮存物。在低等到中等强度的运动中，来自肝糖原分解或通过口服摄入的葡萄糖是供应骨骼肌的重要燃料；在高强度运动中，大部分能量由肌糖原提供。糖原在浓碱溶液中可稳定存在，将组织样品放入浓 NaOH 溶液中共热以破坏其他成分而保留糖原，糖原可在浓硫酸的作用下脱水生成糖醛衍生物，蒽酮可以与游离的已糖或多糖中的已糖基、戊糖基及已糖醛酸反应生成蓝绿色化合物，在 620 nm 处有最大吸收峰，测定溶液吸光度可对糖原进行定量测定。

此外，尿素氮、乳酸脱氢酶、丙二醛、总超氧化物歧化酶等生化指标也常用于抗疲劳功能的评价。

8.6.3　应用实例

玛咖，十字花科独行菜属植物，于 2011 年被批准为新资源食品。有研究将云南玛咖提取物(生物碱含量 0.21%，多糖含量 15.11%)经口给予小鼠 30 d，设每日 0.13 g/kg bw、0.27 g/kg bw、0.80 g/kg bw 共 3 个剂量组，末次灌胃 30 min 后进行负重游泳实验，将小鼠置于水深约 35 cm 的游泳箱中游泳，水温保持在 25 ℃±1 ℃，在小鼠尾部负荷小鼠体重 5%的铅丝，记录小鼠开始游泳直至死亡的时间。结果表明，与对照组相比，低、中、高剂量组均能提高小鼠负重游泳时间，高剂量组血清中的尿素氮与乳酸分别降低了 17.31%和 7.08%，肝糖原 3 个剂量组平均提高 33.35%。云南玛咖的提取物具有明显的抗疲劳作用，且具有量效关系。

8.7　天然活性成分抗氧化功能评价

8.7.1　概述

生命的存在依赖于氧，机体内的氧化代谢是细胞存活所必需的，同时，氧化代谢会产生大量自由基，过量的自由基会破坏脂质、蛋白质、核酸等生物大分子，使细胞和组织发生损伤。心血管疾病、糖尿病、癌症以及衰老等都与氧化损伤有关。研究表明，黄酮、多酚、多肽、糖苷、萜类、生物碱等多种天然产物具有抗氧化活性。选取合适的评价方法对于天然抗氧化活性成分的开发极为重要，目前常用的抗氧化活性评价方法可分为化学评价法、细胞模型和动物模型三大类。

8.7.2　抗氧化功能评价方法

8.7.2.1　抗氧化功能评价的化学评价法

化学评价法具有成本低、耗时短、灵敏度高等优点，适合于初步筛选具有抗氧化活性的天然产物。化学评价法通常是依据物质的自由基清除能力、抑制脂质过氧化能力、还原能力以及螯合金属能力来反映其抗氧化能力。

(1)自由基清除能力

抗氧化剂通过氢原子转移和电子转移这两种途径来清除自由基。基于氢原子转移的测定方法依据的是抗氧化剂提供氢原子的能力，如氧自由基吸收能力(oxygen radical absorbance capacity，ORAC)法及总自由基捕获抗氧化参数(total radical trapping antioxidant parameter，TRAP)法。基于电子转移的测定方法依据的是抗氧化剂提供电子的能力，反映的是化合物的还原能力，如DPPH[2,2-diphenyl-1-(2,4,6-trinitrophenyl)-hydrazyl，2,2-二苯基-1-苦基肼]法及ABTS[2,2′-azinobis(3-ethylbenzothiazoline-6-sulfonic acid) diammonium salt,2,2′-联氮二(3-乙基-苯并噻唑啉-6-磺酸)二铵盐]法等。

(2)抑制脂质过氧化能力

通常是以亚油酸为氧化底物，采用过氧化值法、硫代巴比妥酸法(TBARS)、硫氰酸铁法等检测脂质氧化产物，从而评价抗氧化剂抑制脂质过氧化的能力。

(3)还原力

检测抗氧化剂还原能力的方法主要有还原力法和铁离子还原/抗氧化能力(ferric reducing antioxidant power，FRAP)法。Oyaizu提出的还原力法是利用抗氧化剂将铁氰化钾$K_3[Fe(CN)_6]$还原成亚铁氰化钾$K_4[Fe(CN)_6]$，再加入Fe^{3+}形成普鲁士蓝，在700 nm处测定吸光度值，以检测普鲁士蓝的生成量。FRAP法的原理是在酸性条件下，抗氧化剂可以将Fe^{3+}-TPTZ复合物还原成一种蓝紫色物质Fe^{2+}-TPTZ，在593 nm处有最大吸收峰，通过测定此波长下吸光度值的变化来反映抗氧化剂的还原能力。

(4)金属螯合能力

过渡金属离子通常含有未配对电子，可在机体内催化自由基的形成，如铜离子能通过Fenton反应催化H_2O_2生成羟基自由基。抗氧化剂的金属螯合能力可通过测定其螯合Cu^{2+}及Fe^{2+}的能力来反映。铁离子螯合能力的原理是Fe^{2+}与Ferrozine试剂发生显色反应，在562 nm处有最大吸收峰，当加入具有螯合能力的抗氧化剂，溶液颜色会变浅，因而通过测定562 nm处吸光度值的变化来反映待测物螯合Fe^{2+}的能力。

8.7.2.2 抗氧化能力评价的细胞模型

(1)细胞模型

一般选择经常遭受氧化应激的靶器官(如肝脏、大脑或肌肉等)细胞，使用H_2O_2、HClO、AAPH及叔丁基过氧化氢(t-BHP)等自由基引发剂建立细胞氧化损伤模型。H_2O_2极易透过细胞膜并与细胞内铁离子通过FENTON反应形成高活性的自由基。t-BHP是过氧化氢类似物，可以被细胞色素P450等代谢为活性氧自由基，也可被谷胱甘肽过氧化物酶代谢为叔丁基乙醇或谷胱甘肽二硫化物(GSSG)等，后者进一步产生活性氧，从而引起脂质过氧化反应，抑制谷胱甘肽过氧化物酶活性引起细胞损伤。AAPH是一种偶氮类自由基引发剂，可在生理温度37 ℃下热降解产生ROO·，从而攻击细胞膜致使细胞发生氧化损伤。

(2)评价指标

细胞内氧化损伤程度的检测主要包括：MTT法、CCK-8法、结晶紫法等检测细胞存活率；电子自旋共振法或化学发光法检测损伤细胞内自由基；TBARS法检测脂质过氧化产物丙二醛(malondialdehyde，MDA)；超氧化物歧化酶(superoxide dismutase，SOD)、谷胱甘肽过氧化物酶(glutathione peroxidase，GSH-Px)和过氧化氢酶(Catalase，CAT)等抗氧化酶活性；谷胱甘肽(GSH)水平、荧光探针法测定细胞内总活性氧水平等。

8.7.2.3　抗氧化能力评价的动物模型

(1)动物模型

果蝇、线虫、大鼠、小鼠等多种生物可用于评价抗氧化剂在生物体内的活性，其中大鼠或小鼠模型应用最广泛。大(小)鼠模型包括：自然衰老模型以及 D-半乳糖、辐射等诱导的氧化损伤模型。自然衰老模型是指 12~24 月龄老龄小鼠或 21 月龄以上老龄大鼠。D-半乳糖诱导的氧化损伤模型是指连续大量给予动物 D-半乳糖，半乳糖可在醛糖还原酶的催化下生成半乳糖醇。半乳糖醇不能被进一步代谢，从而在细胞内积累，最终破坏细胞的糖代谢，导致衰老的发生。辐射诱导的氧化损伤模型是指电离辐射通过直接破坏生物膜中不饱和脂肪酸或间接通过水辐射产生自由基，引发脂类过氧化。动物水平评价天然产物的抗氧化活性的实验周期较长且检测指标较多，因此不适合用于天然产物抗氧化活性的前期筛选。

(2)评价指标

取血液或肝脏、肾脏等组织，测定 SOD、CAT、GSH-Px 等抗氧化酶活性以及 MDA、GSH 含量等。

8.7.3　应用实例

白藜芦醇是一种多酚类化合物，存在于多种植物的果实和叶中，如花生、桑葚、葡萄等。采用硫氰酸铁法测定白藜芦醇的总抗氧化能力，结果表明白藜芦醇(30 μg/mL)对亚油酸乳状液脂质过氧化的抑制作用为 89.1%。此外，白藜芦醇能够有效清除 DPPH·、ABTS·$^{+}$、DMPD·$^{+}$、$O_2\cdot^{-}$和 H_2O_2，且具有较强的还原能力和 Fe^{2+} 螯合能力。

刘贵珊等研究了白藜芦醇对 D-半乳糖致衰老小鼠脑组织抗氧化能力的影响，将 50 只 8 周龄的雄性 ICR 小鼠分为 5 组(正常对照组，模型组，白藜芦醇低、中、高剂量组)。正常对照组颈背部皮下注射生理盐水，其余 4 组每日注射 120 mg/(kg bw)D-半乳糖，连续 8 周。同时，白藜芦醇高、中、低剂量组分别以每日 100、50、25 mg/kg bw 剂量灌胃白藜芦醇的生理盐水溶液，正常对照组和模型组灌胃等量生理盐水。末次给药后禁食 12 h，将小鼠处死，迅速取右侧大脑组织，测定脑组织中 SOD 活性、T-AOC 和 MDA 的含量。与模型组相比，白藜芦醇能够显著提高脑组织中 SOD 活性及总抗氧化能力，并降低 MDA 含量。

8.8　天然活性成分抗衰老功能评价

8.8.1　概述

随着分子生物学、免疫学、蛋白质化学及细胞学的飞速发展，人们对衰老本质的认识已经深入到微观水平。研究发现许多天然产物具有抗衰老作用，体外细胞模型、自然衰老或者是人为因素导致衰老的动物模型已成为研究衰老机制以及评价抗衰老药物的有效手段。

8.8.2 抗衰老功能评价方法

8.8.2.1 抗衰老功能评价的细胞模型

(1)成纤维细胞模型

人皮肤成纤维细胞(human skin fibroblast，HSF)是人体皮肤真皮中的主体细胞成分，其在皮肤老化过程中扮演着重要角色。目前从胎儿或儿童皮肤中分离培养原代 HSF 相关技术已成熟，HSF 已被应用于抗衰老活性成分的筛选和初步评价研究中。ROS 对皮肤老化起着重要作用。通过流式细胞术直接检测 HSF 内 ROS 水平的改变，通过比色法检测 SOD、CAT 和 GSH-Px 等酶活性的变化，均能灵敏反映出天然产物抗氧化功效。丙二醛(malondialdehyde，MDA)是脂质过氧化重要产物，在衰老过程中显著累积，与皮肤老年斑含量呈正相关。目前 MDA 被认为是一种重要的衰老生物标记物，通过 ELISA 法检测 MDA 含量变化是比较灵敏的 HSF 老化评价方法。此外，衰老细胞通常体积变大，溶酶体衰老相关的β-半乳糖苷酶(SABG)酶活性增高。采用免疫组化法观察 SABG 染色细胞的颜色变化以及用比色法定量 SABG 活性，可以评估 HSF 衰老程度的变化。

(2)年龄相关性黄斑变性细胞模型

衰老是导致眼部生物学改变的常见原因，特别对视网膜组织的影响更明显。年龄相关性黄斑变性(age-related macular degeneration，AMD)是一种严重影响老年人视力的致盲性眼病，其发生与视网膜色素上皮(retinal pigment epithelium，RPE)的衰老密切相关。RPE 细胞吞噬功能的下降、胞内脂褐素的不断累积及细胞增生能力的降低均是 RPE 细胞衰老的重要表现。体外常用的 RPE 细胞种类有人 RPE 细胞系中的 HR-19(ARPE-19)细胞和小鼠 RPE 细胞系中的 Muller 细胞。另外，脉络膜内皮细胞(CECs)也是研究脉络膜新生血管(CNV)形成过程以及评价药物抗增殖作用的良好模型。

8.8.2.2 抗衰老功能评价的动物模型

目前研究衰老的动物模型主要有自然衰老模型、D-半乳糖致衰老模型、快速老化模型、去胸腺衰老模型等，不同的动物模型各有自己的优缺点，每种动物模型的衰老机制不一样，适用于不同实验研究。

(1)自然衰老模型

在衰老与抗衰老的实验研究中，自然衰老动物模型最接近于人类的老化，并且可以作为其他衰老动物模型造模的标尺。目前，大鼠和小鼠是最常用的自然衰老模型的实验动物。建模时，将 1~2 月龄小鼠或 3~5 月龄大鼠饲养在动物实验室，普通饲料饲养，小鼠 12~24 月龄为老年期；大鼠衰老早期为 21~26 月龄，衰老晚期为 30~32 月龄。对小鼠自然衰老模型的血脂水平及抗氧化能力的评价，发现小鼠自然衰老模型的血脂中，TC 及 LDL-C 升高，SOD 的活性降低、MDA 的含量显著升高和 MAO 的活性升高，从而判断小鼠自然衰老后血脂明显增高，抗氧化的能力降低。

(2)D-半乳糖致衰老模型

根据衰老的代谢学说，衰老是机体新陈代谢障碍的结果，糖代谢紊乱会引起心、肝、肾、脑等重要器官代谢异常，最终出现衰老。在一定时间内，连续给动物注射D-半乳糖，使机体细胞内半乳糖浓度增高，在醛糖还原酶的催化下还原成半乳糖醇，后者不能被细胞进一步代谢而堆积在细胞内，影响正常渗透压，导致细胞肿胀和功能障碍，最终引起衰老。

(3)O_3 损伤致衰老模型

该方法是让雄性 NIH 小鼠生活在封闭通风的 O_3 柜中，用冷阴极 30 W 紫外光灯 24 h 照射，产生 1.9 mg /m^3 的 O_3，连续 10~20 d 后可形成衰老模型。

(4)快速老化模型(SAMP)

快速老化小鼠模型属于非转基因模型，快速老化小鼠 SAMP8 品系是研究以学习记忆能力老化、阿尔茨海默病(AD)等疾病的理想模型。SAMP8 以早期出现快速衰老并伴有显著的学习记忆功能障碍为特征，且随月龄的增加其学习记忆功能障碍加重，同时存在胆碱功能缺失、β-淀粉样蛋白(Aβ)异常沉积、Tau 蛋白磷酸化、神经递质改变、突触结构和功能障碍等。与人类 AD 病理改变较为一致，有学者认为，SAMP8 鼠是目前研究 AD 较为理想的替代模型。

(5)转基因衰老模型

常见的转基因衰老模型有如下几种：①GLUT4 转基因小鼠。②APP 转基因小鼠，该小鼠携带了不同编码淀粉前体蛋白的突变基因，并在转基因小鼠脑中表达，可用于研究 AD、淀粉状蛋白沉积的病理作用。③CRH Knockout 小鼠，该纯合子小鼠显示了正常的皮质甾酮水平，但在饮食限制的情况下，未能显示出血浆皮质甾酮的水平增加。可研究在衰老过程中糖皮质激素的作用。④SOD2 杂合子 Knockout 小鼠，这种杂合的 Knockout 小鼠的 MnSOD 活性被减低 50%。因此，可用于衰老中的氧化应激理论研究。

8.8.3 应用实例

光老化是由于皮肤暴露于紫外线下而造成的慢性损伤。紫外线照射会导致皮肤细胞的生长抑制、凋亡、衰老，甚至是皮肤恶性肿瘤。UVB 照射产生的 ROS 可氧化损伤蛋白质及脂质，引起相应功能及结构的异常。Zhao 等通过建立一种在 HaCaT 细胞中扩增 SIRT1 启动子的筛选方法，鉴定了 4 种增强 SIRT1 的石榴衍生多酚在 UVB 照射下对 HaCaT 细胞的保护作用。安石榴苷(punicalagin)和尿石素 A(urolithin A)通过激活核苷酸切除修复(NER)可以去除 UVB 诱导的环丁烷嘧啶二聚体(CPD)。

8.9 天然活性成分抗癌功能评价

8.9.1 概述

从天然产物中筛选抗癌活性成分或先导药物是目前抗肿瘤药物研发的热点之一，实验室中用于天然产物抗肿瘤活性评价的模型有细胞模型和动物模型。

8.9.2 抗癌功能评价方法

8.9.2.1 抗癌功能评价的细胞模型

(1) MTT 细胞活力检测法

MTT[3-(4,5-dimethyl-2-thiazolyl)-2,5-diphenyl-2-H-tetrazolium bromide, Thiazolyl Blue Tetrazolium Bromide]法是一种常规检测细胞存活和生长的方法。其检测原理为活细胞线粒体中的琥珀酸脱氢酶能使外源性 MTT 还原为水不溶性的蓝紫色结晶甲臜(formazan)并沉积在细胞中，而死细胞无此功能。通过二甲基亚砜(DMSO)能溶解细胞中的甲臜并比色，可间接反映活细胞数量。在一定细胞数范围内，MTT 结晶形成的量与细胞数成正比。该方法已广泛用于抗肿瘤药物筛选。

(2)划痕实验

细胞生长至单层贴壁状态时，用微量枪头在细胞生长的中心区域划线，PBS 洗净后用无血清培养基及药物处理，随机取 6~8 段区域计算细胞间距离的均值即可，可判断天然产物对癌细胞侵袭转移的抑制作用。

(3)侵袭实验

细胞侵袭实验可用于测定天然产物对恶性肿瘤细胞侵袭和转移的影响。其原理是将铺好基质胶的细胞小室(transwell)放入培养器皿中，小室内为上室，接种细胞和对照培养基；培养器皿为下室，放入实验组培养基；两室中间以聚碳酸酯膜连接，由于其通透性，下室中特殊实验成分可以影响上层细胞，进而研究样品对癌细胞生长运动等的影响。

8.9.2.2 抗癌功能评价的动物模型

(1)自发性肿瘤动物模型

实验动物自然发生的一类肿瘤称之为自发性肿瘤模型。自发性肿瘤发生的类型和发病率可随实验动物的种属、品系及类型的不同而各有差异，一般应当选用高发病率的实验动物肿瘤模型作为研究对象，低发病率的肿瘤模型可作为对照。

(2)诱发性肿瘤动物模型

诱发性肿瘤动物模型指使用致癌因素引起细胞遗传特性改变，从而出现异常生长和高增殖活性细胞形成肿瘤。外源性致癌物诱导肿瘤模型主要有化学性、物理性(如放射性物质)及生物性(如诱发动物肿瘤的病毒)，其中以化学性致癌物最为常用，可通过不同的途径使受试动物接触致癌物质，包括涂抹法、经口给药法、注射法、气管注入法、穿线法、埋藏法等。

(3)移植性肿瘤动物模型

移植性肿瘤动物模型是将动物或人体肿瘤组织细胞(或细胞系)移植到同种或异种实验动物形成的荷瘤模型。该实验法是抗肿瘤药物筛选最常用的体内方法，目前临床上常用的抗肿瘤药大多使用该方法被初步筛选出来。

(4)肿瘤动物模型的评价指标

肿瘤质量：观察瘤重抑制率时，要求实验对照组小鼠瘤重均值不得低于 1 g(大鼠瘤重均值不得低于 2 g)，否则表示肿瘤生长不良，实验作废。

动物毒性：给药组动物平均体重下降(给药前后自身比较)不得超过 15%，动物死亡数不得超过 20%，否则表示受试药有毒性反应，应减小剂量重新实验。

抑癌效果：通常天然产物对于瘤重抑制率大于 30%，且与实验对照组比较具有统计学意义，则认定该天然产物具有一定抗肿瘤作用。

8.9.3　应用实例

郑旭等利用 *N*-二乙基亚硝胺、*N*-甲基-*N*-亚硝基脲、*N*-亚硝基二异丙醇胺 3 种诱癌剂建立大鼠多器官肿瘤发生模型，并通过灌胃和腹腔注射白藜芦醇给药形式，对大鼠多器官癌前病变发生率和进展情况进行分析，进而验证白藜芦醇对多器官肿瘤的化学预防作用。同时，其选择不同敏感性的人未分化甲状腺癌细胞系 THJ-16T 和 THJ-11T，给予白藜芦醇处理，发现其对甲状腺癌细胞有抑制作用；并通过蛋白免疫印迹法等从分子层面分析出白藜芦醇的抗癌机制与 NF-κB/p65、IL-6 和 COX-2 等信号通路相关。

8.10　天然活性成分保护化学性肝损伤功能评价

8.10.1　概述

化学性肝损伤常由药物或酒精等引起。药物性肝损伤是指对药物或其代谢物的不良反应，可改变肝脏代谢和致病因子分泌，导致细胞应激、细胞死亡、适应性免疫应答激活和适应障碍，并发展为明显的肝损伤。如对乙酰氨基酚(APAP)是临床上常用的解热镇痛药，过量服用可致肝毒性，患者肝功能受损，生化指标 ALT/AST 升高，肝小叶中央肝细胞坏死。酒精性肝损伤是指长期、大量饮酒导致肝脏的解毒功能发生障碍而诱发多种肝损伤，常见的有酒精性脂肪肝、酒精性急性肝炎、酒精性慢性肝炎、肝纤维化、酒精性肝硬化、肝癌等。

8.10.2　保护化学性肝损伤功能评价方法

8.10.2.1　保护化学性肝损伤功能评价的细胞模型

油酸/棕榈酸(OA/PA)模型：肝脂肪变性是甘油三酯以脂滴的形式大量沉积于肝细胞内为特征。棕榈酸和油酸是体内常见的游离脂肪酸，用于合成甘油三酯，并贮存于肝细胞质中，甘油三酯含量过高会引起肝脂肪变性。棕榈酸和油酸常用于建立脂肪变性细胞模型的诱导，使用 OA∶PA=2∶1(200 μM)处理细胞，在倒置显微镜下持续观察细胞中脂肪滴的形成，24 h 后通过油红 O 染色检测细胞中的脂肪滴含量。

8.10.2.2　保护化学性肝损伤功能评价的动物模型

(1)胆碱-蛋氨酸缺乏(MCD)模型

MCD 动物模型是胆碱和蛋氨酸饮食缺乏导致的，蛋氨酸是体内合成极低密度脂蛋白(VLDL)所需的一碳单位供体，此成分缺乏会导致体内 VLDL 合成受阻，而 VLDL 的生物学功能是协助肝脏运输肝内过量的脂肪。因此，蛋氨酸的缺失最终导致肝脏中大量脂肪蓄积。实验小鼠自然饮食，对照组小鼠喂食胆碱和蛋氨酸充足的饲料，模型组小鼠喂食缺乏胆碱和蛋氨酸缺乏的饲料，饲喂 4 周可制成 MCD 模型。

形态学指标：组织油红 O 染色；HE 染色，脂肪滴在制片过程中被乙醇和二甲苯溶解，MCD 模型中肝细胞内会出现大小不等的圆形空泡，血窦受压变窄。血清血浆指标：丙氨酸转氨基酶 ALT、天冬氨酸转氨基酶 AST、极低密度脂蛋白 VLDL、甘油三酯、胆固醇等。

(2)酒精性肝损伤模型

目前使用最广泛的酒精性肝损伤模型分为急性和慢性。急性酒精灌胃模型，最常用的酒精剂量是 4~6 g/kg bw；慢性酒精喂养模型(Lieber-De Carli 模型)，用动物液体饲料喂养；胃内喂养模型(Tsukamoto-French 模型)，通过手术放置肠内营养管，直接予以含酒精流质饮食和营养供给，可使得动物体内能够获得较高的血清酒精浓度；慢性酒精喂养加急性酒精灌胃模型(Gao-binge 模型)，首先给予小鼠 5 d 的液体饮食适应期，然后接受 10 d 的 5%~6%酒精液体饲料喂养，第 11 天早上给予一个高剂量酒精灌胃(5~6 g/kg bw)，9 h 后处理动物，取血，采集肝脏。

形态学指标：油红 O 染色、HE 染色、Masson 染色。血清血浆指标：丙氨酸转氨基酶 ALT、天冬氨酸转氨基酶 AST、胆红素、甘油三酯、胆固醇等。

(3)四氯化碳模型

四氯化碳(CCl_4)肝损伤模型比较经典，其损伤被认为由自由基导致。CCl_4 在细胞色素 P450 代谢激活后生产三氯甲基自由基，三氯甲基自由基与细胞膜的不饱和酸反应生成脂肪酸，引起脂质过氧化而导致细胞膜、细胞器损伤，脂肪酸与肝细胞蛋白或 DNA 结合而破坏肝细胞机能。

单纯 CCl_4 法诱发大鼠肝纤维化模型：40% CCl_4 油溶液按 2 mL/kg bw 的剂量，Wistar 大鼠腹腔注射，每周 2 次，共 8 周，可成功复制肝纤维化模型。CCl_4 复合法制备大鼠肝纤维化模型：采用高脂低蛋白食物(以玉米面为饲料，加 0.5%胆固醇，实验第 1、2 周加 20%猪油)，30%乙醇为唯一饮料，皮下注射 CCl_4(第 1 次用 0.5 mL/100 g bw，以后每隔 3 d 皮下注射 40% CCl_4 油溶液 0.3 mL/100 g bw)，实验第 4 周形成肝纤维化。

形态学指标：Masson 染色；免疫组化方法检测 α-SMA 表达情况。血清血浆指标：丙氨酸转氨基酶 ALT、天冬氨酸转氨基酶 AST、胆红素、甘油三酯、胆固醇等。

(4)对乙酰氨基酚(APAP)模型

APAP 被细胞色素 P450 酶代谢，CYP2E1 转化为具有高度反应活性的中间代谢物 *N*-乙酰-对-苯醌亚胺(N-acetyl-p-benzoquinone imine，NAPQI)，会在谷胱甘肽-S-转移酶(GST)的作用下，迅速地与肝细胞内的谷胱甘肽(GSH)结合生成 APAP 谷胱甘肽结合物(APAP-GSH)，从而失去活性。然而当 APAP 过量时，Ⅱ相代谢酶被饱和，由此多余的 APAP 便会大量的转化为 NAPQI，导致 GSH 被耗竭。多余的 NAPQI 转而与细胞内大分子化合物上的半胱氨酸基团形成共价结合，生成有毒的加合物 APAP-adducts (APAP-ADs)。NAPQI 主要攻击线粒体蛋白，导致的线粒体氧化应激诱发其功能紊乱，最终引起肝细胞坏死。小鼠禁食过夜后，腹腔注射 300 mg/kg bw 的 APAP，6 h 后，重新投掷鼠粮，注射 24 h 后处理动物，取血，采集肝脏。

形态学指标：组织 HE 染色，APAP 急性肝损伤模型中肝细胞的死亡形式主要是坏死，肝小叶中央肝细胞坏死，严重可见亚大块或大块状坏死。血清血浆指标：ALT、AST、胆红素等。APAP 肝损伤严重时，血清 ALT、AST 和胆红素升高。

8.10.3　应用实例

Yan 等发现甘草中甘草香豆素(GCM)可保护 APAP 诱导的肝损伤。APAP 处理小鼠 0.5 、1 和 2 h 后，分别腹腔注射 50 mg/kg bw GCM，血清 ALT 水平比对照组降低 70%~80%。机制上，GCM 可通过持续激活自噬来抑制线粒体氧化应激和 JNK 激活，从而保护小鼠肝脏免受 APAP 诱导的肝损伤。Zhang 等发现 GCM 可防止肝脂肪变性。体外细胞模型中，20 μM 的 GCM 可抑制 OA/PA 诱导的脂质蓄积。体内小鼠模型中，腹腔注射 15 mg/kg bw GCM 可阻止 MCD 模型诱导的肝脂肪变性，对比模型组，MCD 和 GCM 混合喂养的小鼠中，油红 O 阳性染色几乎消失，肝脏中甘油三酯水平明显降低。机制上，GCM 可通过激活 AMPK 介导的脂自噬，抑制脂质生成，加强脂肪酸氧化途径来防止肝脂肪变性。

参考文献

查圣华，2016. 玛咖活性成分及抗疲劳功能研究[D]. 北京：中国科学院研究生院(过程工程研究所).

黄娟，胡维，林湘东，2019. 黄连素对肥胖小鼠肠道菌群的影响及其机制[J]. 基因组学与应用生物学，38(02)：810-814.

李慧，张天亮，唐慧，2012. 大蒜素对小鼠脾细胞免疫功能和细胞内 Toll 受体 4、髓样分化因子 88 表达的影响[J]. 卫生研究(01)：88-91.

刘贵珊，杨博，张泽生，等，2014. 白藜芦醇对 D-半乳糖致衰老小鼠学习记忆能力和脑组织抗氧化能力的影响[J]. 食品科学，35(05)：204-207.

向雪松，2010. 2 型糖尿病大鼠模型的建立及其在辅助降血糖功能评价中的应用[D]. 北京：中国疾病预防控制中心.

张晓利，张红军，唐晓云，等，1998. 大蒜素对小鼠免疫功能的影响[J]. 中医药学报，26(01)：57-58.

郑旭，2018. 白藜芦醇对甲状腺癌防治作用的实验研究[D]. 大连：大连医科大学.

周晓玲，孙凌云，张进，等，2011. 1-脱氧野尻霉素的来源及合成研究进展[J]. 蚕业科学，37(01)：105-111.

BHATTACHARYYA M, GIRISH G V, KARMOHAPATRA S K, et al, 2007. Systemic production of IFN-alpha by garlic (Allium sativum) in humans[J]. J Interferon Cytokine Res, 27(5)：377-382.

HUANG S L, YU R T, GONG J, et al, 2012. Arctigenin, a natural compound, activates AMP-activated protein kinase via inhibition of mitochondria complex I and ameliorates metabolic disorders in ob/ob mice [J]. Diabetologia, 55(05)：1469-1481.

Ilhami Gülçin, 2010. Antioxidant properties of resveratrol：A structure-activity insight[J]. Innovative Food Science and Emerging Technologies, 11(01)：210-218.

JIN Y, KHADKA D B, CHO W, et al, 2016. Pharmacological effects of berberine and its derivatives：a patent update[J]. Expert Opinion on Therapeutic Patents, 26(02)：229-243.

LIU Y, LI S, WU G, 2014. Studies on resin purification process optimization of Eucommia ulmoides Oliver and its antihypertensive effect mechanism[J]. African Journal of Traditional, Complementary, and Alternative Medicines: AJTCAM, 11(02): 475-480.

NG H L H, PREMILOVAC D, RATTIGAN S, et al, 2017. Acute vascular and metabolic actions of the green tea polyphenol epigallocatechin 3-gallate in rat skeletal muscle[J]. The Journal of Nutritional Biochemistry, 40: 23-31.

SUN N, WU T, CHAU C, et al, 2016. Natural Dietary and Herbal Products in Anti-Obesity Treatment[J]. Molecules, 21(10): 1351-1362.

YAN M, YE L, YIN S, et al, 2018. Glycycoumarin protects mice against acetaminophen-induced liver injury predominantly via activating sustained autophagy[J]. British Journal of Pharmacology, 175(19): 3747-3757.

ZHANG E, SONG X, YIN S, et al, 2017. Glycycoumarin prevents hepatic steatosis through activation of adenosine 5′- monophosphate (AMP)-activated protein kinase signaling pathway and up-regulation of BTG/Tob-1[J]. Journal of Functional Foods, 34: 277-286.

ZHANG X, ZHAO Y, XU J, et al, 2015. Modulation of gut microbiota by berberine and metformin during the treatment of high-fat diet-induced obesity in rats[J]. Scientific Reports, 5(01): 14405-14405.

ZHANG X, LIU H, HAO Y, et al, 2018. Coenzyme Q10 protects against hyperlipidemia-induced cardiac damage in apolipoprotein E-deficient mice[J]. Lipids in Health and Disease, 17(01): 1-8.

ZHAO C, MATSUO H, ONOUE S, et al, 2019. Identification of polyphenols that repair the ultraviolet-B-induced DNA damage via SIRT1-dependent XPC/XPA activation[J]. Journal of Functional Foods, 54: 119-127.